愉悦工具盒

CONVIVIAL TOOLBOX
GENERATIVE RESEARCH FOR THE FRONT END OF DESIGN

生成式设计研究方法

[美] Elizabeth Sanders
[荷] Pieter Jan Stappers 著

时迪 译

U0278930

华中科技大学出版社

中国·武汉

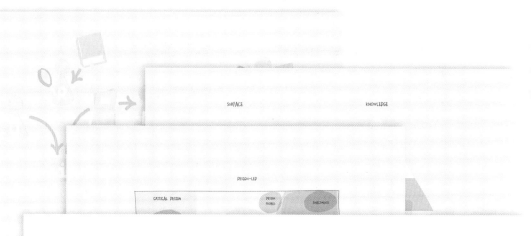

目录
Contents

前言
Preface

人们需要什么
What People Need

谨以此书纪念激进的奥地利哲学家、当代西方文化制度评论家 Ivan Illich。他在《愉悦的工具》（*Tools for Conviviality*）一书中简明扼要地描述了人们最基本却未被满足的需求。

人们需要的不仅仅是拥有物品，他们还需要一种可以制作赖以生活的物品、可以根据自己喜好来塑造这些物品并可以用这些物品来关心和关照他人的自由。（Ivan Illich，1975，11 页）

Ivan Illich 在书中继续介绍了他称之为"愉悦的工具"的概念。若想要理解他所说的愉悦的工具是指什么，有必要先弄清楚他对工具的定义。他用"工具"一词来指代"所有理性化设计的设备，包括硬件、机器、程序、像工厂一样产出玉米片或电流这样有形商品的生产机构，以及可以产出像'教育'、'健康'、'知识'或'决定'这样无形商品的生产系统"。工具是设计和发展过程的人造产物。Ivan Illich 对"愉悦的工具"

的定义是相对于工业化的工具而言的。（Ivan Illich，1975，20 页）

愉悦的工具是那些给予使用者最大机会，让人们充分以自己意愿来丰富周围环境的工具。（与此相反）工业化的工具否认使用者这种可能性，并且允许让设计者来决定他人的意义和期望。今天的大多数工具并不能以愉悦的方式使用。（Ivan Illich，1975，21 页）

《愉悦的工具》1975 年首次在美国出版（1973 年在英国出版）。当时人们对 Ivan Illich 关于未来的洞察和见解都充耳不闻。即使在 40 多年后的今天依然如此，世界工业化地区的情况至少与 Ivan Illich 想象的一样糟糕。我们（生活中）有形和无形的商品在这些年里经历了工业化工具的调整。这些越来越复杂的工具更注重提升效率和生产力，而不是快乐和创造力。自动化技术已经普及，而工人对生产商品和服务的自豪感则消失殆尽。消费观念代代相传，越来越深入人心。这种情况在美国尤其明显。某种程度上，设计行业多少应为此负责。作为设计师，我们已经成为创造和传播如 Illich 描述的"给无用的人有用的东西"的大师。（Ivan Illich，1975，34 页）是时候承认人们想要有用、有创造力，而不仅仅是花时间购物、买东西和消费了。

当介绍愉悦的工具概念时，用户自己制造所用物品可能会是一个很好的例子，但愉悦的工具并不局限于此。愉悦的工具的概念要比它广泛得多。我们可以在许多不同的抽象层面上解释和想象什么是愉悦的工具，例如：

> 终端用户的产品制造；

> 个人创意表达的平台；

> 实现共同体目标的途径；

> 用于探索愉悦究竟感觉如何的各种方法、工具和技术；

> 提升集体创造力的"脚手架"。

想象一下，在接下来的50年里，我们将从愉悦的工具中获得什么！

我们需要做什么
What Needs to Happen

现在是时候平衡工业化的工具和愉悦的工具了。我们需要学会如何平衡消费主义行为及生活方式与更有创造性的行为及愉悦的生活方式。今天的情况看起来是积极的，因为在道路的尽头有些微弱的曙光。

> 我们越来越多地意识到不能再以我们惯有的方式来生活，因为我们根本没有资源。互联网让我们看到资源的分配并不是完全平均的，因此保护变得更加重要，比如，www.worldbank.org。

> 对大多数人来说，经济衰退时很难，而实际上它有助于我们更清楚地看到真正的需求，并且它还能够帮助我们认识到给予他人时，感觉会有多好。

> 在学习、工作、娱乐的各种层面，人们重拾了对创造力的兴趣和重视。（Pink，2006；Florida，2002）

> 人们对自己想要如何生活以及生活中最重要的是什么充满了梦想，并且我们看到了人们现在更多地选择拥有某种体验而不是某种物品。（Pink和Gilimore，1999）

> 新的信息和通信技术正在将人与人联系起来，促进了集体思考和行动。特别是社交网络，为促进更愉悦的生活方式带来了希望。

我们需要开始探索愉悦的工具将如何发展。我们如何制造和使用它们？新的技术如何来支持愉悦？我们如何用新的以人为中心的愉悦生活标准来评价新技术的应用？比如，我们能否衡量新技术是否能满足人们以下的需求。

> 变得富有创造力；

> 做出贡献；

> 塑造赖以生活的东西；

> 把这些东西用于关心和关照他人。

本书内容
What is the Book About

这本书是关于生成式设计研究方法的。这是一种为了确保我们能够满足设计所服务的人对未来的需求和梦想，从而通过设计直接把设计所服务的人带入设计过程的方法。生成式设计研究为人们提供了一种语言，使他们能够想象并表达对未来体验的想法和梦想。这些想法和梦想反过来又会被告知和启发处在设计开发过程中的其他利益相关者。

这本书描述的是未来。这个未来提供并支持使用愉悦的工具。到目前为止，只有比如设计师、工程师和商人等专家在为人们制作工业化的工具。这类工业化的工具包括消费品、计算机系统、银行和零售服务等。但是这些专家团队的方法无法用来制作愉悦的工具。愉悦的工具不仅服务于人，而且必须与这些人一起进行创造。通过与设计所服务的人一起创造，我们就能确保设计的工具是愉悦的。

重要声明
An Important Disclaimer

有一点我们需要从一开始就弄清楚。这本书的核心理念是所有人都是有创造力的。这意味着我们相信所有人都是有（创意）想法的，而且都可以在以提高自己和他人生活水平为目标的设计过程中做出贡献。这是一个关键但也颇有争议的假设。我们非常清楚并不是所有人都相信它。

我们不会花时间证明每个人都是有创造力的。我们将展示人们是如何在设计中发挥创造力的。我们（在书中）将把他们的创造力视为给定的，并讲述如何用最好的方式让人们参与到从设计前端开始的创意中去。当你看到或开始相信所有人都有创造力的时候，就能最大限度地发挥生成式设计思维的潜力。

如果你并不相信所有人都是有创造力的，最好的方法就是通过亲身学习的经历来认识到这一点。如果你从来没有看到和相信所有人都是有创造力的，那么仍然可以使用这本书里描述的工具、技术和方法来启发自己的创意过程。

读者对象
Who Is the Book Written for

这本书是为那些从事设计前期工作（或打算工作）的人准备的，这些设计致力于用以人为本的方式进行创新或促进文化转型；这本书是为那些想让我们的生活、工作和娱乐方式变得更好的人准备的；这本书是为那些在寻求工业化的生活方式和愉悦的生活方式平衡的人准备的；这本书也是为那些试图以更加深入的方式了解人们的人准备的，比如应用社会科学家。

当思考这本书是为谁而写的时候，（人群的）分类并没有遵循传统学术学科的分类。这些类别被描述为心态似乎更加合适。具体而言，在多年的教学和分享生成式设计研究思想的过程中，我们发现对于

"人都是有创造力的并可以参与影响他们未来的产品与服务的创意、设计、开发过程"这一核心观点，人们会持四种迥然不同的心态，按心态将人们分成四类：

> 直觉者；
> 学习者；
> 怀疑者；
> 皈依者。

直觉者已经知道所有人都是有创造力的，因此他们不需要相信协同设计有价值。事实上，他们可能一直以协同设计的心态行动，而不知道它的名字。他们很高兴地发现，这种心态终于有了一种可以帮助他们与他人分享和交流的正式表达。

另一个类别是学习者。他们在经过一些亲身的学习经历后会逐渐了解如何以及为何要进行协同设计。通过亲身经历，他们可能会将协同设计视为自己的思维方式，或者他们可能会选择只拿出工具和方法来支持他们占主导地位的世界观，或者在市场上脱颖而出。

怀疑者是那些不相信所有人都有创造力的人。他们可能受过严格的训练并认为自己是所在领域的专家。他们不愿意与他们认为知识较少或没有创造力的人协同设计。或者他们可能是那些曾经目睹过参与（设计）过程失败的人，比如在一次无效的焦点小组或者一个没有好结果的商业协同设计骗局中。

最后一个类别是皈依者。他们起初是怀疑者，因为这样或者那样的原因而参加了协同设计的学习，并在整个过程中质疑它，直到最后才成为极有力的倡导者，有时甚至会成为狂热的传道者。在学习过程

中，无法区分皈依者与怀疑者。皈依者是一小部分人，他们可能在以人为中心的创新进化中扮演着非常重要的角色。

直觉者、学习者、怀疑者和皈依者在世界的不同地方、不同性别、不同时代之间的分布有很大不同。比如，生活在斯堪的纳维亚的年轻女性中比生活在美国的 50 岁以上的男性（他们更可能是怀疑者）中可能会有更多的直觉者。

你会把自己视为一个直觉者、学习者还是怀疑者呢？在不同的情况下，使用本书中介绍材料的方式可能会有很大不同。作为一个直觉者，你可能会从为生成式设计研究流程提供的顺序和指导的框架中受益最大。作为一个学习者，你可能会想认真地学习生成式设计研究的理论和实践。即使你认为自己是一个怀疑者，可能依然会发现工具和技术是有用的。你可能会发现，一旦有机会通过实践来学习，你实际上就是一个皈依者。

本书的用途
How Did We Plan for the Book to be Used

我们假定这本书的主要读者是大学本科生和研究生。我们还计划将这本书应用于设计学、心理学、市场营销、工程、商业、通信、教育等不同的学科中。这本书里所涵盖的材料与任何旨在了解或改善人类状况的学科有关。这本书也特别适合那些探索和提供跨学科及超学科学习的学术项目。针对最后这种，这本书可能会吸引在设计领域的学术研究人员。因为它试图将最先进的方法、基本原则以及与实践相关的描述结合起来，这正是跨学科和超学科领域需要的。

对于那些试图学习最新的研究人的方法，以便在设计开发前期进行创新的工业领域研究从业人员而言，这本书也可看成是初步文本。对于那些发现设计研究可以为设计过程提供信息和启发的设计实践者而言，这本书也同样有用。

这本书中包含的实用技巧乍一看与实际相关，而不是与学术研究相关。但是，随着人们对定性和情境研究方法的兴趣和使用越来越多，这些方法似乎具有"实用性"（比如，你是否在客户的办公室、大学、家里进行一次会议）很重要，而且应该包含在本书的论述中。

最后，对于那些已经在协同设计或以人为本的创新中有过实践经验的人，这本书也可用作资源库，为其提供实践想法和灵感。比如（书中提到的）分析和沟通框架可能会为思考这些活动提供新的方法。人们运用这些小窍门在实践中可能会变得得心应手，另外，来自世界各地的同行供稿可能也会为新的工作方式提供灵感。

请记住，这本书意在成为一块敲门砖，即它为理解和开展生成式设计研究提供了最基本的元素。这本书描述了生成式设计研究是如何应用以及如何开始的。然而，它并不是一本详细阐述如何执行已经固定好的方法和过程的手册。因为生成式设计研究艺术还在飞快地发展，而且方法也不能盲目地介绍。这本书介绍了一个生成式研究方法、工具和技术的工具包，可以为共有的和愉悦的未来提供信息和灵感。

这本书是一个愉悦的工具包。它假定使用工具包的人都是富有创造力的。

内容结构
How Is the Book Structured and Why

因为我们正在讨论的受众多种多样，所以我们为如何使用这本书进行了一定规划。全书有四个主体部分。

1. 基本原则

第一部分介绍了生成式设计研究的基本组成部分，并为支撑和构建生成式设计研究提供了一个广泛的理论背景。

2. 项目案例

第二部分包含四个案例，从一个由一群学生在几天内执行的非常小的项目，到一个涉及不同团队成员历时几个月的大型全球性项目。我们选择这些案例来说明生成式设计研究的应用范围，以便读者对生成式设计研究的规模和复杂性有所了解。这些案例也反映了本书第三部分所讨论的生成式设计研究的多个不同阶段是如何在实践中编织到一起的。书中的两个较小的案例描述的是真实的项目。两个较大的案例是结合本书第一作者多年来作为设计研究公司项目经理所参与的多个不同客户赞助的项目经验累积而形成的虚拟项目。客户赞助的项目通常是不便公开的，所以我们采取虚拟案例的方式来介绍实际中发生过的各种经历。

3. 使用方法

第三部分是如何操作部分，主要介绍如何在生成式设计研究过程中对数据进行规划、收集、记录、分析和交流的方法。在这里，并不存在关于如何成功地开展生成式设计研究的明确的、固定的配方，因为有非常多的选择。我们提供的是一个框架，以便读者可以基于自己手边项目的具体目标、时间范围、技巧等来选择最有价值的选项。

4. 业界示例

本书涵盖了来自本领域、各具特色的50位供稿人提供的内容。这些内容为（生成式设计研究）工具提供了示例，突出了理论或实践的某些具体细节，提供了相关的经验和实用技巧。同时也展示了这些技术是如何在跨学科情况下和不同的地方使用的。

对于学生，可能想按顺序来阅读所有部分。对于研究从业人员，可能最感兴趣的是案例，其次是如何操作部分。对于实践设计师很可能会先阅读所有的参考案例，以便确定这是否是他们未来喜欢的工作方式。对于教育工作者，可能会把第一部分的原则和后续的技巧联系起来，强化学生对基础的理解。对于经验丰富的协同设计研究者，可能发现贯穿操作部分中的行动框架是最有用的。

致谢
Acknowledgements

在这本书的撰写过程中，我们非常幸运地收到了来自世界各地朋友的支持。有超过50位供稿人给我们提交了一页或两页的供稿。他们分享了使用生成式设计研究进行协同创造、创新的经验，从而极大地增加了本书内容的多样性。这些投稿收录在各章的结尾部分，以避免打断阅读过程。撰写这些内容的人是我们现在或过去的同事、学生、客户和一起工作的人，他们现在正在实施或使用生成式设计研究。伴随着这本书的编写以及反映世界上更多地方的情况，潜在供稿人越来越多。尽管世界上的某些地方对生成式设计研究的兴趣和接受程度要比其他地方的高，但现在可以很明显看到这种现象（使用生成式设计研究的现象）是普遍存在的。

这本书的完成得益于许多共同创作者。从2009年至2010年冬季，6名评审人员审阅了本书的初稿。在2010年夏季，又有8名评审人员审阅了本书的第二稿。评审人员来自北美和欧洲各地的学术和实践领域，包括设计（研究）教育工作者和学生。当他们在书稿中发现能够弥补的缺陷后，他们中的一些人就变成本书的供稿人。本书的评审人是 Kanter van Deursen、Lois Frankel、Mrzieh Ghanimifard、Carol Gill、Merce Graell、Peter Jones、Sanne Kistemaker、Christine de Lille、Samad Khatabi、Susan Kelsop、Carolien Postma、Daan Roks、Helma van Rijjn 和 Froukje Sleeswijk Visser。非常感谢他们的支持！

同时，我们也想对一起工作的平面设计师致以诚挚的谢意：在初稿写作期间提出视觉解决方案的 Corrie van der Lelie，以及为本书终稿给出清晰而有趣形式的 Karin Laneveld。与他们关于本书最终所要传递信息的交流也帮我们丰富了本书的内容。

当然，任何尚未发现的错误，由我们负责。

供稿人

凯蒂·科尔（Catey Corl）

美国俄亥俄州哥伦布

国家金融

用户体验顾问

这篇供稿写于凯蒂担任美国俄亥俄州哥伦布 SonicRim 公司的设计研究指导时。

从设计学生到设计研究者：从"专家"到"翻译"
Design Student to Design Researcher: From 'Expert' to 'Translator'

视觉传达设计的学位可以为我将来作为一名设计研究者做好如下图所示的准备。真正的挑战并不是来自实践研究技巧，而是在设计研究实践中视角的转变。

在设计学校，我们自认为是"专家"：可以凭借我们的创意来想出伟大的想法或者把平时的想法变成有竞争力的东西。向参与式设计心态的转变意味着要成为一个有想法的协助者和翻译者，而不是创造者。

它不再是关于成为一个想到好创意的"专家"，而是关于使用创意来找到帮助普通人分享他们创意的方式，并且使用设计思维来梳理他们的故事以启发新的设计方向。

视觉传达设计的学位对我有哪些帮助？

设计学校里**教授**的技巧

灵活性

愿意迭代想法、尝试任何可行的方式

合作

通过团队形式工作，综合不同专业的想法，在墙面上工作和思考

创意

使用设计思维解决问题、探索新的研究工具和方法、头脑风暴、综合、构建框架、规划活动和工作坊

视觉化思维

讲故事、举例说明、用图而不是文字说话、使用图标来表达复杂的想法和信息

设计学校里**没有教授**的技巧

项目管理

管理预算、协调和规划资源、客户和投资者沟通

高效软件

在表格或类似软件中输入和分析数据、得出结论、构建表格、汇报演讲

商业策略

理解当下的商业实践、制定商业战略和提出建议

结构化的精益思维

建立表格、图片，优化百分数和要点，透彻地分析、列举要点

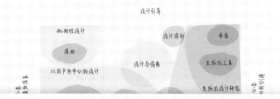

Part 1 Basics
第一部分
基础

第一部分简介
Introduction to Part One

这本书是关于生成式设计研究的。这种研究强调通过设计将其所服务的人直接代入设计过程，以确保我们能满足他们的需求和未来的梦想。生成式设计研究为人们提供了一种他们可以想象以及表达对未来想法和梦想的语言。反之，这些想法和梦想又可以在设计开发过程中为其他利益相关者提供信息和启发。

第一部分介绍了生成式设计研究的基本组成部分，并为讨论提供了广泛的理论背景。在这一部分，我们介绍了本书的核心思想，即所有人都能够为设计过程提供创造性贡献的观点。因为生成式工具和技术的构成与实施方式是基于人们是如何思考、感受和行动的，所以我们在这部分中也描述了社会和认知科学的一些相关理论和观察结果。在介绍完这些理论之后，我们将介绍生成式设计研究的基本组成部分。

第一部分的各章节可以作为独立资源。例如，如果你想了解生成式设计研究的工具和技术背后的原因，这些章节提供了一个框架，用于理解、适应和进一步开发这些工具和技术。另外，如果你想要关注操作信息，那么可以先跳过第一部分，然后专注第三部分。但是你稍后会回到第一部分，因为前三章中包含了实际信息的解释。第一部分的解释将在第三部分多次提到，第一部分包含了如何规划和实施生成式设计研究的信息。当你想进一步探索时，这些解释将有助于把基于本地案例的技巧扩展到更加广泛的应用中去。

第1章 引言
Chapter 1 Introduction

1.1 概览
Overview

在第 1 章中，我们将通过把理论和实践先例联系起来，并将其置于当下实践中来描述生成式设计研究。我们将针对商业和市场环境以及设计和设计研究的最新发展 / 趋势来给出生成式设计研究的定位。我们将解释设计研究领域的形成，以及生成式设计研究工具和技术在其中的位置。我们还将描述设计开发过程中的不同利益相关者是如何随着时间的推移而发生角色变化的。最后，讲解如何使用共同创造和生成式设计研究的三种视角。

1.2 谁有创意
Who is Creative

每个人都富有创意。事实上，人们对于他们所热衷的生活、娱乐、学习和工作内容会特别有创意。但许多人在日常生活中没有参与到创造性活动中。他们认为创造力是针对儿童而非成年人的，或者他们相信只有某些人，如艺术家、音乐家或设计师才能真正具有创造力。由于社会中的许多成年人不经常从事创造性活动，所以他们并不认为自己具有创造力。

但今天的人们希望发挥创造力并以富有创意的方式生活。这个假设来自本书第一作者多年来作为一名生成式设计研究人员在他人家中、工作场所和学校中得到的认知。人们希望自己变得富有创意，无论是在家里、学校，还是工作中。人们希望掌控他们如何生活、在哪里生活，以及相应的产品和服务。人们梦想富有创意的生活方式，这种梦想不仅是普遍存在的，而且在过去的十年里发展迅速。

1.3 为什么现在人们表达了对创意的需求
Why are People Expressing a Need for Creativity Now

为什么今天对创造力有如此一致的需求？它是消费主义的解毒剂。我们一直生活在消费驱动的文化中。从 20 世纪 50 年代开始，消费主义观念不断发展，导致炫耀性消费主义从那时起开始增长。人们被视为生活在市场中的顾客和消费者。企业只对作为消费者的人感兴趣。设计主要服务于工业生产。学习设计的学生接受的教育重点是如何帮助人们消费。

炫耀性消费导致了许多不可持续的产品和实践。事实上，许多消费者甚至不知道或者困惑于他们的行为对环境的负面影响。消费主义也带来了商业领域内不惜一切代价的创新。事实上，即使是创新，也是不够的。公司寻求"突破性创新"（Verganti，2009），以便在竞争中保持领先地位。

幸运的是，这种模式的反向运动最近变得明显。经济衰退突然而且非常清楚地表明持续的炫耀性消费

不能继续保持了。与此同时，我们看到许多人正在寻求对社会和环境负责的方法。

虽然人们永远是产品、服务和体验的消费者，但他们现在需要的是在消费主义活动和创意活动之间取得平衡。他们需要自己选择何时成为消费者以及何时成为创造者。他们需要有机会做出更好的选择，包括选择如何生活，而不仅仅是如何花费和消费。

1.4 商业和设计正在发生变化
Business and Design are Changing

在设计和商业的交叉点可以看到各种形式的变化。其中之一就是最近对"设计思维"的兴趣和热情（Martin，2009）。设计思维已促使世界各地大学中的商学院改进他们的课程，以满足那些不想参加"一切照旧"游戏的商科学生的需求。

另一个主要的变化标志是在设计开发过程的所有阶段提倡共同创造（Sanders 和 Simons，2009）。这一概念的应用包括从重视可持续创新的"设计过程前端"到提倡品牌忠诚度的"设计过程后端"。整个过程的所有方面都可以看到共同创造。我们将在本章后面更多地讨论共同创造与其在设计过程中所处位置之间的关系。

在商业和设计交叉点，另一种变化的表现是日常生活中寻求创造性活动的兴起。DIY（自己动手）行业以及手工艺各个层面的复兴（例如 Stewart，2009 和 Sedaris，2010）是一个强有力的指标，人们正在寻求表达自己创造力的方法。社交网络和其他在线

共享手段的兴起对这一现象产生了广泛的影响。www.etsy.com 就是一个很好的例子。寻求日常生活创造性活动的兴起可能是对过去 50 年来过度强调消费的反应。或者这也许是为了寻找 Illich（1975）三十多年前描述的"愉悦工具"？

商业市场的变化正在影响设计和设计研究的学科。设计原则的变化如图 1.1 所示，这表明我们正处于转型之中。直到最近，设计一直主要关注"东西"的制作。传统的设计教育领域就是按对象分类的（例如，工业设计师制作产品、建筑师制作建筑物等）。在传统设计过程中，制作的原型代表了各种物品，如可能的产品、空间或建筑物。设计师在学校学习的语言专门用于创建这样的对象。例如，用于制作东西的传统设计实例包括草图、绘图、原型和模型，通常是孤立的。

现在，设计实践正在从专注于制作东西转变为专注于为生活在特定情境中的人们制作东西。图 1.1 右侧的新兴设计领域专注于

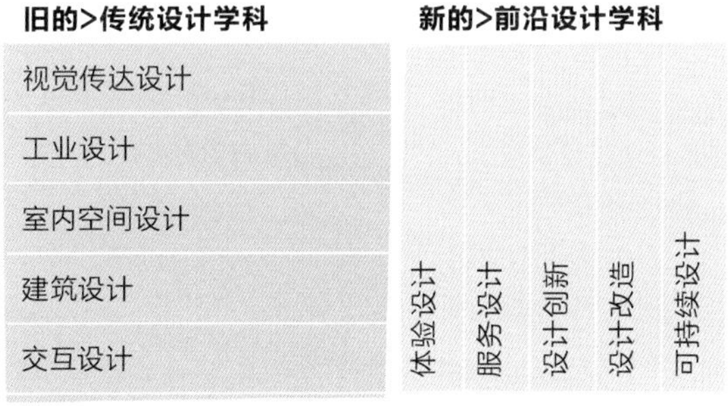

旧的>传统设计学科	新的>前沿设计学科				
视觉传达设计					
工业设计					
室内空间设计	体验设计	服务设计	设计创新	设计改造	可持续设计
建筑设计					
交互设计					

图 1.1 设计学科从关注设计对象（旧）到关注设计目的（新）的转变

设计的目的，例如，为了服务、为了治疗、为了转变的设计。因此，在这些新的设计领域中，需要超越"物品"的概念化形式。当下用于描述和探索体验的一些替代"物品"概念的方式包括故事、未来剧本、叙事、表演艺术、纪录片和体验旅行图。此外，角色模型（假设有代表性的人）经常被用来确保"人"是设计过程的一个焦点。

新兴设计领域比传统学科更大，更雄心勃勃。新兴设计学科需要来自不同背景的人们的合作，包括设计师和非设计师。

1.5 设计研究的景观地图
The Landscape of Design Research

在过去的二十年中，无论是在行业还是在实践中，对作为产品、服务和环境用户的"人"的研究都有所增长。我们将这个研究领域称为"设计研究"。换一种说法，它是一种用于启发设计开发过程的研究。新兴的设计研究方法和工具的景观在图 1.2 中以地图的形式呈现出来。

为什么要制作地图呢？制作地图是一种可以将某一领域进行定位，以便能够看到各种方式、方法和工具之间关系的方式。地图有利于展示可视化关系，找到密集或稀疏的区域，并发现机会。地图可用于展示复杂性和变化。例如，地图的基础景观相对稳定，仅当有强大的力量影响它时才会发生改变，但是工具和方法的转移和变化有点像趋势。居住在景观中的人们和现实世界一样可能来去匆匆，有些人喜欢留下来，有些人喜欢旅行。

因此，地图有利于把复杂性进行分层，并在发生变化时揭示变化。

设计研究地图由两个相交的维度定义和描述。一个维度是方法，另一个维度是心态或者思维模式。下面具体来看方法维度。方法维度分为由研究主导的观点（显示在地图的底部）和设计主导的观点（显示在地图的顶部）。研究主导的观点具有悠久的历史，并由应用心理学家、人类学家、社会学家和工程师推动。另一方面，以设计为主导的观点在近期逐渐出现。

在今天的设计研究实践中，有两种相反的思维模式。地图的左侧描述了一种文化，是一种专家思维模式。这里的设计研究人员为人们进行设计。这些设计研究人员认为自己是专家，他们将人们看作并称为"主体"、"用户"、"消费者"等。地图的右侧描述了另外一种文化，其特征为参与式思维模式。这里的设计研究人员与人们共同设计。他们将人视为生活、学习、工作经验等领域的真正专家。具有参与心态的设计研究人员将人们视为设计过程中的共同创造者，并乐于将人们纳入设计过程中，与他人共享控制权。许多人很难从地图的左侧移动到右侧（反之亦然），因为这种转变是一种文化上的变革。

图 1.2 上最大且发展最成熟的区域是以用户为中心的设计区域。该区域的人员致力于推出新产品和服务，以便更好地满足"用户"的需求。在这个区域中，人们以专家思维模式使用研究主导的方法来收集、分析和解释数据，以便为产品和服务的设计开发提供原则或指导。他们还在评估概念和原型时应

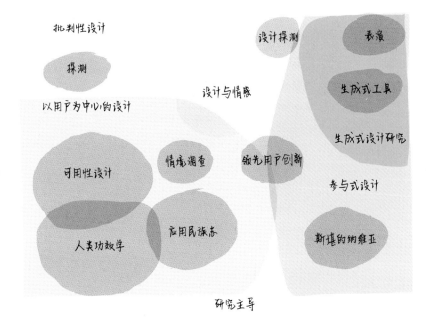

图 1.2　设计研究方法的地图

用相应的工具和方法。在以用户为中心的三大（细分）区域来自应用社交、行为科学和（或）工程：人为因素或人体工程学、应用民族志和可用性测试。在以用户为中心的设计区域中还存在两个较小的泡泡：情境调查和领先用户创新（有关该地图的更多信息可以在 Sanders（2006）的文章中找到）。

参与式设计区域在图 1.2 上横跨了右侧的研究主导和设计主导的方法。参与式设计是一种试图通过让用户积极参与设计过程，以确保所设计的产品或服务满足他们的需求的方法。参与式设计试图吸引那些将成为"用户"的人参与到整个设计开发过程。参与式设计区域的一个关键特征是在整个过程中使用物理工件作为思维工具，这在以研究主导的斯堪

的纳维亚传统方法中很常见。

设计与情感区域于 1999 年在荷兰代尔夫特举办的首届设计与情感会议中出现。该区域代表着研究主导的方法和设计主导的方法在设计研究中走到一起。当下，设计与情感是一种全球现象，来自世界各地的从业者和学者都为其发展做出了贡献。

批判性设计领域（在图 1.2 的左上角）是设计主导的研究方法，设计师扮演着专家的角色。这一区域的出现是对以用户为中心区域的反应，其普遍关注的是可用性和实用性。批判性设计依赖于设计专家评判性来评估设计现状，并依靠设计专家制作的物品来激发我们对人们当前持有价值观的理解。批判性设计"促使我们思考"(Dunne 和 Raby，2001)。文化

探测是批判性设计区域中的一种方法 (Gaver、Dunne和Pacenti，1999)。探测是设计师向用户发送的模糊刺激物，人们通过这些刺激物给出反馈，为设计过程提供见解。探测（最初的形式）意在成为提供设计灵感的方法，而不是用来理解他人经验的工具。

生成式设计研究区域（位于图1.2右上角）是以设计为主导的，并持有参与者的心态。生成式设计研究鼓励日常生活中的人们提出和产生新的设计。这也符合本书的信念："所有人都是有创造力的"。生成式工具是指创建一种设计人员和其他利益相关者之间共享的语言，可以帮助他们进行视觉化和直接的沟通。设计语言是生成的，因为有了它，人们可以通过有限地刺激物品来表达无限的想法。因此，生成式工具是探索设计服务对象的想法、梦想和见解的一种方式。批判性设计和生成式设计研究的目标都是生成和推广新的设计方案。但它们持有对立的思维模式。在过去五年中，出现的许多新工具和方法都是以设计为主导的，位于地图的顶部，在批判性设计领域和生成式设计研究领域中转换，包括设计探测（例如Mattelm ki, 2006）和各种形式的展现（例如,Burns et al.,1995;Buchenau and Fulton Suri,2000;Ouslasvirta et al.,2003;Simsarian,2003;Diaz et al.,2009）。

为什么在图1.1中显示的新兴设计学科没有列入这张地图？例如，为什么服务设计、体验设计和可持续设计没有列入这张设计研究地图？我们最好能把新兴设计学科看作是贯穿地图的旅行，因为它们依赖地图上的不止一个位置。新兴设计学科侧重于目的而不是方式或方法，因此可以使用专家或者参与者的思维模式来解决。例如，被称为"服务设计"的新兴设计学科采用了参与式设计和生成式设计研究中的许多工具、技巧和方法。时间会告诉我们，服务设计者是以参与式的思维模式还是以专家的思维模式来使用工具和方法的。

1.6 本书在设计研究地图中的定位
Positioning This Book on the Design Research Map

本书将重点关注设计研究地图的右上角,即生成式设计研究领域,其中设计主导的方法和参与式的思维模式构成其在地图上最右上角的位置(见图1.3)。我们将描述生成式设计研究最有用和最相关的使用背景和条件。下面将给出多个来自我们自己的工作经历或供稿人经历的案例,以便让学习体验更加具体。

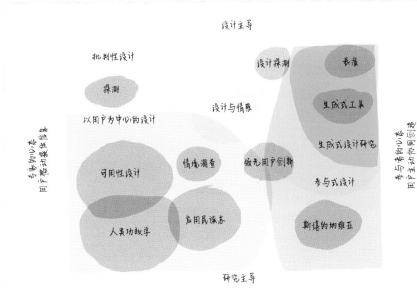

图 1.3 右上角黄色部分是本书关注的主要内容

我们将描述与地图中生成式设计研究相关的其他领域,但不会描述整个地图。如果要涵盖整个地图,那么可能需要再写一本书。我们不会涵盖以用户为中心的设计领域,但将强烈推荐使用传统的以用户为中心的设计方法和工具进行初步探索,作为创建和开发生成式设计研究工具包的前期积累。我们还将讨论如何利用生成式设计研究来确定相关的想法和机会,并使用以用户为中心的设计思维、工具和方法进行进一步的研究和评估。

我们不会详细、全面地讨论参与式设计研究,但我们将讨论生成式设计思维和斯堪的纳维亚的参与式设计研究方法是如何互相学习和启发的。我们将不会涵盖设计与情感领域,但将讨论如何利用生成式设计研究工具来扩展设计与情感领域。

1.7 设计过程正在发生变化
The Design Process is Changing

随着设计研究地图格局的不断变化，设计开发的过程形式也在不断地发生着变化。正如图 1.4 所示，在过去十年中，设计前期在不断扩大，其重要性也在增加。

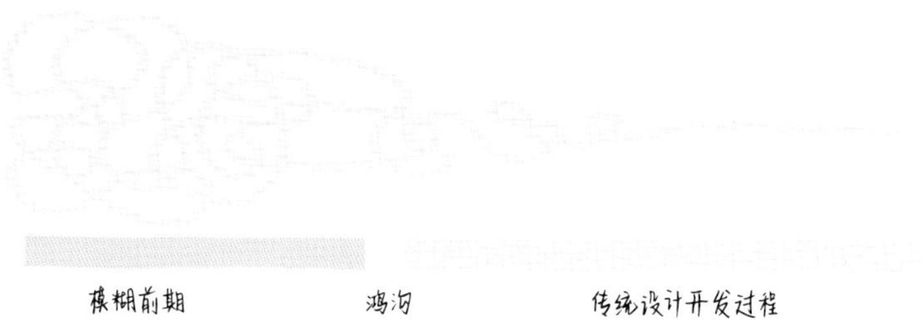

模糊前期　　　　　　鸿沟　　　　　　传统设计开发过程

图 1.4 伴随着设计研究领域地图的转移，设计开发的过程也发生了变化

这个设计前期因其混乱和无序通常被称为"模糊前期"。设计前期由很多活动组成，以探索那些开放性的问题，并确定哪些是最需要解决的问题。在模糊前期并没有明确的前进道路，在发现任何模式之前，可能会有许多不同的探索路径。在模糊前期，往往不知道设计的最终交付物是产品、服务、交互界面，还是其他东西。探索的目的是确定基本的问题和机会，确定什么是可以（或不应该）设计的。

设计过程中的另一个变化是，越来越多的设计师加入甚至是领导团队来面对非常大的挑战。设计师今天面临的挑战往往被称为"坏结构的问题"。"由于不完整、相互矛盾和不断变化的要求往往难以识别，所以坏结构的问题很难或不可能解决。此外，由于复杂的相互依存关系，当你努力解决一个坏结构问题的一个方面时，可能会揭示或造成其他方面的问题"(Rittel 和 Webber,1973)。

设计已经不仅仅是视觉化能力和个人创造力的应用了。无论设计师多么聪明或有创意，他们要识别和解决的问题都无法由个人来解决。情况要复杂得多。我们面临重要的挑战，面临的问题是棘手的，设计路径也是模糊的，但我们可以通过合作性的、创造性的和生成式的设计思维来应对棘手的问题和模糊路径的挑战。

当我们谈论未来的设计和创新时，谁才是真正的专家？我们认为，整个设计过程中试图服务的人是专家。随着这种思维模式的转变，我们可以邀请未来的"用户"进入设计过程的前期，并同他们一起设计，而不仅仅是为他们设计。一种参与式的思维模式打破了专业化和文化界限。并且，即使面对的是棘手的问题，（生成式）工具也可以让每个人处在同一个环境中，使用同一种语言，拥有一个支持探索新想法的设计空间。

1.8 设计过程中人的角色变化
People's Roles in the Design Process Are Changing

从传统的以用户为中心的设计过程到基于集体创造的设计过程（即共同设计过程），参与者在设计过程中的角色正在发生变化。例如，让我们想一下用户研究人员和设计人员的角色。

虽然我们认为对所讨论的人有一个清晰的认识，但文献中将这个人称为"用户"、"消费者"、"客户"、"内部人"、"参与者"、"共同创造者"、"受益者"、"人类"、"人"，有时还称"受害者"。每个词都有细微的差别，一门学科的标准术语，在另一门学科中遭到批评。"研究者"和"设计者"的角色也是如此。我们认为寻找明确的术语对我们没有多大帮助，但它有助于我们警惕这些词中的隐藏假设。

1.8.1 用户的角色：经验专家
The Role of the User:Expert of His/Her Experiences

在传统的以用户为中心的设计过程中（见图1.5)，用户是被动的研究对象，研究人员从理论中获得知识，并通过观察和访谈获取更多的知识。然后，设计师以报告的形式被动地接受这些知识，并增加对技术和创造性思维的理解，以产生想法和概念等。

然而，在协同设计过程中，角色会发生变化：最终在设计过程中得到服务的人称为"经验专家"，他们在想法的产生和概念的发展中扮演着重要角色。

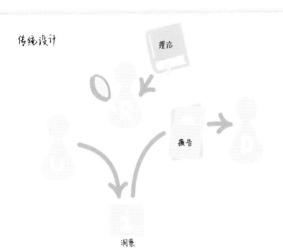

图 1.5 从传统设计到协同设计，研究人员、设计师和用户的角色发生了变化

在产生见解时，研究人员通过提供构思和表达工具来支持这些"经验专家"。设计师和研究人员在构思工具的时候需要进行协作，因为设计技能在这些工具的开发中非常重要（事实上，设计师和研究人员可能是同一个人）。设计师继续在创意形成方面发挥关键作用（Sleeswijk Visser 等讨论了在协同设计过程中关键角色的变化，2005）。

用户可以成为设计团队的一员，成为"经验专家"（Sleeswijk Visser 等，2005），但为了让他们扮演这一角色，必须为他们提供适当的工具来表达自己。在过去十年中，一些学术机构内的研究小组、设计研究咨询公司的从业人员和行业机构的设计研究小组都对他们可以应用的协同设计工具、技巧和流程进行了探索。对协同设计工具和技术的兴趣迅速增长。

1.8.2 研究者的角色：从翻译者到协调人
The Role of the Researcher:From Translator to Facilitator

在传统的设计过程中，研究人员充当"用户"和"设计师"之间的翻译者。在协同设计中，研究人员（可能同时是设计师）扮演着协调人的角色。当我们承认存在不同层次的日常创造力时（如将在第 2 章中进行的讨论），我们显然需要学习如何提供相关经验，以促进人们在各级层次表达创意。除了以最有利于人们参与的方式将人们纳入设计过程外，研究人员还需要以协同设计团队可以理解的方式将参与者所在领域的知识带入团队中。例如，成为设计研究人员的社会心理学家不仅会带来访谈的技巧等，还能带来社交的背景知识和理论，指出可以指导和启发设计的模型和因素（如 Postma & Stappers,2006）。

1.8.3 设计者的角色
The Role of the Professional Designer

在未来，如果用户可以一同创造产品与服务，那么专业设计师扮演什么角色呢？有人担心，设计师的角色在不久的将来会过时。恰恰相反，设计技能在未来将变得更加重要。用户永远无法取代设计师，因为设计师在设计方面受过培训并有丰富的经验。这需要特定的技能，整个过程永远不能外包。

设计师将在解决坏结构问题和探索模糊前期机会的过程中发挥设计思维的作用。他们拥有专业的技能，擅长视觉思维、发挥创意、发现缺失的信息并做出必要的决策。设计师擅长制作原型，可以自然地协助完成共同创作原型的活动。

设计师可以在协同设计团队中发挥作用，因为他们有其他人不具备的专业知识。设计师跟踪现有的、新的和正在出现的技术，并且了解生产流程和商业环境。此外，不同设计行业有自己的特殊性。室内设计、互动设计、平面设计在技能、知识和方法上都有很大区别。这些差异不会因为"用户"成为共同设计者而消失（Buxton，2007）。特定问题领域的专业知识始终是有价值的。

设计师将创造和探索生成式设计思维的新工具和方法。设计师有责任探索生成式工具的潜力，并将协同设计的语言纳入他们的实践。未来的设计师将为非设计师创造工具，帮助他们创造性地表达自己。

1.9 协同创意和协同创造
Collective Creativity and Co-Creation

在前文综述中，我们描述了设计过程特别是设计前期是如何变化的。在设计前期，因为要挑战解决坏结构的问题、探索模糊的机会，所以协同创意的必要性越来越重要。我们还讨论了人们在设计过程中的角色是如何变化的，以前被称为"终端用户"的人，因为他们是自己经验的专家，所以被看作是设计过程的共同创造者和参与者。

在继续本书内容之前，我们将定义如何使用"协同创造"和"协同设计"，因为你将看到这些术语的用法差别很大。我们用"协同创造"指代任何集体性创意的行为，例如两个或两个以上的人共同拥有的创造。从搜索引擎的输出可以看出，"协同创造"是一个非常广泛的术语，其应用范围从物理到形而上学，从物质到精神。我们用"协同设计"来表示应用于整个设计开发过程中的协同创造。因此，"协同设计"是"协同创造"的一个具体应用实例。

对某些人来说，共同设计指的是合作型设计师的集体创造。然而，在更广泛的意义上，协同设计是指设计师和没有接受过设计培训的人在设计开发过程中共同工作。生成式设计研究是一种用于以设计开发过程的前期为重点的"协同设计"和"协同创造"的方法。

1.10 协同创造如何以及在何处发生
How and Where is Co-Creation Taking Place

"协同创造"经常在许多不同的情境下以不同的方式使用，导致我们不清楚究竟什么是"协同创造"。例如，我们可以看到：

> 社区内的协同创造；

> 公司和组织内部的协同创造通常称为"内部协同创造"；

> 公司与其频繁合作的伙伴或其他公司之间的协同创造；

> 公司与其服务的人的协同创造。这些服务的人被称为客户、消费者、用户或终端用户。

重要的是，要事先澄清哪里会使用协同创造，以避免不清楚哪些有效和哪些无效。

如今，商业界有很多关于"协同创造"的讨论。这些讨论通常围绕协同创造所产生的"价值"。协同创造的经济价值通常在商业圈中受到的关注最多。但协同创造活动和相关关系中至少有三种价值：经济价值、使用或体验价值和社会价值。协同创造可以产生经济价值是因为它以新的、更有效的方式提供长效收益。与经济价值相关的协同创造可能不需要公司与其客户之间的直接面对面接触。例如，因为对话可以通过新的信息和通信工具进行调解，这可以从基于网络的调查中看出，要求消费者选择所选的功能，或者通过大量收集受访者的反馈来获得新产品或服务的创新想法。

协同创造的使用或体验价值源自公司希望将消费者转变为用户，以求产品与服务更好地满足人们的需求。有人可能会说这直接与经济价值相关，但在这种情况下，价值超出了单纯的经济收益。协同创造的体验价值不仅适用于产品和服务，还适用于品牌和品牌环境。

协同创造的社会价值是通过对长期和可持续的生活方式的追求而产生的。它支持探索开放式问题，例如，我们如何才能改善慢性疾病患者的生活质量？在这种情况下工作时，人们通常不会预先确定结果的形式。因为结果的形式也是设计挑战的一部分。因此，问题可能是一个坏结构的问题。这种类型的协同创造通常涉及专家和日常人员紧密合作的整合。协同创造者之间的移情是至关重要的，所以面对面的沟通效果最好。虽然社交网络可以用来帮助识别和定位参与者，但在这种协同创造形式中，面对面的互动会更有价值。

协同创造中的这三种类型的价值对协同创造的理解和发展都很重要，并且这三种价值有时是不可避免地相互关联的。事实上，它们可以一起发挥作用。从长远来看，社会价值可以提供使用或体验价值以及经济回报。

协同创作可以在设计开发过程的任何阶段进行（见图1.6）。

设计开发过程的各个阶段包括：

> 预设计：研究、问题定义和探索最多的创新机会；

> 发现：机会识别和将研究转移到设计中；

> 设计：继续探索、设计和发展；

> 制作：生产、建造和（或）制造；

> 市场＋营销：在哪里实施、推广和销售；

> 售后：产品使用和服务体验发生的地方。

将协同创造的价值层面（经济、使用／体验、社会）

图 1.6 协同创造（以橘色圆点表示）可以在设计开发过程的任何阶段进行

与设计过程的不同阶段结合，会出现一种有趣的结构。关注经济价值的协同创造更有可能在设计开发过程的后期发生，例如在市场营销、销售和分销阶段。在设计开发阶段，更可能关注协同创造的使用或体验价值。在设计过程的早期发现探索阶段，更可能关注协同创造的社会价值，如图 1.7 所示。

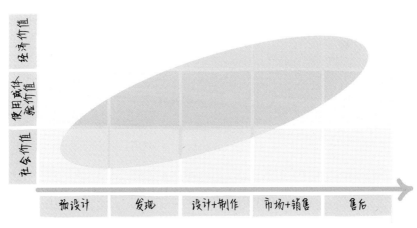

图 1.7 协同创造价值层面与设计开发过程不同阶段的关系

事实上，在设计开发过程中，越早使用协同创造，它产生的影响可能也越大。协同创造的社会价值倾向于从非常早的设计前期开始。在模糊前期实践协同创造，很可能会产生最大的社会价值效益。虽然使用或体验价值以及经济价值也可能随之产生，但这些价值直到后来才可能变得明显。

同样，为了避免混淆，有必要在介绍协同创造之前澄清协同创造的目的是什么，以及在设计开发过程的哪个阶段使用。本书所关注的重点是在设计开发过程前期，协同创造所能带来的使用体验和社会层面的价值。

1.11 协同创造设计中的相关方法
Related Approaches in Co-Creative Design

用协同创造的方法解决复杂问题和发现机遇并非没有先例。本节介绍这类方法在国际发展和社会科学中的应用情况。

1.11.1 参与式设计
Participatory Design

集体创意在设计中的实践已经存在近四十年，其名称是"参与式设计"。参与式设计的大部分活动一直在欧洲进行。用户参与系统开发的研究项目可以追溯到 20 世纪 70 年代。在挪威、瑞典和丹麦，建立集体资源方法是为了让工人参与开发新的工作场所系统来增加工业生产的价值。该方法结合了系统设计师/研究人员的专业知识以及工作受到变化影响的人员的专业知识。因此，这种方法建立在工人自身经验的基础上，并为他们提供能够在当前形势下采取改变行动的资源（Bødker，1996）。

自早期开创性工作以来，参与式设计实践已经取得了重大进展。今天的参与式设计涉及广泛的领域，并在以商业和社区为目标的研究情境下使用多种方法、工具和技巧。

1.11.2 正向偏差与引导用户设计
Positive Deviance and Lead User Design

无论是在社会变革运动中还是在设计上，都出现了一些方法，在众多的终端用户中，总有一些人比其他人更有能力使用他们的第一手资料来创建解决方案。"设计师"在这些方法中的任务是将这些参与者的贡献引入更大范围的设计过程中。20世纪70年代，在营养、健康和自由工作中出现了正向变化 (Pascale、Sternin 和 Sternin, 2010)。Von Hippel(2005) 发起和倡导了领先用户研究方法并成功应用于软件设计和其他技术领域。

1.11.3 行动研究
Action Research

从社会科学的角度来看，行动研究的范式自20世纪40年代以来一直在发展 (Susman 和 Evered, 1978)。顾名思义，行动研究是在研究范围中制定的，涉及研究人员和从业者积极探索可能改善从业者状况的方法。该方法的一个关键要素是工作实践中的一系列干预措施，并通过批判性思维从中学习 (Avison等, 1999)。这些干预措施同时有两个目的：改善工作状况和更好地了解这种状况 (Gilmore 等, 1986)。行动研究为这一领域的许多学术工作的研究方法提供了理论基础，这些工作正在走出实验室、走向实践。

1.11.4 情境地图
Context Mapping

情境地图始于21世纪初期的设计教育，将用户与产品交互情境理解的最新发展纳入主流设计教育中。

这是一个与用户共同进行语境研究的过程，以便获得关于产品使用背景的隐性知识 (Sleeswijk Visser 等, 2005)。其目的是为设计团队提供信息和灵感。用户和其他利益相关者积极参与到设计过程中，以确保同时满足设计和未来产品或服务的使用需求。"情境地图"的名字说明了设计团队所需信息的两个要素：产品使用的情境，以及定义为"影响用户和产品之间交互的所有因素"。本书所描述的生成式工具用于收集用户见解。选择"地图"一词来表达此类信息的形式：因为它是一种帮助访问体验地图的工具，可以根据不同旅行者的需要而采取多种不同的形式 (Stappers, Sleeswijk Visser, 2006)。这种对沟通的强调是基于大公司和设计机构的情况。设计小组往往不直接面见参与的用户，而是通过人物角色模型、场景和文件记录等技巧来了解情况。

1.11.5 快速参与式乡村评估
Rapid and Participatory Rural Appraisal

在国际发展领域，人们已经认识到，改善农村人口的生活条件不能由仁慈的外来人士引入，而需要农村内部人士的积极参与 (Chambers,1994)。与参与式设计类似，这里的方法侧重于落实最终用户所起的作用，并从通知"外部人士"（即设计师）转向给"内部人士"（即最终用户）控制权。

1.11.6 体验与服务设计
Experience Design and Service Design

在过去几年中，我们已经展示了许多新的设计方法，这些方法不仅仅将产品视为一件物理范围的东西。在体验设计中，重点在于为用户创建有意义或影响的物品，而不是创建满足功能的物理制品。在服务设计中，重点在于创建复杂的系统，同时借助物质和组织手段为人们创造价值。在这些新出现的方法中，更加重视供应商和客户之间的长期互动、对用户的全面关注，以及共同创造方法的应用。

本节中描述的相关方法列表显示了两件事。首先，在科学和设计的许多领域都出现了共同创造的方法，同样的想法也出现在看似不同的领域。其次，到目前为止，这些方法在相关领域内完全独立发展。通常，关于其中一个领域的出版物很少或没有提及其他领域，在不同领域中描述的术语也不同。但是在每个领域，人们都认识到"最终用户"对他们的需求和梦想持有专业知识，并且他们的贡献对于找到和实施问题的解决方案至关重要。人们还认识到需要采用适当的（通常是新的）方法来促进这一过程。

显然，随着这些方法之间对话的展开（例如，通过维基百科中所有上述术语的可查找性），我们可以预期这个协同创意设计的领域将在未来几年迅速成熟。

1.11.7 协同创造：它是一种心态、方法还是工具
Co-Creation: Is It a Mindset, Method or Tool

正如我们所讨论的那样，今天使用"协同创造"这个词来描述具有许多不同目标的极其广泛的活动。事实上，协同创造的应用在大众媒体中的兴趣日益浓厚，形成了一种"淘金热"。协同创造是一种在市场中区分公司的新方法吗？它是一种可以在设计过程中调用一系列有趣工具的方法吗？或者协同创造比这些更大吗？它是一种心态（由某人持有的既定态度），还是一种可以改变整个设计过程的世界观（生活哲学或世界观）？协同创造可以是其中任意一种或者所有这些。这主要取决于你如何看待和使用它。

协同创造作为一种心态。这是三种观点中最广泛和最长远的观点，也是最有可能对人们生活产生积极影响的观点。从心态角度进行的协同创造，最好由经验丰富的生成式设计研究从业者或年轻直观的从业者执行。它对设计开发过程的前期最有用且最有效。

协同创造作为一种方法。在这里，我们将协同创造视为一系列工具和技术，这些工具和技术经常与其他方法集合（例如，上下文查询或民族志研究）进行比较。方法的选择可能取决于谁领导项目、预算和时间如何，以及其他一些限制。我们将协同创造看作主要在设计探索和设计阶段使用的方法。

协同创造作为一种工具或技术。这一观点描述了将协同创造作为可用于设计、开发、营销过程的工具包中的另一种工具和技术选择。例如，你经常会在设计研究人员的简历中看到参与式设计，其背景类似于图1.8。

我的设计研究技能包括：可用性测试、虚拟人物模型构建、概念测试、任务分析、日记研究、背景调查、参与式设计、纸张原型评估、焦点小组、认知演练、卡片分类、眼动追踪、远程可用性和调查、民族志研究和电话访谈。

从上下文可以明显看出，该列表的作者将协同创造或参与式设计理解为可以在特定情况下使用的工具或技术。他们没有将其视为一种心态。

将协同创造视为一种工具或技巧是在媒体中最常见的表达方式。因为这是一种快速低成本的吸引市场中品牌、新产品和服务注意的方式。图 1.8 展示了协同创造的三种视角在协同创造的价值层面和设计开发过程中的定位。

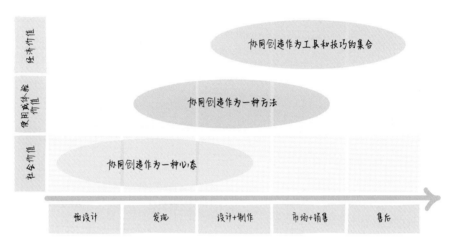

图 1.8 协同创造的三种视角在协同创造的价值层面和设计开发过程中的定位

协同创造作为一种心态，在设计开发的前期最有用。在设计过程的重点阶段，协同创造作为一种方法，在设计开发的过程中非常有用。协同创造作为一种工具或技巧的集合，协同创造在设计开发过程的结尾部分最有用。这并不是说这三种观点只能在过程的这些部分使用，而是说这些都是非常好的起点。

1.12 这本书的关注点在哪里
Where This Book Is Focused

总之，因为协同创造是一个使用广泛的词语，当人们从不同的视角使用"协同创造"这个词时，可能会让人感到困惑。因此有必要事先明确：

> 谁参与协同创造（例如，社区、公司、组织、合作伙伴、个人等）？

> 哪种观点在引领着这种努力（例如，协同创造作为一种心态、方法、工具或技巧）？

> 协同创造中的价值（例如，货币价值、使用/体验价值、社会价值）是什么？

> 在设计开发过程中（例如，前期、中期或后期），将在哪里使用？

> 在所有成员中如何分配责任？例如，谁可以提出建议、做出解释、提出想法等？

本书的重点将放在设计开发过程的前期（包括预设计、设计探索和设计）。把协同创造看作是一种思维态度，并对协同创造在所有层面的价值感兴趣。书中的各种案例和来稿将给出各种协同创造的应用例子：

> 在社区内的协同创造；

> 在公司和组织内部的协同创造；

> 公司与其业务合作伙伴之间的协同创造；

> 公司与其所服务的人之间的协同创造，他们是被称为客户、消费者、用户或最终用户的人。

在接下来的章节中，我们将介绍一些基本的心理机制，这些机制主要支持创造力，特别是共同创造。在其后的章节中，我们将展示这些机制如何在生成式工具和技术中发挥作用。

供稿人

玛琳·艾维（Marlene Lvey）

加拿大新斯科舍省哈利法克斯市

诺瓦艺术与设计大学

副教授

Mivey@nscad.ca

玛琳在撰写文章时是英国苏格兰邓迪大学乔丹斯通艺术与设计学院的高级讲师。

参考文献和照片来源

[1]Ivey,M. & Sanders,E.B.-N. (2006) Designing a Physical Environment for Co-experience and Assessing Participant Use. Wonderground, Design Research Society International Conference Proceedings 2006,1-4 November 2006 CEIADE Portugal.

[2]Ivey,M.,Sanders,E.B.-N. et al.,(2007) Giving Voice to Equitable Collaboration in Participatory Design Research. Design,Discourse & Disaster,7th European Academy of Design Conference 2007,11-13 April 2007 Turkey:Izmir University.

1.13 在参与式设计研究中的公平合作
Equitable Collaboration in Participatory Design Research

公平合作是参与式行动研究所需的三个条件之一 。由于数据、分析或调查结果以及参与者的贡献是匿名的，因此参与者通常是嵌入在研究中的。然而，如果研究旨在包括具有专业知识的参与者，并允许将其以公平合作的方式融入，那么生成式设计研究方法的后续活动会是非常积极的。诚信关系的组成部分包括对个人与群体动态平衡的考虑、游戏的时间/空间、所有权、反思、机会、同理心和有意义的认可。让用户作为参与者参与设计愿景的开发，是称为协同设计时代的一个显著特征。除此之外，设计研究是开放的递归行动，参与者可能会演变为研究伙伴。清晰度有助于诚信，并在道德层面上有积极影响。我们不仅需要与参与者明确我们可能发布的内容，还需要明确我们如何分享知识产权。

1.14 在设计研究中的方法组合
Combining Approaches in Design Research

在跨学科团队的构建以及典型设计项目的各个阶段中，都可以明显看到设计研究的方法具有集合的特点。

设计研究本身就是一种创造性的活动，因此应该是灵活的，允许适当地成为选择信息收集、指导灵感和测试想法的最佳方法的决定性因素。根据跨学科团队的构成以及典型项目的各个阶段，总会有对选择或创建的方法进行结合的节点。

在与跨学科团队进行的设计研究中，团队成员的多个视角融合在一起，以促进对用户和背景的完全理解，理想情况是以相互促进的方式。这在某种程度上类似于三角测量，或者使用多种方法来挑战或验证单一的信息源。社会科学家的定量方法可能确实是对民族志学者提倡的定性方法的补充，两者都可能对设计师在参与式会议中的共情方法注入适当的严谨性和客观性产生积极影响。

供稿人

布鲁斯·M. 哈宁顿(Bruce M. Hanington)

宾夕法尼亚州匹兹堡

卡内基梅隆大学

设计学院，MMCH 110

工业设计副教授和项目主席

这些方法还将在设计研究项目的各个阶段进行组合或关联。当然，设计民族志、背景调查和文化探索也可以作为探索性工具，为参与式研究阶段的生成式工具包的构建提供信息。这些工具包可用于发现情感和设计问题，并为后来的产品开发提供信息，进行可用性和人为适应性测试。在设计研究努力培育符合人类需求和愿望的创新产品的过程中，关键是不要被孤立的特定方法所束缚，也不要被传统思维人为地限制在特定阶段或目的的方法清单所束缚。

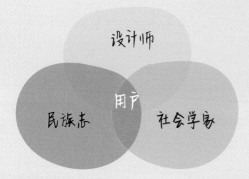

通过如民族志、社会学家和设计师的多元团队，从多个角度来形成对用户和背景的一个全面理解。

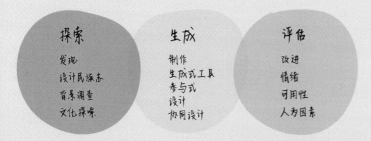

方法涉及设计研究的各个阶段。探索性工具为生成式工具包的构建提供了信息，而生成式工具包又为设计评估提出了问题。

SURFACE   KNOWLEDGE

EXPLICIT

OBSERVABLE

TACIT

概览
OVERVIEW

> 在第2章中，我们将通过关于创造力的一些知识来更好地理解生成式设计研究是如何运作的。在没有这种理解水平的情况下，仍然是可以进行生成式设计研究的。但如果没有创造力，将无法提升作为一名生成式设计研究者的能力。因此，你现在选择不阅读本章，可能会在获得一两次实践经验后想返回来阅读本章。

> 我们可以将本章视为第3章（工作原理：生成式工具和技术）以及本书第三部分的基础。我们在第3章中提出的模型、理论和原则适用于生成式设计研究过程的所有部分，包括如何规划实地工作、生成式研究环节、访谈环节、分析环节以及沟通活动期间所发生的事情。

> 我们将从介绍日常创造力的含义开始讨论什么是创造力。这个讨论首先从传统观点开始，即创造力是"头脑中"发生的事情。然后，随着章节的展开，我们将在创造力上引入越来越大的视角。我们将以描述人们如何进行共同创造的集体创造力模型来结束讨论。

第2章 关于创造力的思考
Chapter 2
Thinking About Creativity

2.1 什么是创造力
What is Creativity

关于创造力，并没有一个公认的定义。事实上，关于创造力的定义一直在争论之中。关于什么是创造力，它是如何运作的，以及谁拥有或不拥有创造力，理论有很多，但没有太多的共识。在解决问题领域中，关于创造力的一个普遍定义是，如果一个想法是新的并且能对问题提出适当解决方案，那么它就被认为是具有创造力的。但设计不仅仅是解决问题。维基百科（2011年1月查看）关于"创造力"的条目很好地概括了这种缺乏清晰度的情况。

另一方面，人们一致认为，创造力正在得到越来越多的认可和讨论。真正有助于激发人们对创造力感兴趣的书籍包括以下这些。

> 理查德·佛罗里达（Richard Florida)（2002）的书：《创意阶层的崛起》（*The Rise of the Creative Class*）。佛罗里达利用经济数据表明，创意专业人员高度集中的地区往往具有较高的经济发展水平。他接着描述了可以采取哪些措施来吸引创意阶层。

> 丹尼尔·平克（Daniel Pink）（2005）的书：《全新思想》（*A Whole New Mind*）。他描述了人们应该具备的六种"感官"，以建立一种平衡的心灵。这六种"感官"包括设计、故事、交响乐、同理心、游戏

和意义。

> 罗杰·马丁（Roger Martin）（2009）的书：《商业设计》（*The Design of Business*）。马丁描述了为什么组织需要接受设计思维，以平衡他们对分析思维的过度依赖。

本章的讨论将集中在既古老又有很多理论出现的创造力上。根据亚瑟·凯斯特勒（Arthur Koestler, 1964）的说法，每一个创造性的行为都涉及双关联想，也就是将以前不相关的想法结合在一起的过程。亚瑟·凯斯特勒对创造力的定义足以涵盖所有类型的创造性行为，无论是艺术、科学还是幽默。在《创造行为》（*The Act of Creation*）（1964）一书中，他写道："创作过程的逻辑模式在所有三种类型的创造中都是相同的，都包括发现隐藏的相似之处。但在这三种类型的创造中的情绪却是不同的：漫画在情感上具有一丝侵略性；科学家通过类比进行的推理在情感上是分离的，即中立的；诗意的形象在情感上是同情的或欣赏的，是一种积极的情感的启发。"

日常创意
Everyday Creativity

许多人认为创造力是天才的一种表现形式，这种天赋是稀有个体所拥有的，通常在艺术或科学领域出现。在设计中，特别是在解决问题时，创造力通常被定义为创作新颖和恰当作品的能力（Sternberg 和 Lubart, 1995）。但其实还有其他类型的创造力。

玛格丽特·博登（Margaret Boden）（1990）对 H-creative 和 P-creativity 进行了区分。H-creative 是指历史上的创意。例如，一个人提出了一个以前没有人想到过的想法、概念或产品。P-creativity 是心理上的创造性，即某人从一个领域借用一个想法，并将其应用到另一个领域。这种类型的创造力不是那么独特，它适用于所有人。博登指出，过去有过创造性想法的人将来更有可能拥有这些想法，而经常有新想法的人将继续这样做。

我们将 P-creativity 称为"日常创造力"。基于多年观察以及与人们讨论他们的需求和生活梦想，我们提出了一个日常创造力的框架（Sanders，2005）。对于日常创造力，我们可以分为四个层级，如图 2.1 所示。

层级		动机	目的	例子
1	做	多产高效	完成某事	整理香草和调料
2	适应	合适的	做属于我自己的东西或让它更好地适合我	修饰一个完成的菜品
3	制作	证实我的能力或技能	用我自己的手制作	使用菜谱做一道主菜
4	创造	好奇	表达我的能力	自创一个菜品

图 2.1 在与人们谈论他们的需求和梦想的生活时，可以观察到的日常创造力的四个层级

最基本的创造力层级是"做"。做背后的动机是通过高效的活动来完成某事。例如，人们告诉我们，当他们有效地参与日常活动（如锻炼或整理衣橱）时，他们会感到有创造力。"做"一件事情需要极少的兴趣，同时对技能的要求也很低。今天提供给消费者的许多商品和服务可以说是满足了"做"这个层次的创造力。他们以现成产品的形式来到消费者面前。例如，在食品制备领域，"做"层面的创造力活动是购买或选择预先包装的微波炉主菜，并用它来准备一顿饭。另一个与烹饪相关的例子可能是归纳、整理一个人的香草和调料。

第二个创造力层级是"适应"，它更进了一步。"适应"背后的动机是通过某种方式的变化来创造属于自己的东西。人们可能会这样做来让一个产品更加具有个性，以便更好地适应他们的个性，或者他们可能会调整产品，使它更好地满足其功能需求。只要产品、服务或环境不能完全满足人们的需求，我们就会看到"适应"水平的创造力的出现。"适应"水平的创造力相对于"做"水平的创造力，需要更多的兴趣和更高的技能水平。跳出框架来思考需要一些信心。按照我们在食物制备中的例子，调试层次的活动可能是在蛋糕混合物中添加额外的成分，以使其与众不同。

第三个创造力层级是"制作"。"制作"背后的动机是使用人的手和头脑来制作或构建以前不存在的东西。在这期间通常会涉及一些指导，例如图案、配方或说明使用何种类型的材料，以及如何将它们组合在一起。"制作"需要对这个领域有真正的兴趣以及经验。人们可能会将大量的时间、精力和金钱花在他们最喜欢的制作活动上。许多爱好都属于这种层级的创造力。如果仍举一个与食物有关的例子，这个例子可能是使用食谱做一道主菜。

最高层级的创造力是"创造"。"创造"背后的动机是创造性地表达自己或进行创新。真正的创造性努力是由激情推动并由高水平的经验引导的。创造不同于制作，创造依赖于原材料的使用并且在使用过程中没有预先设定的模式。例如，制作是用食谱烹饪，而创造是在你做菜的过程中即兴制作出来的菜。

所有人都有能力达到更高层级的创造力，但他们需要激情和经验才能做到这一点。因此，人们在不同领域获得的创造力水平不同。事实上，他们可能会在不同的领域发现自己同时具备四个层级的创造力。他们可能只在所爱好或有兴趣和（或）有热情的领域中获得更高水平的创造力。

从"做"到"适应"到"制作"，最后到"创造"，这条道路随着时间的推移和经验的积累在个体中发展。例如，许多人从未达到最终的创造力水平，因为他们对自己在制作阶段所表现的创造力已经感到满意。事实上，人们并不总是按照相同的顺序在不同的创造力层级中取得进步。虽然我们大多数人都会从"做"开始，但有些人会继续创造，首先通过适应，然后通过制作。然而，其他人将通过先制作，然后适应而达到目的。例如，在衣柜和服装领域，好像制作自己衣服的行为一样，制造商可以通过此行为看到他们已经拥有的服装的新可能性（Meyer，2010）。其他人可能会忽略适应和制作，但很少有人直接从"做"跃升到"创造"层级的创造力。

提供相关的经验，以促进人们在各个层面表达创造力是很重要的。在不同的创造力层级上需要不同的支持。例如，最好是：

> 引导那些处在"做"这一创造力层级的人；

> 指导处于"适应"层级的人；

> 为处在"制作"层级的人提供具体的工具，以便给予支持和提供服务；

> 为那些能够从零开始创造事物的人提供一张干净的名单。

这意味着为了让那些处在"做"和"制作"创造力层级的人可以在这个领域创造性地表达自己，就需要更多的时间。我们将在本章后面介绍表达框架的路径，以描述如何让人们为创造性地表达自己做好准备。

以下是促进日常创造力的四个原则。事实证明，它们对于使用生成式设计研究的团队建立共同的基础非常有用。

在本章中，我们将（以理论、框架、模型的形式）提供用于支持这些原则的基础信息。

（1）所有人都是有创造力的；

（2）所有人都是有梦想的；

（3）人们会基于他们独有的经历和想象来填补看不见与说不出的东西；

（4）人们需要找到有意义的事情，所以会通过模糊的刺激物来指明自己的需求。

这些将有助于你反思并与一同进行生成式设计研究的其他成员谈论这些原则。

2.2 个人创造力的框架
A Framework for Individual Creativity

大多数已经发表的关于创造力的研究都是关于个人创造力的，而且多数领先研究都是被认知心理学家完成的。因此，大多数关于创造力的理论集中于描述创造力在单独个人心中的运作。但这种情况正在发生变化，人们逐渐认识到创造力不仅仅发生在头脑中。但为了简单起见，我们将从这里（个人创造力）开始。

图2.2显示了个人创造力的框架，该框架揭示了围绕"头脑"视角的多层次情境。它表明，个人创造力不仅存在于头脑中，而且存在于心中：它涉及情感。并且创造力不仅发生在身体里，同时它是通过活动和动作激发出来的。创造力有一定的时间要求，而且通过准备可以大大提高创造力。最后一层表明创意也在环境中，因为它会受到地点、空间以及可供使用的道具和材料的影响。

生成式设计思维承认并利用创意环境的所有这些层面，其中也

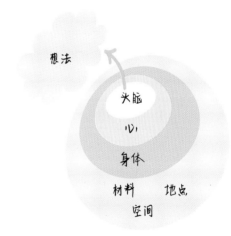

图 2.2 个人创造力的框架

特别强调环境层面中的工具、技术和材料。

这个框架不是关于创造力的另一个理论，它是一个把许多其他理论、原则，特别是那些与生成式设计研究工作相关的零碎东西结合在一起的模型。本章稍后讨论如何将个体的创造力模型应用到集体创造力模型。但首先我们将一层一层地来讨论它，从更传统的观点开始，创造性是发生在一个人头脑中的事情，并描述一些已知的想法。

2.2.1 想法：创造力的基本组成部分
Ideas: The Basic Building Blocks of Creativity

我们将从核心开始，即从个人创造力框架的最内层开始。这一层主要专注于一个人头脑中的创意。创意是创造力的基本组成部分。创意可以用一个或多个单词来表达，或者也可以用图片来描述，如图 2.3 所示。

图 2.4 中显示了安尼克·凯勒（Anneke Keller）在读取她的汽车油量的同时正在打电话。从图片中你不能确定她为什么要打电话。她可能打电话给同事推迟会议，因为她的车不能开了；或者她可能打电话给车库询问关于汽油的问题，她能做些什么。如果我们考虑图 2.4 中所描述的情况，则会想到许多不同类型的想法。例如，"我看到一个女人站在汽车旁打电话""女人""汽车""绿色大众汽车""站着""电话号码"。其他想法可能更难表达，例如，"能够打电话所带来的自由"或"场景如何让我想起上周所做的事情"。

在这里，我们将尽量集中讨论，并在讨论想法时集中于更简单的例子。总体上有两种方式来思考我们提出的"电话号码"这样的想法。

图 2.3 个人创造力框架的核心是头脑中的想法

图 2.4 从 Anneke Keller 打电话的照片想有很多不同的想法

想法可以像词典中定义的那样。理解想法的经典方法是，像我们在字典中所定义的一样制定一个严格的规则。例如："手机号码是一个 9 位或者 10 位的数字序列，包括国家编码、地区编码和当地编码。比如 "+31152785202"。它定义了一个电话号码，无论是固定电话还是移动电话。这个定义可以帮我们看到 "+31152785202" 和 "+31152783029" 都是电话号码，而 "abcdefghijk" 则不是电话号码，尽管它包含 11 个字符。字典定义的想法的好处在于有一个明确的定义，每个人都可以使用相同的定义，并且可以依靠它不改变。糟糕的是，它不能解释人们如何处理想法。

想法也可以被认为是相互关联的云。思考想法的另一种方式是，人们与他们所知道的每个想法相关联。其中一些接近字典定义，但大多数关联与他们的个人历史以及他们以前如何使用或思考这个想法有关。例如，当我考虑 "电话号码" 的想法时，其中一些可能是：

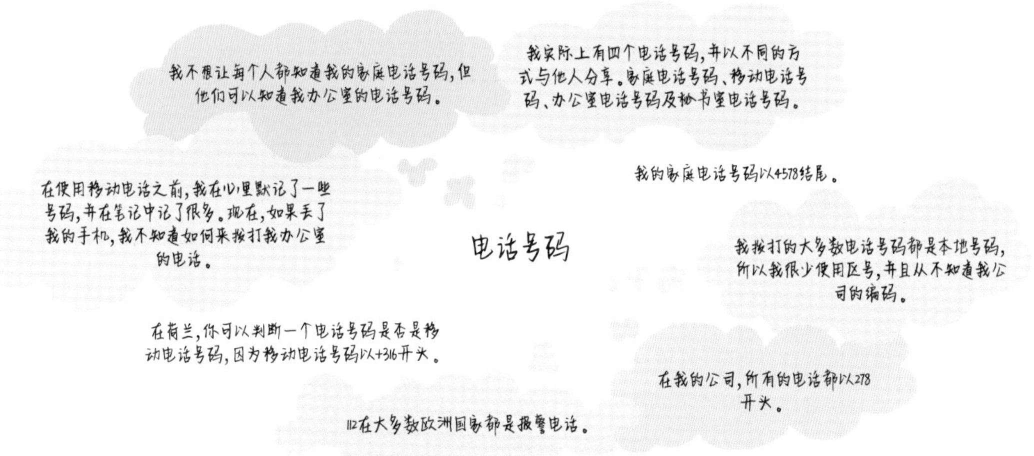

图 2.5 每个和关联云相连的想法都与这个想法相关

图 2.5 中关联云的连接对于每个人来说都会有所不同。这些关联云可以更大或更小，并且很容易被触发。一旦一片云被记住或触发，附近的云也会被记住。这种现象称为启动或 "语义记忆中的传播激活"（Collins 和 Loftus，1975）。当人们被要求快速写下某个单词尽可能多的关联词时，有些人会很快记下一长串名单，有些人会在几句话之后停下来。通过一些练习，由于云中关联的传播激活，列表会变得更长。

当我们谈论"电话号码"时，通常是谈论与关联云相关的想法，而不是词典式定义的想法。例如，如果有人问你："你的电话号码是多少？"他或她不只是想要一个11位数的序列，而可能是在含蓄地问"我可以打电话给你吗？"

将模糊性视为一种工具。想法具有模糊性。例如，许多词的含义不明确，因为它们有多个含义。"我打电话告诉你我手机上的电话号码"与"我打电话告诉你我手机上有多少联系人"大致相同，并使用了三种不同形式的"手机"和两种不同形式的"号码"。但除非它变得很复杂，否则我们通常在识别预期内容方面没有任何问题。这意味着，如果我们向人们展示单个单词，他们可能会对单词触发的想法所包含的各种含义做出反应。他们所处的环境可能会改变他们对这个想法的看法。例如，工作中的"时间"所包括的含义可能与家中的"时间"并不相同。

图片中也包含模糊性。例如此处显示的时钟图片（见图 2.6），可以根据人们过去的经历和他们所处的环境给人们带来不同的含义：

图 2.6 这个时钟的图片是模糊的；它有多重不同含义

> 时钟，即时间指示装置；

> 时间，即十点十分；

> 某事即将开始；

> 一个截止时间；

> 时间压力；

> 跟踪时间；

> 我忘记去银行了。

在传统教育方面，我们一直强调避免含糊不清。例如，在重复性和精确性十分重要的科学研究报告中，我们强调避免含糊不清。另一方面，艺术、设计和创造力却在模糊性上茁壮成长。创造生成式（译者注：生成式设计研究）工具和应用生成（译者注：生成式设计研究）技术需要人们熟练掌握与处理模糊性的技巧。事实上，已经有研究表明，有创造力的人"能够很好地容忍模糊性"（Zenasni、Besançon 和 Lubart，2008）。因此，设计师和设计专业的学生倾向于学习和运用生成式设计思维，这也许并不奇怪。然而，对于那些接受过科学（即专家驱动）思维训练的人来说，他们可能对生成式设计思维不仅要容忍，而且要接受模糊性会更加困难。

模糊性其实是一种可以使用的资源，而不是一种要避免的状态（Gaver、Beaver 和 Benford，2003）。我们可以使用模糊性来作为激发创造力的资源。

不完整性会迫使人们想要填写完整。不完整性是一种模棱两可的模糊形式。人们非常擅长在其他部分连贯的整体中填补漏洞。实际上，"填写"或"封闭"的行为是我们理解漫画和平面小说的核心原则之一，正如 Scott McCloud（斯科特·麦克劳德）在他的经典著作《理解漫画：隐形艺术》（*Understanding Comics:The Invisible Art*）（McCloud，1993）中所阐明的那样。顺便说一句，对于此处关于歧义和不完整性的讨论感到有点不舒服的读者来说，推荐大家找一本漫画书来看看。

图 2.7 显示了一个关于通信产品的部分故事板，其产品通过白云隐藏在每张图片中。通过这种方式，读者被邀请来首先思考故事，而不是回应设想产品的细节。事实上，这样的故事板可以帮助读者想象产品可以做什么，或者看起来像什么。

留出空白可以激发人们的想象力。同样，开放式句子可以是一种非常有吸引力的提问方式。比较以下两种让人们谈论他们在空闲时间做什么的方式（见图 2.8）。通过让人们完成句子，而不是提供问题的

图 2.7 留出空白是故事讲述中的技巧，可以用来激发人们头脑中的想法

作为需要做答的问题
空闲时间你会做什么？ … … … … … … … …
… … … … … … … … … … … … … … … … …
… … … … … … … … … … … … … … … … …
… … … … …

作为有待完善的开放式句子
当我没事时，我喜欢 … … … … … … … … …
… … … … … … … … … … … … … … … … …
…

图 2.8 两种征求意见的方法，与左侧的封闭式问题格式相比，右侧的开放式句子可以获得更多样的回答

答案，我们可能会更多地了解这个人，并且可以获得更多不同的人的回复。

创造性思维通常通过让人们在以前不相关的想法之间建立新的联系来实现。有两种关于创造性思维的理论依赖于这一事实，有助于我们了解它们：双关联想（Koestler，1964）和隐喻（Schön，1963）。

使用双关联想建立新连接。想法通过两种方式与其他思想联系在一起：联想或双关联想。联想是将我们之前在讨论中所描述的类似的或相关的想法联系起来。库斯特勒（Koestler）（1964）引入了双关联想的概念，将两个明显不相关的想法汇集在一起，并探索了一种新的联系。"我创造了'双关联想'这个词，是为了区分单个'平面'上的常规思维技巧，以及创造性行为。正如我将要展示的，创造性行为通常会在不止一个平面上运行。"

库斯特勒假设，双关联想是一种基本的创造性行为。这种行为对于艺术、科学和幽默而言是相同的。库斯特勒表示，"每个创造性行为都涉及双关联想，人们在这个过程中汇集并结合了以前不相关的想法。"库斯特勒的双关联想证据来自他的交叉概念平面中的共同模式（见图 2.9）。这种模式展示了艺术、科学和幽默方面的许多创造性成就的案例。

双关联想的原理可用于促进创意产生。例如，当为一个牙刷生产线的扩展进行头脑风暴（将其视为第一个思维平面）时，看似无关的想法（例如，游泳）和（或）对象（例如，花生酱）可用于建立第二个思维平面。在两个思维平面的交叉处，很可能以新思想的形式出现双关联想。

图 2.9 库斯特勒解释了双关联想作为两个概念（每个概念用一个平面代表）相遇时产生新想法的过程

使用隐喻来建立新的联系。在隐喻中，通常一个想法与另一个想法相对立，并且会对两者之间的契合度进行探讨。根据舍恩（Schön）（1963）的观点，这种机制是对如何找到新思想和解决方案的最佳解释。舍恩写道："我知道鼓是什么。我知道军鼓、小鼓、低音鼓和油鼓。但当我发现自己身处金属房间，而且金属墙很薄，每当发出刺耳的声音时就会发出回响，这对我来说是一种新的想法，那就是这个房间是一种鼓。（……）我并没有错把房间当作鼓（……），"这个"（房间）的概念发生了变化，同时概念（鼓）本身也发生了变化，并且这两种变化是相互依存的。（……）这些概念已被转移到其常规的使用模式之外，并在这个过程中发生了变化。（第30~31页）

活动结束后，我心中的"房间"和"鼓"的概念都发生了变化。如 Schön 所说，从那时起，"房间"和"鼓"在脑海中被联系起来。在舍恩看来，这是设计师在被要求提高船舱质量时的方式，可能会使用他从另一个领域知道的原则，例如，通过在其中放置枕头来消除鼓音。

通过使用隐喻来探索联系，我们可以同时了解这两种想法。比如，在选择明年假期方式的例子中，一位母亲关于"假期对我来说就像另一份工作"的见解引发了对假期和工作理念相似性的比较考虑（例如，露营假期需要大量的组织和计划，在挑战性条件下准备晚餐等），但也不一样（你得到的是工作的报酬，而不是度假的报酬）。隐喻比较就像两个关联云的碰撞，而不是两个字典定义的逻辑比较。它解释了两个想法是如何相似的，而不是它们是否相等。

2.2.2 创造力和情感
Creativity and Emotion

个人创造力框架中的第二层看起来超越了头脑，即一个人的情感状态及其在创造性思维和行动中的作用（见图 2.10）。

多年来，认知心理学家在研究思维时尽量忽略情绪的影响，因为相比认知事件来说，情绪状态更难控制和量化（见图 2.10）。但最近的心理学研究表明，认知和情感是不可分割的。事实上，情绪驱动着认知，这一点在框架中通过将头脑定位在更大的心范围内而被显示出来。我们的情绪状态不仅影响我们的感受，而且影响我们的思考和行动，包括我们的创造力。例如，创造力与积极情感（即情绪）之间的联系在 66 项关于创造和影响的研究分析中得到了强有力的支持（Baas et

图 2.10 在创造性思维与行动中，情绪扮演了重要角色

al，2008）。爱丽丝·伊森（Alice Isen）（1999）的著作提供了有关其工作原理的见解。她的研究表明：

> 积极情绪增加了可用于联想和（或）双关联想的数量；

> 积极情绪会增加与问题相关的思想广度；

> 积极情绪增加了认知的灵活性，使这些想法更容易连接起来。

米歇尔（Michele）和罗伯特·鲁特－伯恩斯坦（Robert Root-Bernstein）（1999）相信情感在创造力中的作用至关重要。他们写道："在逻辑或语言学发挥作用之前，所有领域的创造性思维都会发生在语言之前，通过情感、直觉、形象和身体感受表现出来。由此产生的想法只有在前逻辑形式下充分发展之后才能转化为一个或多个正式的交流系统，如文字、方程式、图片、音乐或舞蹈。"

通过使用模棱两可的材料唤起情感，但请小心。如果积极的情感状态有助于提升创造力，那么在把创造性思维和实践作为目标的生成式环节中促进这种状态就很重要。让人们有机会为生成式环节做好准备，将有助于保持随意和熟悉的氛围。

这种关于唤起情感的原则也适用触发器的选择，我们将在下一章中看到。但是，在生成式设计研究中，使用视觉刺激作为触发器时，不可能预测或控制可能出现的各种情绪。如果有理由预期人们在生成式会话中做出极端的情绪反应，那么最好做好准备。例如，在使用生成式设计研究工具和技术为新奥尔良的美国退伍军人设计新的健康校园的项目中，我们对照片可能引发的负面情绪反应做出了预测和准备。许多参与者因参战经历而患有创伤后应激障碍（PTSD）。一位临床心理学家出席了所有生成式会议，以管理有时发生的负面情绪记忆。

人们擅长想到人和故事。人们非常善于思考关于人和他们做的事情以及他们发生的故事。这与高等教育的观点相反，在高等教育中，我们为能够抽象地推理而感到自豪，而我们的大部分学术教育都是致力于培养善于抽象推理的人。但大多数人并不擅长处理抽象问题，如数学和形式逻辑。

这一发现提供了一个与常规信息处理理论相左的观点。常规信息处理理论认为，当在世界上遇到问题时，我们将这些问题转化为基本的逻辑（符号）结构，应用逻辑，然后将结论转换回现实世界。实际上，人们并不擅长这一点。他们更善于从故事元素的角度进行推理。

我们处理故事的能力是设计中叙事技巧价值的根源，例如场景、故事板和人物角色。故事有助于将许多不同的细节结合成一个整体。这些故事元素提供了丰富的图片（字面上或隐喻上），我们可以将其联系起来。设计一辆在城市中使用的新婴儿车时，Mary（玛丽）和 Jim Jones（吉姆·琼斯）试图带着他们 1 岁和 6 岁的两个孩子进入地铁站的故事，对设计师来说比人类学的数据更有意义。

抽象规则

确保每个图形的左半边是一个字母, 右半边是一个数字。

假设字母是元音字母 (a、e、i、o、u、y), 而数字必须是偶数 (2、4、6等), 或者用数学表示法: 元音字母 =>偶数

问题: 为了确定假设是否成立, 你必须揭开四个便签中的哪一个? 你应该尽量少的拿开这些便利贴。

故事规则

假设你是一名警察, 正在检查一家酒吧, 调查其是否有执行 "未成年人禁止饮酒" 的规定。四位顾客展示了他们的信息和饮品, 法律规定: "如果年龄未满16岁, 则必须喝不含酒精的饮品。"

问题: 在四个被便利贴遮盖的年龄或饮品中, 你可以猜出便利贴遮盖的内容是什么吗 (见图2.11)?

图 2.11 通过抽象规则比通过故事规则解决一个问题更困难

然而, 人体工程学的规范将在后面的过程中变得相关。故事在生成式设计研究中非常有用, 因为它们更有吸引力, 并且能够唤起同理心和想象力。故事可以是真实的或是想象的, 甚至是两者的结合。讲故事可以成为触发未来想法的一种非常有效的方式。

所有感官都可以用作生成式工具。所有的感官刺激物, 尤其是气味, 都是引发情感记忆和故事的有力因素, 它们可以作为生成式工具包的一个组成部分。然而, 使用气味作为产生刺激的工具最好由具有一定经验的设计研究人员完成, 因为来自气味的记忆和情绪可能非常强和耗时, 以至于它们有可能会破坏整个会议的议程 (Khanna, 2008)。

2.2.3 运动中的创造力
Creativity in Motion

个人创造力框架中的第三层着眼于行动中的整个人。因此, 头部和心随着时间而移动。现在才刚刚开始探索这个对创造力影响更大的层面。

假装和交互可以促进创造力。设计包括为以前从未体验过的人们设想和创造新的生活环境。或者正如亨里克·格登里德 (Henrik Gedenryd) (1998) 简洁指出的那样: "设计是对未来使用情况的探索"。

多年来，设计师开发了一系列表达方式来帮助他们想象可能的未来，并探索其中的情况。这些表达式包括传统的可视化设计，如草图、模型和原型。但随着我们今天面临更大规模和范围的设计挑战，需要探索未来情境可视化的其他方法。最近，围绕计算机、交互技术和移动服务的复杂性增强了对诸如交互类技术的关注，即通过道具来实际进行交互，而不仅仅是谈论交互。沉浸在交互中将有助于人们体验交互过程中的时间尺度、复杂性和对身体尺度的影响。通过身体方式体验新的或可能的情况（例如，Burns 等，1995；Buchenau 和 Fulton Suri，2000；Oulasvirta 等，2003；巴克斯顿，2007 年；Simsarian，2003；Diaz 等，2009）那些在抽象思考中并不明显的事情可能会在这种情况下变得更加明显。

互动是指在环境中使用身体来表达和体验关于未来的使用情况。在设计过程的早期阶段，互动可能是采取假装的形式，并且使用未来的"产品"用作道具以促进这个过程。互动也可以在设计过程的后期使用。例如，如果我们想考虑在火车或飞机上的小型厕所的使用体验，那么在全尺寸纸板模型中的体验会比简单的绘画给我们更多的理解和感受而形成对它更好的判断。

创造力随着时间的推移而产生（见图 2.12）。创造力并不是一个瞬间事件。格雷厄姆·沃拉斯（Graham Wallas）在 1926 年的《思想的艺术》（*Art of Thought*）一书中介绍了可能是创作过程的第一个模型（见图 2.13）。他确定了这个创作过程的五个阶段（见图 2.14）：

> 准备（准备工作将集中于个人关于问题的思考上）；

> 孵化（问题被内化到无意识的头脑中，并且没有任何外在的事情发生）；

> 暗示（创造的人"感觉"解决方案正在进行中）；

> 启发（创意想法突然出现在有意识的意识中）；

> 验证（有意识地验证、详细说明，然后应用该想法）。

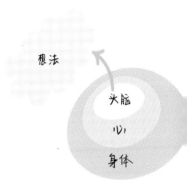

图 2.12 个人创造力随着时间的推移在人的身体中产生

图 2.13 可以借助探测工具来制定未来的使用情境

参与创作过程（从沃拉斯（Wallas）的五阶段模型的角度来看）可能是这样的：我们首先将自己沉浸在所有数据中，然后在潜伏期内孵化思考，在潜伏期间，我们不自觉地围绕问题进行思考，让它像是在后台进展。通常在一夜好眠之后，我们会形成新的见解，并尝试探索、验证和阐述它们。对于那些需要自我控制或每一步都要理性和证明的人来说，这种解决问题的过程可能是很困难的。这种思考是一种通常需要练习才能获得信心的技能。

| 准备 | 孵化 | 暗示 | 启发 | 验证 |

图 2.14 在沃拉斯（Wallas）创造力模型中的五个阶段

孵化是一段停滞时期，通常是创作过程中的重要一步。它解释了这样的观察结果：当对一个问题感到困惑时，解决方案经常会在一夜好眠或淋浴后意外地出现。众所周知，阿基米德是在经过很长一段时间的思考后，在洗澡时无意想到了他著名的原则。

我们不能指望普通人都能立即发挥创意。他们需要一些时间来完成创作过程中的各阶段，并且他们也需要一些空间进行孵化。

启发和验证是自动完成的，但需要时间。启发指的是，如果先前已呈现与之相关的信息，则你更有可能记住某些事物的现象。启发通常被认为是由大脑里关联网络（即本章前面讨论过的关联云）中的扩散激活引起的。启发可以通过字句或想法之间的关联发生。例如，一个单词可以引发与其"关联"的另一个单词，但不一定与什么意义相关。例如，关于狗的想法激活了关于猫的想法，因为这些想法往往是相互关联的。图片可以用来激活或者被激活。

启发是自动的，并且是基于隐藏在记忆中的事件。这意味着即使受试者没有意识到引发刺激，也可以发生激活。巴格（Bargh）等人于1996年完成了这方面的一个例子。受试者隐性地激活了与老年人刻板印象相关的词语（例如：佛罗里达州、健忘、皱纹）。虽然在词语中并没有明确提及加速或减速，但那些想到这些词的人在离开测试点时比那些没有被激活这些词的受试者走得更慢（参见Kahneman，2011，关于激活和其他认知过程以及它们在直觉决策中的作用的讨论）。

了解启发和传播激活工作的方式，可以帮助我们选择和准备创意环节所需的任务与材料。启发和传播激活可以是自动的，但它仍然需要时间。

有四个层次的知识

知识指的是已经有过经历并存储在记忆中的思想和想法。我们可以区分四个层次的知识：明确的知识、可观察的知识、隐性的知识和潜在的知识。以下示例涉及前面讨论的图2.4中的安尼克（Anneke）照片。

明确的知识可以用文字陈述，并且相对容易与他人分享。例如，"今天我的日程中有三个预约事项。"

可观察的知识是指那些通过观察事物如何发生或人们的行为方式可以获得的想法和思想。人们通常不会意识到自己的行为，而其他人则可以轻易地观察到。例如，她在打电话时有时对着别人做鬼脸。

隐性的知识指的是我们知道但却无法与他人口头沟通的事物。例如，你可能知道当手上拿满东西时如何拨打电话，但这很难向其他人解释。

潜在的知识指的是我们尚未体验过的知识和想法，但我们可以根据过去的经验形成观点。潜在的知识在将来是可知的，（但）人们不容易表达这种知识。例如，当我的汽车遇到问题时，我希望能够自动推迟会议。

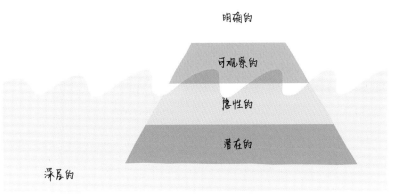

表面　　　　　　　　　知识

明确的

可观察的

隐性的

潜在的

深层的

图 2.15　一些层次的知识要比另外一些层次的知识更容易接触

在图 2.15（Sanders，2002）中，这些不同层次的知识被显示为一个金字塔，其中两个位置高于水平面，两个位置低于水平面。这个图表明了两件事：明确的知识和可观察的知识只是人们所知道的事物的冰山一角。并且需要努力在水平面下观察，看清楚在隐性的知识和潜在的知识层面上发生了什么。生成式设计研究工具和技术将为你提供一种方法，了解人们在隐性的知识和潜在的知识层面所知道的内容。

对知识进行分层。 我们希望人们反思并表达他们的需求和价值观，以便探索未来的使用场景。但是需求和价值观是人们不习惯直接谈论的抽象内容。他们处于隐性的知识和（或）潜在的知识的层次。如果有人问你"假期旅行的需求和价值观是什么？"（你可能）很难立即给出答案。但是考虑到一个特定的假期，解释为什么你喜欢或不喜欢它的某个部分并不是那么困难。我们可以通过将它们与情境或事件（即故事）联系起来，来更好地思考价值观。

这种观察是在生成式练习的基础上进行的，例如"生活中的一天"练习，包括了三步（见图 2.16）。第一步，要求人们描述在特定日期发生的过程，这形成了"事实层"。第二步，完成后，要求人们解释喜欢哪些活动（情绪高点）和讨厌哪些活动（情绪低点），这形成了"价值层"。第三步，要求人们指出故事中的每个高点和低点，以及为什么高或低。人们的解释形成了"需求与价值层"。

让人们在整个层面的背景下做出这些判断，而不是让人们孤立地将价值和价值观附加到个别事实上。从关于特定日子的故事到需求和价值观是释放隐性的知识和潜在的知识的一种方式。

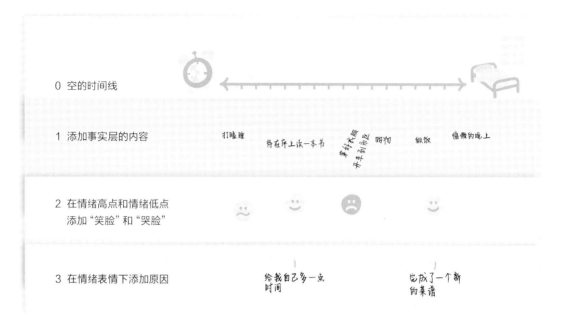

图 2.16 "生活中的一天"练习可用于将人们从故事分层到对其需求和价值观的描述

分层方法的优势在于，邀请人们先创建一个完整的故事，然后对其进行评估，并找出评估的原因。如果我们向他们询问事件的好坏及其原因，那么他们很难回答。但是现在，当要求他们评估事件时，他们可以比较他们在第一步中绘制的整个图层。当他们被问及原因时，他们可以回顾他们之前评估的所有情绪高点和情绪低点，再次比较整体。

"生活中的一天"练习主要有两个目的。首先，通过让人们记住并反思自己的一天，为生成式会议做好准备。其次，为通过知识层次进行分层提供了基础。

2.2.4 敏感化

Sensitizing

洞察更深层次的理解需要参与者彻底参与问题或情境一段时间。因此，参与创意会议的人需要为这些会议做好准备。理想情况下，他们将有一到两周的时间来进行这个准备或沉浸在熟悉的环境中，例如他们的家或工作地点。我们经常向参与者提供日记或工作簿，以指导他们每日自我记录他们对被调查经历的想法和感受等。或者我们可以要求他们通过照片或视频观察和记录他们的日常生活。通过让他们长时间沉浸其中，他们可能会对相关的记忆和联想更加敏感，并有机会收集故事，说明他们觉得有趣或有价值的事情。在生成阶段，我们能够在这种觉醒的敏感性和表达能力的基础上继续构建新的内容。

2.2.5 表达路径

The Path of Expression

在更大时间尺度的方法中，我们所遵循的"表达路径"可以为创意过程提供参考规范（见图 2.17）。

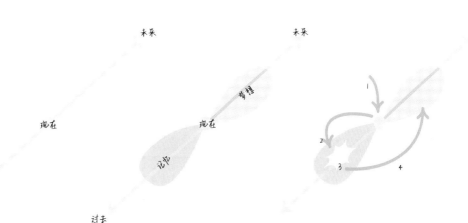

图 2.17 当下（现在）的体验是通过记忆和梦想与过去和未来联系在一起的。"表达路径"（右侧）展示了人的意识是如何通过先思考现在，然后思考过去，最后寻找潜在的层面，从而逐步走向未来的

表达路径是基于如图 2.17 所示的对经验的理解模型。该模型表明，经验的概念集中在"时刻"，模型的中心标记为"现在"。这一时刻将向后与过去的经历联系起来，向前与未来的经历联系起来。因此，人们对过去经历的记忆会影响他们当下的行为和感受。同样，人们对未来经历的梦想也会影响他们对当下的看法。为了更好地了解人们的经历，我们为他们提供工具和技术，以探索他们的现状和过去的经历。为了邀请人们探索未来的经历，至关重要的是为他们提供想象的空间和材料，并制作他们可以用来展示或阐说他们关于未来使用场景的想法。

表达路径是一个可用于探索当前、过去和未来经历的过程。它作为一个框架，用于规划参与者在生成式设计会议中将采取的路径，最终能够想象和传达他们对未来的希望、梦想和恐惧。这就是表达式路径方法通常的工作方式。数字对应图 2.17 中的数字。

（1）要求参与者观察、反思并描述他们参加工作坊之前在沉浸期间的经历。例如通过如上所述的日记和拍照方式。

（2）他们还被要求选择并反思以前经历的记忆。然后在会议期间，他们被邀请与其他参与者分享他们的观察结果和过去的记忆，并相互讨论当前事件。

（3）这种经历分享有助于他们接近潜在的需求和价值，这构成了探索未来体验愿望的基础（第 4 步）。

利用表达路径的框架，人们可以通过他们过去和现在的经历获得有意义的东西，并以此作为思考未来的跳板。表达路径作为一个脚手架，在此基础上构建

参与者将在一般设计环节中进行的旅行。利用表达路径的框架，还可以激发参与者的创造力。表达路径可以让他们避免陷入先入为主的想法或他们对未来最初想法的迷茫中。事实上，我们发现人们常对其在生成式设计环节中的创造力感到惊喜和自豪。

2.2.6 环境中的创造力
Creativity in the Environment

个人创造力框架中的第四层由行动发生的环境来描述。该层包括物理环境及其位置、空间环境中的所有内容，如材料、供应物、道具和工具，如图 2.18 所示。

通过选择可以探索的空间来增强创造力。 促进创造力的空间设计是建筑和室内空间设计实践中一个相对较新的领域，但是当下许多建筑公司和工作场所的

图 2.18 个人创造力受到如地点、空间和物品的影响

家具制造商等都在积极探索。存在一些关于促进创造力和创新的工作场所的通用原则。用于创新的空间和场所应该：

> 有可以轻松重新安排的家具；

> 有可以张贴的材料（特别是视觉材料）供所有人查看并改动的墙壁；

> 适应如安静的反思、放松、活跃合作、混乱等各种行为的切换；

> 为面对面工作的个人和不同规模的团体提供支持；

> 为许多包括俏皮、刺激、非正式以及正式的不同情绪提供支持；

> 向组织内外的人开放。

提前思考生成式会议或分析会议的召开空间是非常重要的。他们在多大程度上遵守了这些创意空间和场所的设计标准？阿诺德·沃瑟曼（Arnold Wasserman）（在第10章末尾）撰写的文章展示了这些设计标准是如何在创新咨询公司的 charrette 空间中体现出来的。

环境中的材料也可以增强创造力。 生成式设计研究对用于支持创造性思维和行为的工具和材料的特点与质量有很多的要求。我们在下一章中描述的工具包旨在促进、支持和激发创造性思维。这些工具中包含一系列模糊（以及一些不模糊）的元素，例如，用于制作拼贴画或地图等内容的单词和图片。选择这些单词和图片是为了在所研究的领域触发关联。其中有些触发因素的选择并不是模糊的，以便参与者可以通过选择与经历直接相关的可识别的刺激开始。这可以帮助人们在创意环节中感到轻松自在。选择工具箱中的其他触发器是模糊的，因此它们可以引起一系列关联，并且可以出于多种原因进行选择。这有两个好处：首先，由于模棱两可，它可以让人自由地从自己的经验角度解释触发器。其次，当向他人展示他们的拼贴画或地图时，触发器的模糊性可以让他们对拼贴画或地图进行诠释并解释选择拼贴画或地图的原因。

物理环境和可用材料有助于激发创造性思维或创新解决方案。我们将在第3章中详细介绍增强创造力的材料。

2.3 社会或集体创造力
Social or Collective Creativity

"创造力并不是发生在一个人的头脑中，而是发生在一个人的思想与社会文化背景之间的相互作用中。"（Csikszentmihalyi，1996）

当我们想到人们以创造性的方式聚集在一起时，个人创造力框架在范围和规模上会有扩展。当人们聚集在一起时，提出想法的数量和广度都会急剧增加。当不同背景的人聚集在一起时尤其如此。图 2.19 中的图表显示了我们如何看待相对于个人创造力框架的社会或集体创造力。请注意，他们创建的物品有助于连接不同个人的想法。这些物品充当"边界对象"，在不同的实践社区之间提供接口（Star 和 Griesemer，1989）。

图 2.19 当从社会或合作的视角来考虑个人创造力框架时，会带来全新的生命。橙色的点代表了参与者制作的材料或人工制品

心理学家在 20 世纪 50 年代开始对创造力进行研究，重点关注创造性个体。因为当时人们认为创造力和创新的源头是个人，即孤独的天才。直到 20 世纪 90 年代，这种狭隘的观点才受到挑战，并且开始探索合作在创造和创新中的作用。基思·索耶（Keith Sawyer）（2006 年和 2007 年）在描述关于创造力和创新的新视角及其对未来学校、组织和行业的影响方面做得非常出色。索耶（Sawyer）用许多现代的例子来说明所有真正的创新都源于合作，而不是通过孤独的天才的努力。

随着协作方式的增加以及互联网连接人们的能力的提高，社会创造力显然将成为未来更重要的研究领域。正如前言中所讨论的，只有通过集体形式的创造力和生成式设计思维，我们才能应对棘手问题和模糊路径的挑战。

创意团队由多元化的人组成。有证据表明，团队创造力建立在多样性和差异性的基础上（Nijstad 和 DeDrue，2002）。换句话说，团队成员越多样化，团队就越有创造力。多样性并不总是容易的，因为不同的观点往往导致争论，但它是创造力的强大前提。不同的人带来不同的思考方式和行为方式。以下部分描述了人们在思考、决策和推理方面的一些不同方式。

平衡左右脑的思维。20 世纪 70 年代和 80 年代的大脑研究指出了两组看似互补的思维技能，这些技能与左右脑半球有关。一组（通常与左脑半球相关）包含处理单词、数量、逻辑和序列的技能。这些是在传统学术教育中培养推进的技能。另一组（通常与右脑半球相关）包含处理节奏、颜色、格式塔、图形组合和可视化的技能。这些技能在艺术课程中受到关注。最近的研究认为两种思维技能都很重要。在帮助人们使用他们的思维时，我们应该同时关注两个"通道"的需求和力量（如 Pink，2005）。

利用亨利·明茨伯格（Henry Mintzberg）的三种决策。不同类型的问题需要不同的策略。明茨伯格勾勒出三种不同的决策，可用于不同的情境："思考优先"、"观察优先"和"行为优先"（见图 2.20）。

	思考优先	观察优先	行为优先
以……为特征	科学 计划、编程 语言化的 事实	艺术 愿景、想象 视觉化的 想法	工艺 制作、尝试 身体化的 体验
当……最佳	问题是清晰的时候 数据是可靠的时候 情境是结构化的时候 思想可以被明确的时候 纪律可以被应用的时候	将许多不同的元素 组合成创造性的 解决方案时 解决方案的许诺很关键时 跨领域的交流很关键时	情况是显著的和迷惑的时候 复杂的规范会成为阻碍 的时候 少量的简单关系规则 将帮助人们向前移动的时候
当在……	已经建立的生产过程	新产品开发	公司面临突破性技术

图 2.20 来自亨利·明茨伯格和韦斯特利三种决策的比较

思考优先适用于我们对情境有充分理解的情况，并且有良好的模型，例如，高中老师知道正确答案的科学作业中。但是，如果信息中存在大量缺失、不确定或冲突的情况，则会让使用效果不佳。

在后一种情况下，观察优先（例如，绘制视觉或使用通常在艺术中训练的方法）会更加有效。观察优先在包含不完整数据的情况下创建未来场景的效果良好。如果我们对手头的情况没有什么经验，即我们知之甚少，那么行为优先（创建一个原型并尝试，然后迭代地改进它）效果最好。例如，如果你想了解如何建造能够承受波浪的沙堡，请在海滩上建造一座，并注意出错的地方和原因。明茨伯格（Mintzberg）解释说，人们往往首选那种会接触并能够实践的决策，并从中受益。

从社会或集体创造力的角度来看，理想的做法是让团队成员将所有三种决策作为他们的首选模式。

了解查尔斯·皮尔斯（Charles Peirce）的三种推理模式。美国哲学家、逻辑学家、数学家和科学家查尔斯·桑德斯·皮尔斯(Charles Sanders Peirce)介绍了三种推理模式，为行动中的思维运作提供了另一个窗口：演绎推理、归纳推理和溯因推理。图 2.21 给出了每种推理模式的示例。

	演绎推理	归纳推理	溯因推理
因为	商店只从9点到5点营业，并且这个蛋糕是在一个商店里购买的	我用很多种方法制作蛋糕，并且蛋糕通常是用面粉制作的	一个生日蛋糕应该是甜的并且蜂蜜可以让东西甜
所以	肯定，这个蛋糕是从9点到5点之间买的	面粉可能是制作蛋糕的一种原料	这个生日蛋糕可以用蜂蜜来制作

图 2.21 三种推理模式的对比

演绎推理一般从规则开始，例如"人们总是以这种方式做某事"，将其与特定陈述"这个人做了这件事"并最终得出一个特定的结论，例如"这个人一定是使用这种方式做的这件事"。演绎推理是纯逻辑的。如果你接受这两个陈述是正确的，那么结论必定是正确的。它不需要看真实的世界。当然，如果起始规则是错误的（例如，有商店的开店时间超过 5~9 小时），那么结论可能不正确（或者它可能仍然是正确的，但不是因为我们的推理）。

当研究人员试图建立基于对世界观察的一般规则时，就会需要归纳推理。这也是实验科学的工作方式。人们通常无法看到所有可能存在的事物，比如蛋糕。因此，研究方法在过去 200 年中不断发展，通常涉及统计学，以确保"多次观察"足以证明结论具有足够的可信度。

最后，溯因推理与创造力和设计密切相关。溯因推理与其他两种推理完全不同，因为它是为一个问题创造一种可能的解决方案。如果你想解释生日蛋糕为什么可以制作成甜味的，蜂蜜可以作为一种解释，但其他解释（糖、姜糖浆）也是可能的。溯因推理是找到一种解释，而不是证明它是唯一的解释。溯因推理是一种推论或跳跃到结论的形式。最近，溯因推理作为设计思维的核心要素而备受关注。与演绎推理和归纳推理不同，溯因推理的结论来自输入，而创造力是从"某处"找到新的和可能适合的解决方案的溯因推理过程。

总之，社交或集体创造力的主要优势在于人们有许多不同的思考、决策和推理方式，并且可以汇集在一起，增加了在多个层面上产生联系和新见解的机会。但与此同时，由于所有这些人都有不同的观察、思考和行动方式，他们可能很难达成一致。生成式设计工具和技术也可以在这里提供帮助。这些工具和技术可以支持人们开发一种通用语言，一种跨学科的设计语言，每个人都可以用它来表达自己的想法。

2.4 继续
Moving on

在本章中，我们提出了有关思考和创造力的内容，以便为理解生成式工具和技术的工作方式和原因提供一个基础。我们审查了有关创造性思维的关键性原则和理论，首先从个人创造力的角度出发，然后介绍了社会或集体创造力的原则和发现。作为一名生成式设计研究者，你需要了解这两种观点，因为有时我们要求人们单独工作，有时我们要求人们一起工作。

我们讨论过，我们不能要求人们立即变得有创造力。他们需要时间进行沉浸和激活，以便从过去、现在到未来进行构建。表达路径是一种创造性地表达那些可以被构建的、有意义想法的方式。

我们怎样才能邀请那些有潜在创造力的普通人加入设计开发过程？首先，我们必须学会尊重他们的创造力。然后，我们需要为他们提供经验和工具，以便他们能够发挥创造力并直接参与设计过程。第 3 章更加具体地将所有关于创造力的思考付诸实践。

2.5 原型的角色转变
The Changing Role of Prototypes

关于什么构成"原型"几乎没有一致意见，这个词经常与
"模型"这个词交替使用。通常，在实际工件或事件完成之
前，构建的以表示"产品"或体验的任何事物都可以被视
为原型。原型可以采用多种形式。它们可以是二维的或三维
的，拥有更小或更大的尺寸，高保真或低保真，手工制造或
机器制造。一次编舞的经历也可以被认为是原型。

为什么需要原型?

设计可能性	激发设计思维
	试验想法 / 概念
	通过制作来学习
	评估和增强理解
技术可行性	识别问题
	降低开发成本
	改进想法 / 概念
商业可行性	建立功能标准
试验 / 探索想法	把想法卖给客户

关于原型的一个简短历史

从前——用于交流和销售设计的原型

第一阶段 /20 世纪 80 年代中期以前:

> 原型是表示设计对象的可视语言。

> 大多数原型都是用普通材料手工打造的，如木材、塑料
和泡沫。

> 设计师、工程师和模型构建者之间存在高度集成。

第二阶段 /20 世纪 80 年代中期到 20 世纪 90 年代后期:

> 原型设计开始不仅仅是手工制作的 3D 物体了，还包括计
算机建模。

> CAD 可实现超出手动控制的加工，包括 CNC 机床控制。

供稿人

乔治·西蒙斯（George Simons Jr.）

美国华盛顿西雅图

乔治·西蒙斯设计工作室

www.id-ahh.com

这是一个不错的进展: 从快速
粗糙模型到快速发泡（全尺
寸），到更精细的混合材料模
型，再到带有一些泡沫芯试验
的"外观"模型。

1.

2.

3.

4.

5.

> 设计师开始从建模过程向前迈进一步。

> 原型大多是"像能工作一样"或"看起来很像"，两者几乎没有整合。

现在——用于学习和启发设计的原型

2000 年初至今：

> 原型不仅是工件，而且是学习的过程。

> 原型设计开始包括围绕产品的社会和文化问题。

> 原型设计开始成为与其他利益相关者的协作设计的工具。

未来——原型邀请参与

沟通原型和学习原型的传统概念开始变得模糊。在流动开发过程中，将研究人员和设计师与利益相关者整合在一起的原型设计有三种途径。

（1）高保真"看起来像"和"类似工作"的原型。

> 由 CAD 数据制成的高精度加工零件更容易生产。

> 原本只有制造商才有的技术，现在即使是小型咨询公司，也能负担得起。

（2）快速和粗糙的原型。

> 粗糙和非珍贵的原型用于说明理念。

> 粗糙的原型用于使其他人能够参与该过程。

> 交互体验和服务设计师通过互动探索体验原型的方法。

（3）专注于体验愿景的纸质原型。

> 原型学习被视为一种整合多样化观点的手段，并通过考虑所有利益相关者的利益来增加设计的价值。

> 原型设计既是一种设计思维模式，又是设计过程中的一个"阶段"或结果。

6.

概览

OVERVIEW

第2章我们讨论了人们如何创造性思考。本章我们
将介绍如何将创造性思维的原理和理论付诸实践。
我们介绍了可用于生成式设计研究的各种工具和技
术，这些工具和技术是根据一个简单的、以人为中
心的框架组织的：人们所说的、人们所做的以及人
们所制作的。（挖掘）"人们说什么"和"人们做
什么"的工具和技术已经有了多年实践，所以我们
不会详细描述那些。这样做会让我们超出本书的范
围。相反，我们将重点关注属于本书独有的"人们制
作"类别的工具和技术。我们还将讨论所有三个类
别相互作用的重要性。本章作为第三部分的跳板，
其中涵盖规划、执行、记录和分析生成式设计研究
的细节。

第3章 工作原理：生成式工具和技术

Chapter 3 How It Works: Generative Tools and Techniques

3.1 一套无限的工具和技术
An Infinite Set of Tools and Techniques

在过去几十年中，我们使用了各种各样的技术来对人进行研究，并从他们那里学习他们的日常经历。这些技术来自广泛的领域，比如产业（市场营销）和学术界（心理学、人类学和社会学）的各种实践。一些技术和工具已在实践之间交叉，并在此过程中得到了改进和增强。

首先，让我们明确"工具"和"技术"这两个术语之间的区别。通过工具，我们指的是达到最终目标的物理媒介。通过技术，我们指的是这个工具的使用方式。铅笔、钢笔和记号笔是用于草绘、绘图或注释技术的工具。通过对工具的描述，我们倾向于关注其形式：它所适用的技术，以及在使用时的方式。

工作簿是一种工具，通常以带有练习和作业，包含文本和图像的小册子的形式出现。工作簿可用于不同的技术，例如，可以发送给进行练习的人并通过邮件返回结果，在这个过程中，不需要研究人员与他们直接联系。在另一种技术中，填写工作簿主要被视为参与者参加后续活动而做的准备。因此，即使工具可能具有相同的物理形式，使用它们的逻辑可能也会有所不同。这些差异可能会对所获得的见解以及设计过程的形成及获取信息的方式产生巨大影响。

3.2 说、做、制作的工具和技术
Say, Do, and Make Tools and Techniques

有许多技术和数百种工具可以使用。技术可以根据不同的标准进行分类，例如，根据它们依赖于被调查主题理论的方式、根据它们提供的数据类型、根据它们所需的学术严谨程度，或者根据所需要的培训或资金投入。根据我们的经验，组织工具和技术最有用的观点是以人为本，侧重参与者的活动而不是研究者或数据。可以看看人们做什么、说什么、制作什么。许多研究（特别是在市场研究应用中）仅包括说技术，但发现说和做技术的结合使用越来越普遍。

正如你在阅读第2章时可能所期望的那样，我们在本书中最重视最后一类：人们所制作的。这部分是源于它借鉴了设计，它是研究背景中最新的技术。这也是源于制作类别的技术提供了更多探索深层次体验的机会。但正如我们稍后将解释的那样，不应单独使用制作工具和技术。生成式研究几乎总是包含三个要素：说、做和制作（见图3.1）。

例如，如果你正在对未来的厨房体验进行生成式研究，你可以参观他们的家并观察他们做什么：他们如何使用厨房？你可以问他们问题并听他们说什么：采访他们在厨房做什么，有多少人，多长时间，什么时候。你可以让他们回忆早期的厨房经历并反思这些经历。当你获得"理想的厨房体验构建套件"时，你可以研究他们做什么，他们有什么想法？他们给出了什么理由。表达路径（第57页）指导了人们将这些输入编织在一起，以构建有关可能未来的有价值的概念。

今天用于探索人们经历的所有研究技术都属于三类中的一类：人们说什么、做什么或制作什么，或者他们属于类别之间的重叠区域，如图3.2所示。

图3.1 说、做、制作的工具和技术互为补充和增强

图 3.2 研究人员说、做和制作可以帮助获得不同层次的知识

3.2.1 人们做什么
What People Do

做（原文中为做，但是从信息获取者的角度可以理解为看）技术，有人
会观察人们的活动、他们使用的物品，以及他们进行这些活动的地方。
这个观察者可以是研究者，也可以是人们自己。事实上，自我观察和自
我报告可能是唯一可用于某些日常活动的方式，例如涉及个人卫生的活
动，因为这是一个人们倾向于保密的领域。在所有三个类别中，做的类
别似乎最接近科学实践，因为它可以由一个不引人注目的研究人员"客
观地"观察和记录人们的行为。然而，在实践中，由于隐私法律或实际
操作的原因，可以获得不引人注意的程度是有限的。我们可以使用大量
工具和设备来观察人和人们使用的痕迹。例如，照相机和摄像机、用于
书写和素描的笔记纸、计数纸、录音设备等。查看和记录活动的位置，
即使没有人在这个位置，也具有重要价值。Gosling 和他的同事（2002;
引用 Gladwell，2005）表明，在一个人的起居室看 15 分钟比与他或她一
起度过一天，可以让你对这个人的性格有一个更可靠的认识。

有许多可用于研究人们行为的方法。要考虑的三个突出维度是观察者、
侵入水平和研究中使用的记录媒介。

> **观察者是谁?** 答案可能因研究人员作为观察者或者参与者作为观察
者而异，中间的位置描述了这个尺度上的混合条件。

> **这项研究侵入性有多大？** 一方面，观察非常低调，以至于被观察的人没有注意到（例如，隐藏的摄像机）。另一方面，观察结果可能非常明显，例如，当研究人员像摄影记者一样观察参与者。观察者的突出程度可能取决于研究发生的地点（例如，在人们的家中与公共场所），以及这是否是计划的活动。如果你要记录对人的观察结果，让其知情并获得其同意是法律的要求（请参阅第176页的内容）。

> **使用什么媒体来记录这种现象？** 同样，有许多选项和各种媒体可以用来记录人类活动的行为和痕迹：眼睛、纸上的文字、纸上的图表、摄影、视频等。新的通信技术，如带有视频记录和短信的可视电话，正在打开这方面的可能性。

了解更多"做"技术的两个有用资源包括帕特里夏·桑德兰（Patricia L. Sunderland）和丽塔·丹尼（Rita M. Denny）撰写的《消费者研究中的人类学》（*Doing Anthropology in Consumer Research*，2007），以及哈利·沃尔科特（Harry F. Wolcott）撰写的《人种学：一种观察方式》（*Ethnography:A Way of Seeing*，2008）。

3.2.2 人们说什么
What People Say

很难想象这本书的读者没有成为"说"（原文为说，为了便于从研究者的角度理解，可以理解为听）这一技术的受访者。问卷调查、民意调查和访谈是通过向他们提问并获得答案的不同方式。最常见的"说"的技术形式是封闭式问卷，其中所有问题都已明确表述，并为你提供了有限的回答机会。例如，"你有

自行车吗？（是/否）""你的性别是什么？（男/女）""你的年龄多大？（数字介于20~80之间）"这种提问形式的优点是，可以在没有研究人员存在的情况下获得数据，并且可以非常有效地处理数据。数据也可以进行定量统计（例如，43%的受访者为男性，并且拥有自行车；女性自行车拥有者比男性自行车拥有者年轻3.4岁，等等）。

"说"技术的"客观性"是渐变的。问题可以更主观地构建，例如，"你是否骑自行车旅行？（非常频繁、有时、很少、几乎不会、绝对不会）""按比例表示你当前自行车的舒适程度是（1~7）"。此处，描述性统计数据也可用于汇总数据。另一个"说"技术的不同之处是，答案中允许的开放程度。在刚才描述的例子中，被访者只能填写一组有限的答案。研究人员不仅准备了问题，而且准备了他或她期望得到的答案，而答复者几乎没有主动性。然而，我们所有人都经历过问卷调查，其中没有一个答案是合适的，我们希望填写完全不同的答案，但没有机会这样做。封闭形式的问卷是"说"这种类型技术中的一个极端。

访谈也是"说"的一种技术，可以让人们更自由地向他们学习，并让他们形成问题和答案的方向。访谈也可以在形式上呈现出一种封闭的形式，但通常结构都比较松散。例如，访谈者可以准备好一系列问题或一系列观点，作为自由形式对话开始的起点。松散结构的价值在于，研究人员可以在意想不到的地方获得信息。然而，代价是人们必须应对一些不能立即分类和组织的意外信息。研究人员必须意识到问题的界限是什么，以便充分引导对话，最终获得有用的见解。

"说"这一技术超越了肤浅的行为层次；参与者可以表达意见、声明需求、说明原因，并阐述在与研究人员互动之前发生的事件。此外，"说"这一技术不仅表现为一个人自己的行为，还表现为一个人与另外一个人交流的行为。接收者通过如人们自己的解释等方式对信息产生一定的变化。发送者通过如回答接收者想听的内容也会对信息产生一定的变化。这导致说和做之间的困境：人们所说的与他们所做的不同。换句话说，人们可能不会实际做他们所宣扬的事情，他们所表达的观点可能会因取悦访谈者的倾向而产生偏移。或者他们可能通过表达观点使自己看起来比实际情况更好。糟糕的是，他们可能会表达有意破坏研究结果的意见。

在考虑"说"的技术时，有几个维度可以确定立场。三个突出的因素包括：进行交谈的人，预先确定的结构的数量，以及用于"对话"的媒介或形式。

> **谁说话？** 访谈可以是一对一的，但在访谈人员数量和受访者人数方面有很多不同。两个访谈者可以采访一位参与者，一位访谈者也可以协调一组参与者，有时参与者也可以获得相互采访的工具。

> **是否有预先确定的结构？** 有些访谈只不过是调查问卷，访问者通过一组固定的问题引导受访者。一种不太固定的访谈形式可以是访谈者准备好焦点列表的访谈，甚至是事先没有固定分界的开放式访谈。

> 媒介 / 形式维度，用于对话的形式，比如访谈、小组会议、线下调查或通过电话、邮件等进行的线上调查。媒介维度还描述了如何记录"说"技术，包括录音、录像或笔记等。

了解更多关于"说"技术的有用资源（也简要介绍了"做"技术）请参考科林·罗布森（Colin Robson）所著的《真实世界研究：社会科学家和实践研究者的资源》（*Real World Research:A Reaserch for Social Scientists and Practitioner-Researchers*，1993）。

3.2.3 人们制作什么
What People Make

最后，你可以让人们通过"制作"来表达自己的想法和感受。"制作"的工具和技术将借鉴设计和心理学中的技巧，让参与者对所研究的主题进行创造性活动，从而参与其中。

生成式研究技术的一个重要部分是用于表达的工具包。这些工具包由研究团队精心开发，用于支持参与者进行预先确定的活动，比如帮助进行回忆、进行内容的诠释和联系、观察和解释自身的感受，或者想象未来的经历。创建适合研究的工具包是一项关键技能，也是成功的关键因素。与实物工具包同样重要的是向参与者提供的指导，以及协调者支持参与者的方式。在本章剩余部分中，我们将提供有关如何构建工具包的基本原则和指南。本书中的外部供稿还展示了许多在实践中使用的不同工具包示例。他们还强调这样一个事实，即不存在"一个工具包"可以放之四海而皆准。构建工具包本身就是生成式设计研究过程的一部分。在第 6 章中将介绍如何使用工具包。

本书中讨论的生成式研究技术依赖于创造性的过程，而且通常会导向制作辅助工具。当通过参与设计活动来创建辅助工具时，我们不得不考虑相互竞争的想法，并解决模糊性，以制作出足够好的、单一的、具体化的解决方案。这是一种强有力的推理方式，它迫使人们面对问题中的所有成分，选择（即使只是暂时的）解决方案，并对其所有成分做出明确陈述。它阻止我们"隐藏在抽象中"，并迫使我们

选择想法。在此制作过程中，会产生重要的见解，这些见解通常可以在创作过程的演示中明确表达出来。

至于"制作"的工具和技术的维度，同样有很多选择。例如，维度、内容和时间。

> 维度：工具包可以帮助人们使用二维或三维材料创建辅助工具。人们还可以创建随着时间推移而展开的辅助工具或场景模型。

> 内容维度一方面是理性认知和功能性的，另一方面是感性情感和表达性的。

> 时间可能是一个重要的选择：你是专注于事件如何随着时间的推移展开，还是专注于单个时间点？

3.3 制作工具包的组成
Ingredients of Make Toolkits

工具包的种类繁多、组成成分各异。图 3.3 显示了一组经常在工具包内使用的激活工具集的示例。激活工具集是用于触发关联和（或）记忆的元素集。这些元素可以是二维的或者三维的，如文字、照片或其他各种图片形式。它们可以是抽象的几何形式，或者代表性的人体模型。这些类型中的每一种都有其自身的优点和局限性。

激活工具集并不是通用的。它们是为特定研究而创建的。激活工具的形式暗示了使用它们的某些方式，但开放性给参与者留下了很大的自由，以便可以使用它们来表达人们的意图。参与者可以选择是否在制作练习中使用激活工具的所有元素。

照片往往会引发情感和记忆，呈现完整的场景和故事，并承载许多不同层次的意义和联想。

 系统集可用于表达整个维度的情况，如情感表达的系统集合（如一组表情符号）或一组身体姿势。

 文字可以表达抽象概念，如象征意义或情感内容方面非常强大。对于那些习惯于用文字而不是用图片思考的人来说，文字也是一个很好的启动触发因素。

 木偶可以用来激发讲故事的能力，也可以为同理心的练习搭建舞台。

 符号形状支持抽象和形成一般的关系、模式和规则。

 尼龙搭扣覆盖的3D形状可以快速组装成粗略的产品"原型"和较小的附加功能部件。

 卡通式的表达方式通常为各种解释留出空间，还可以增添一些乐趣。

 随意收集的废弃材料可以用来构建物体或装饰粗略的原型。

 乐高和其他构建工具包对于原型概念也很有用。

图 3.3 可以在制作工具中使用的组件，以及它们的优势领域

该部分的组合很重要。激活应该足够有效。

> **内容多样**。例如，照片集可以包含处于特定状态、情绪、活动或角色的地点、事物和人的照片。

> **抽象形式多样**。例如，既可以包括诸如"保持联系"之类的抽象短语，也可以包括特定手机图片之类的具体内容。

> **模糊性和开放性的程度各不相同**。激活设计很少具有单一含义的特征。它可能暗示不同的含义或使用方式；参与者可以决定使用哪种方式。例如，跑步者的照片可以显示性别（男性）、角色（警察）、活动（跑步）、情绪（紧张）、感觉（压力）、穿着（制服）、功能（权威），并且参与者可以出于上述任何原因选择。同样，我们可以看到图 3.4 中的蓝色矩形框代表"房子"、"一幅画"、"框架"、"按摩浴缸"、"黑洞"、"小隔间"等。

> **美学多种多样**。参与者应该自由地以自己的风格表达自己。如果激活设计具有各种美学特征，则可以鼓励他们这样做。

> **形式多样**。例如，单词集中的单词可以随机设置顺序、颜色和字体。

背景和制作工具包的背景
Backgrounds And Backdrops for Make Toolkits

通常为制作活动提供背景或平面。背景可能是空白的，也可能带有提示性结构，以指导或引导参与者（见图 3.5）。参与者是否实际使用所提供的结构（或者更喜欢在反面的空白区域工作）通常由参与者自行决定。

3.4 制作工具包的类型
Types of Make Toolkits

激活工具、背景和诸如剪刀、彩色马克笔及胶水（或胶带）之类的物品会形成一个工具包，并根据具体说明进行管理。正如我们所说的，工具包的成分很重要，但向大家介绍它的方式同样重要。管理制作工具包

框架

图 3.4 像这些框架这样模棱两可的图形包含许多含义；一张非常具体的图片只支持很少的含义

空白　　　　　　　预先结构化的

图 3.5 各种背景可以用来建议或唤起结构，以帮助人们开始和集中创作过程

情感工具包：照片和单词（或短语）用来唤起过去的记忆。背景可能是空白的，允许参与者定义其结构。或者可以预定义背景来引出特定的内容。例如，美好的记忆在圆圈内，而糟糕的记忆在圆圈外。

 **故事线工具包：**该工具包针对故事的表达进行了优化。从左到右的时间线定义了时间流。可能包括视觉和语言元素，以促进思考和表达。

 **认知工具包：**一系列简单且有象征意义的形状与文字相结合，可以用来表达想法或组件之间的关系。例如，团队合作是如何工作的？

 **布娃娃之家工具包：**对于有重点的应用，尤其是在会议后期，当注意力被吸引到创建具体的解决方案时，工具包更具代表性，而不是抽象的。它们也可以是比例模型或者1：1模型。

 **群体认知工具包：**当工具包被创建用于群体使用时，它的元素必须更大，这样才能被多个人同时处理，并且可以从远处阅读。

图 3.6 我们多次使用的部分工具包举例

的说明将在本书的第三部分中介绍。

工具包本身的构成各不相同，参与者在使用工具包的过程中会有很大差异。例如，情感工具包由照片和单词组成。大多数人会同时使用这两种东西，但偶尔也会有人只使用文字，还有一些人喜欢自己动手写字，或者画一些小草。图 3.6 显示了一些类型的工具包。

创建工具包时需要考虑许多因素，例如：

> 可用的时间和预算（包括参与者阐述所需的时间和研究人员创建工具包所需的时间）。

> 使用地点（实验室、参与者的家或公共空间会带来不同的机会。例如，有可用的表面移动或自由）。

> 研究主题（无论你是在寻找工作实践的具体描述，还是对过去经历的情感回忆，都可以作为研究主题）。

> 舒适度（一些参与者可能会轻松地阐述关于该主题的内容，其他人可能会比较拘束）。

> 打算如何处理调查结果（例如，是否会推动产品、服务、组织或沟通策略的设计）？

工具包的大小也非常重要。它不应该是大工作量的，能给参与者带来很多需要考虑的因素。例如，10 到 15 分钟的拼贴画制作中，使用的单词和照片集通常由大约 100 个单词和 100 张图像组成。

图 3.7 护士们共同创建了一个在患者楼层实现理想工作流程的概念。注意，工具包组件是圆形的，这有助于他们按照区域和活动而不是房间来思考。此会话在下面显示的会话之前（NBBJ/rev 与莫菲特癌症中心，2006）

3.5 应用制作工具包
App Lying the Make Toolkits

制作工具包可以在不同的环境中使用：由我们自己准备会议、在小组中或在 1 对 1 的访谈等不同情况中使用。有许多方法可以使用工具包，还有许多不同的技术协助使用工具包。

图 3.7 和图 3.8 展示了来自我们最近个人经历中的一些使用技巧。本书中还有许多其他作者提供的如何使用"制作"技术的例子。

图 3.8 护士使用三维生成原型工具包来共同设计理想的未来病房（NBBJ/rev 与莫菲特癌症中心，2006）

3.6 说、做、制作及其表达路径
Say,Do,Make And the Path of Expression

根据研究的主题、时间和预算，可能会不同程度地使用所有三种类型的研究工具 / 技术（说、做和制作）。这些类型的组合可以提供额外的价值，因为一个发现可以证实另一个发现。例如，"制作"活动后通常跟"说"的活动：人们制作拼贴画来表达他们对某个主题的感受，然后用文字描述他们在制作拼贴画时做出选择背后的原因。活动环节可以从情感工具包（唤起记忆）开始，然后是认知工具包（探索潜在的动机），以及玩具屋工具包（创造期望的未来）。

人们

未来

过去

制作　说　做　说　制作

图3.9 这三类研究工具/技术涉及体验时间轴的不同部分。这就是为什么使用这三种技术的重要原因

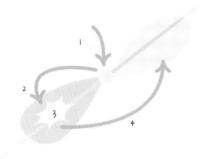

图3.10 在体验时间轴上，表达路径有四个步骤

通常，技术有多种类型。当一组人一起拼贴时，研究人员可以观察参与者之间的交互（例如，Postma & Stappers，2006）。背景调查会在工作环境中对人们进行的访谈。此类调查侧重于受访者采取的行动并与采访者讨论这些行动。另一个例子是在移动日志记录中，例如，在他们的手机上向人们发送一条短信，询问"你现在在做什么？"这种技术既包含"做"也包含"说"，因为人们会告诉你，他们在做什么。

在第2章中，表达路径被解释为一种策略，让参与者从现在开始观察，然后回到他们对早期经历的记忆，再转向期望未来的梦想（可能是对未来恐惧的噩梦）。三种类型的技术在表达路径中扮演着不同的角色，如图3.9所示。

"做"技术就是观察当下。它们可以非常真实和精确。

但它们也与现在相关：它们不包含"如果……"。"说"技术要求表达观点和解释，因此允许人们谈及更广泛的超越现在的经验。但是，"说"技术仅限于参与者可以轻易回忆的知识以及可以用语言表达的知识。

"制作"工具揭示了更深层次的理解，可以同时获取隐性的知识和潜在的知识。"制作"工具对于鼓励人们参与联想、分离和创造性思维至关重要。基于这些原因，制作工具能够更好地支持在对过去更深入解释的基础上想象未来。

在生成式环节中，通过让参与者按照表达路径参与以下一系列活动，可能有助于跳转到未来，如图3.10所示。

（1）观察并记录围绕研究主题的当前活动（人们做什么）。

（2）使用包含照片和其他激活工具的制作练习来唤起早期经历的记忆。

（3）通过允许抽象和（或）体验表达的制作练习来反思那些记忆和未来的可能性。

（4）使用诸如魔术帖建模之类的制作工具在制作练习中表达未来体验。

本章我们描述了生成式设计研究的工具、技术及其基本原理。本书的外部供稿提供了关于形状、复杂性和美学方面的多样性的观点。在第三部分，特别是在第6章中，我们将详细介绍如何在实践中使用它们。

3.7 激活工具包
A Sensitizing Toolkit

这些激活工具包已发送给参与者。客户萨拉·李（Sara Lee）生产鞋类护理产品（Kiwi），希望深入了解他们的消费者。进行了一项情境调查研究，旨在探讨人们如何在真实情况下保养他们的鞋子以及他们一天中脚的感受如何。

"我、我的脚和我的鞋子"是与 Kiwi Global Shoe Care 合作进行的情境调查研究的主题。Kiwi 希望为鞋类产品创新概念的开发寻找新的灵感。在这项研究中，选择了 14 名参与者。丰富的材料（如照片、视频、工作手册和拼贴画）把新产品开发（NPD）团队的主题变得非常生动。

遵循情境调查研究的标准程序。激活工具包包括工

供稿人

弗鲁基·斯里斯威克·维瑟（Froukje Sleeswijk Visser）

荷兰代尔夫特理工大学
工业设计工程系助理教授，以及荷兰
鹿特丹皇后酒店总监
sleeswijkvisser@tudelft.nl

工作手册中的任务：我的鞋子放在家里的什么地方？该参与者使用自己的数码相机拍照并打印照片。

作手册、宝丽来相机和表达他们对鞋的体验的材料。设计团队的2名成员挨家挨户地把工具包送了过去。这是一个耗时的行为，但由于参与者并不总是习惯于对自己的生活做出富有表现力的事情，所以需要一些时间进行个别解释。例如，为什么包装是这样的。这个包装强调与他们的个人经历有关，同时有助于研究团队更好地了解他们的参与者。工作手册中的作业需要在一周内完成。参与者每天都要反思有关鞋类的事情。这可能是"你实际上有多少双鞋子？"（有趣的是，他们几乎都意识到自己的鞋子数量超过了他们在计算这个数量之前想象的数量），"你一天中脚的感觉如何？"或"你的鞋子和袜子放在你家哪里？"

通过向参与者提供这些任务，他们开始关注围绕某个主题的自己的日常、习惯和感受，这些信息最初看起来并不那么丰富。当这些参与者参加小组会议时，他们已经对自己的鞋类经验有了敏感认知，并能够在小组中分享自己的经验。

该团队的两名成员，一名研究员和一名设计师，亲自将包裹送到参与者家中。

工作手册中的任务：我的鞋子矩阵。参与者被要求将他们的鞋子按二维方向摆放（日常使用－很少使用，正式使用－非正式使用），然后拍照。

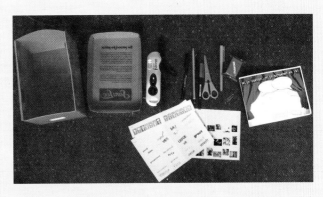

工具包括一个印刷说明的盒子、一本工作手册、一台宝丽来相机、带有表达情感图像的贴纸等，以及彩色笔、铅笔、剪刀和胶水。

3.8 帮助设计专业的学生理解生成式工具

Helping Design Students Understand Generative Tools

通过关于生成式工具的对话,可以帮助设计专业的学生理解、掌握工具并巧妙地使用它们。

通过激活环节的活动,我强调的设计理念是将事物简化到最核心的部分。好的设计有明确的目的——考虑下苹果公司的成功如何来自设计的清晰度。为激活环节的活动添加太多步骤或特征可能会干扰帮助共同创造者关注生活中某些事物的主要目标。

托拜厄斯·奥特哈尔(Tobias Ottahal)和莉迪亚·坎布伦(Lydia Cambron)在与一位患有晚期脑瘫的共同创造者合作时,设计了一种清晰且简单的激活活动。他们在每个人的手腕上佩戴了便利贴分配器。当共同创造者与某人进行了令人满意的交流时,便从左手腕上撕下一张纸条(蓝色纸币)并将其丢弃。右手腕上的红色便利贴是为了纪念他在交流中遇到挫折的时刻。奥特哈尔和坎布伦本可以去计算每个分配器里剩余的纸条,但这并不是重点。关键是,当他们与他们的共同创造者会面进行(修改)拼贴活动时,他们会关注共同创造者生活中的交流,并准备就此展开讨论。这种有效的激活工具是良好设计的一个例子。

拼贴活动可能与学习成为设计师的一些"啊哈"时刻有关。大多数设计专业的学生回忆起他们第一次发现的意料之外的想法时,他们只是简单地制作了大量的草图和草图模型。我提醒他们绘画和原型制作是如何激活创造性思维的——它是生成式的。通过将自己的经历与拼贴活动联系起来,学生们将拼贴理解为一种可视化的快捷方法,适用于尚未获得设计技能的人。他们可以看到,帮助非专业人士获得他们自己的创造和创造潜力,使他们能够在设计过程中成为合作伙伴。

供稿人

路易丝 . 圣皮埃尔(Louise St . Pierre)

温哥华, 加拿大

艾米丽卡尔艺术与设计大学

工业设计教授

产品和交互设计助理院长

lsp@ecuad.ca

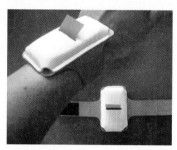

这种激活环节的活动是为了达到它的目的而设计的:帮助共同创造者关注他们生活中的一些事情。它通过最小化来避免特性蔓延。托拜厄斯·奥特哈尔(Tobias Ottahal)和莉迪亚·坎布伦(Lydia Cambron)著。

设计专业的学生使用各种粗糙拼贴和装饰的方法。他们经常在这个过程中获得意想不到的发现。

供稿人

罗伯特·斯特劳斯（Robert Strouse）

应用研究助理的认知科学家

俄亥俄州费尔伯恩 45324

robert.strouse@ara.com

在撰写这篇文章时，罗伯特是美国俄亥俄州
哥伦布 REVES 工作室的负责人。

信用：

这个项目是与新产品创新公司 (www.npi.
com) 和一家因项目保密而无法透露名字的
客户组织合作完成的。

3.9 工具包帮助人们设想新技术
Toolkits Help People Envision New Technology

新技术可以改变我们的生活方式。生成式工具包可
以帮助人们在新技术完全实现之前想象新技术如何
融入他们的生活，从而为设计团队提供宝贵的方向
来集中他们的开发资源。在这种情况下，客户希望
研究未来可以支持和促进人们使用的便携式电子设
备产品的机会。

该工具包的目的是让人们有能力构建可行的和渴望
的选择，以扩展电子设备的实用性和吸引力。人们
被要求使用工具包创造一些可以让他们的日常生活
更轻松的东西，然后分享关于这项技术将如何融入
他们未来生活的想法。该工具包使参与者能够强有
力地讲述他们的概念在家中的位置、他们将如何使
用它们，以及如何帮助他们保持井井有条。

新技术工具包包括所有类型的便携式电
子设备（白色的形式在中下方），以及一
系列附加组件，参与者可以使用这些组
件来设想和提出新的技术想法。

3.10 用于棋盘游戏设计的工具包
A Toolkit for Board Game Design

开发该工具包是为促进糖尿病意识的教育棋盘游戏的设计和开发提供信息。该项目作为一个研究生论文案例研究，是与美国俄亥俄州哥伦布市俄亥俄州中心糖尿病协会（Central Ohio Diabetes Association, CODA）合作的。

CODA 向俄亥俄州立大学设计部提出了一个开发棋盘游戏的合作项目，以教育和告知人们有关糖尿病的信息。参与式方法被发现与游戏设计有着天然的契合，因为游戏本质上是参与式的。人们在玩游戏时会考虑并经常改变游戏规则，以改变他们的游戏体验（Rollings & Adams, 2003）。该工具包的目标是将设计师的专业知识与熟悉糖尿病的人（即 CODA 的专家）的专业知识相结合，开发游戏功能的想法。该工具包还用于揭示糖尿病管理过程中基于系统的功能和细节。参与者在一个战略愿景工作坊上进行合作，共同创作物品，这也让他们能够表达自己的想法和梦想（Sanders, 2000）。通过评估来自先前讨论会议的现有信息，对该工具包进行了概念设计。参加本次工作坊的与会者喜欢以口语化的方式进行表述，这也

供稿人

埃里克·A. 埃文森（Erik A. Evensen）

美国明尼苏达州伯米吉

埃文森创新所有者 + 委托人

www.evensencreative.com

eaevensen@gmail.com

和

美国明尼苏达州伯米吉州立大学兼职教师

工作坊参与者首先选择单词作为概念起点。这些单词与游戏和糖尿病有关。

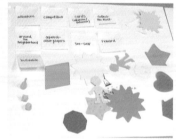

工作坊产生的工件由三个不同的、但完全实现的游戏主题概念组成。

埃里克的供稿是基于他在俄亥俄州立大学的设计硕士论文。Evensen,E.(2009) 使它有趣：揭示一个教育棋盘游戏的设计研究模型，俄亥俄州立大学，设计系。委员会成员包括 Peter Kwok Chan、Elizabeth B.-N. Sanders 和 Paul J. Nini。

参考文献

[1]Adams, E, and Rollings, A. (2003) Andrew Rollings and Ernest Adams on Game Design. Berkeley: New Riders Games

[2]Sanders, E. B.-N. (2000) Generative Tools for CoDesigning in Scrivener, Ball and Woodcock, Eds., Collaborative Design. London Limited: Springer- Verlag.

成为工具包使用的起点。

该工具包还结合了非特定的魔术贴建模形状，一旦参与者有特定的想法要表达，就可以使用。此外，还包括几个与游戏相关的组件，以使参与者更熟悉和舒适，并为游戏系统中的一些更抽象的部分提供实质内容。这些组件包括计时装置、随机发生器、不同尺寸的骰子以及各种各样的小塑料片。其中一些是以特定的方式定义的，例如一英寸高的动作人像、机器人玩具和廉价的玩具。其余组件是普通物品，如球、Koosh 风格的球、彩色棉球、抽象游戏卡片、不同形状和颜色的管道清洁器、瓶盖、便签、不同形状与大小的彩色纸。

参与者分为三个小组，首先使用工具包中的类别和关键词来构建他们的初步探索。然后他们从工具包的建模部分中选择组件来组装游戏工件。在长达一小时的会议结束时，工作坊中的每个团队都制作了一个不同的、但是可以粗略展示游戏主题的产品。

这个工具包括魔术贴的模型，供参与者表达自己。

工具箱的许多组件中包括非特定的、彩色的对象、特定的塑料件和游戏部件。

3.11 生成式工具包和职业理论
Generative Toolkits and Occupational Therapy

职业治疗师的培训让我意识到，参与活动能促进康复、健康和福祉。一个人参与活动可以更好地理解他们的情境、想法和感受。我发现使用亲子工具包可以在比较短的时间内获取比传统采访更多的信息。工具包的内容和活动的适应性允许被更多人使用，并允许他们参与到设计过程中，这些内容适应各种年龄、性别和能力。工具包还可以增强儿童的决策能力，并避免轻视他们独特想法和观点的重要性。通常这可以产生富有表现力和想象力的设计，更好地满足他们的需求，并增加理解、意识和同理心。

供稿人

詹·盖利斯（Jen Gellis）

理学学士、OT、MAA 设计

加拿大哥伦比亚省温哥华

阳光山儿童健康中心职业治疗师

詹的供稿是基于她在艾米丽卡尔艺术与设计大学完成的论文。Gellis, J. (2009) 发挥想象：通过探索创造性的参与式设计方法来培养孩子。

艾米丽卡尔艺术与设计大学，研究生院。委员会成员包括 Louise St. Pierre、Deborah Shackleton、Jim Budd 和 Ron Wakkary。

图像、颜色和纹理被置在轻质泡沫块上，让精细运动能力下降的参与者可以轻松地抓住和捡起它们。其他纸张图像之间有穿孔，因此可以将其撕开而不用剪刀。这些碎片还有磁性背衬，可以让它们很容易地（没有胶水或胶带）粘贴在"假装游戏空间"的墙壁上，从而减小了活动的物理需求。

使用表达情感的图片交流符号，可以让孩子们分享自己的情感。之所以选择这些符号，是因为参与这项活动的孩子们已经熟悉这种低技术增强交流的形式。

"假装游戏空间"的表面可以与磁铁和可擦除马克笔一起使用，从而可以使工具包重复使用。

供稿人

彼得·扬·斯坦珀斯(Pieter Jan Stappers)

荷兰代尔夫特理工大学

工业设计工程学院教授

p.j.stappers@tudelft.nl

参考文献

www.staples.com

www.officemax.com

www.hobbylobby.com

www.michaels.com

www.unitednow.com

3.12 用于制作工具包的东西既实用又鼓舞人心

A Stock of Likely-to-Use Parts Can be Both Practical and Inspirational

有许多不同种类的东西可用于制作工作簿和工具包，其中相当一部分可以在多个项目中找到。文具店和办公用品商店出售各种可以打印的地址贴纸、彩色圆形贴纸、小信封等。玩具商店通常有相对便宜的基本形状和建筑材料。艺术品商店出售各种用于建模练习的彩纸、黏土、小型泡沫或木材。纸张、钢笔、剪刀和便利贴是会议和工作坊所需的一般用品。好的图片、文字或部分练习也是可重用的宝贵资产。

在准备工作簿或会议时，你的库存既可以作为灵感，又可以作为实物供应。但要注意，不要将你的材料从一项研究复制到下一项研究，然后再复制到一个通用工具包或一组练习中。这些很快就会失去新鲜感，引起机械的和没有灵感的活动，并削弱研究人员的联想敏感性。同样，沉闷也会传染给参与者。

固定自己的"用品商店"可以节省购物时间，但随着库存的变化，一定要每年购物几次。"返校"时间是一个特别好的购物时机，圣诞节也是如此。

办公用品商店是建立自己的"用品支持商店"的好地方。

3.13 一种揭示机场故事启发新产品设计开发的方法

A Method to Reveal Airport Stories That Inspire New Products

该研究工具包的重点是深入了解旅行者在北美机场航站楼途中的体验。其研究结果用于改善国际机场的可达性。

旅行者体验工具包是七个连续开发的生成工具系列中的第一个。这些工具的研究结果用于启发和告知新产品或服务的开发，以改善北美国际机场的可达性，同时不修改管理程序或机场架构。目标是确定哪些细分旅行者将从新产品或服务中受益，并揭示设计机会。该项研究的重点是旅行者在整个机场体验中的看法，以及如何让设计师参与到人们的个人机场故事中。最初，开发该工具主要是为了获取丰富的定性数据，如旅行者的愿望、需求、欲望和焦虑等，但该工具包也足以分析定量数据，例如时间压力对旅行者体验的影响。

采用了访谈、问卷调查和流程图调查等方法来确定开发工具包中使用的术语和事件、活动、情感和具体类别。而且为这些主要类别开发了一组图标。这些图标在介绍页面上以自我粘贴的符号贴图和指导性问题的形式展示。参与者使用这些贴纸为他们在每个机场的体验创建故事页面。参与者开始通过放置符号贴纸来讲述他们的故事，从页面左侧开始进入机场。我们鼓励参与者使用钢笔绘制其他符号并添加注释。

供稿人

鲍里斯·贝泽尔齐斯（Boris Bezirtzis）

德国瓦尔德罗夫

SAP

高级设计研究员

borisbez@gmail.com

鲍里斯的供稿是基于他在美国俄亥俄州立大学硕士（MFA）期间所做的工作。

参考文献

[1]Boris G. Bezirtzis (2006), Generative Tools Used to Search the Design Solution Space: Lessons Learned from Exploring Travelers' Experience in Airports. MFA Thesis, The Ohio State University.

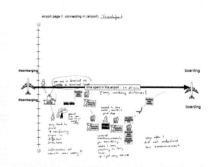

故事页面上的故事从左到右展开。放置在页面顶部的贴纸表明向上变好的体验。负面体验位于页面的下半部分。

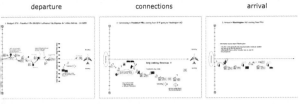

departure	connections	arrival

一个故事页面用于途中的每个机场：通常是出发机场、一个或两个中转机场和一个到达机场。

故事页面是为了收集定性数据而开发的，但是它们也可以很容易地用于分析和可视化定量数据。

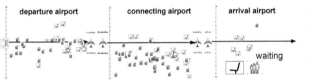

通过对旅行者故事的相关类别进行分类分析（图标），可以发现等待对旅行者体验的影响等模式。

参与者喜欢讲故事，工具包的指导结构使分享经验变得轻松有趣。此外，研究人员很容易准备材料和活动环节。贴纸和故事页面预先贴上标签，便于携带、收集、分析和归档。与预先测试的讲故事环节相比，所需时间从大约1小时减少到30分钟。故事的细节和深度变得更加丰富，参与者和研究人员也变得更加享受其中的乐趣。

---

1. How did you travel to the airport?

by car 🚗🚗　by bus 🚌🚌　by train 🚃🚃🚃　others

please put the sticker in front of the (terminal front door) on airport page I. and on airport page III on the very end

2. How much time did you spend in the different airports? please write on the arrow (on every airport page)

3. Please put a sticker for each way point on the airport pages. (leave free space in between the stickers for more stickers - way finding, waiting e.g)

4. How did you get the information where to go? (please put a sticker for each information between your way points - signs, asking people, e.g.)

5. How did you get there? (please put stickers for each way - walking, running, driving with a bus, e.g.)

贴纸页面提供指导性问题和提示（图标）以包括故事中感兴趣的特定区域。

3.14 探索气味作为生成式设计研究中的刺激环节：理想的咖啡馆经验
Exploring Smell As a Generative Stimulus: The Ideal Café Experience

事实证明，在生成式工具包中依靠视觉和语言刺激可以有效地激发过去和理想的未来体验。然而，由于刺激物（符号、单词等），这些视觉和语言刺激往往会产生更多的经过深思熟虑的反应。气味绕过了逻辑和判断等认知功能。在生成式工具包中利用气味有助于激发他们果断的情绪反应。

在一次工作坊上，参与者探索了他们理想的咖啡馆体验。他们通过填写一份让他们思考气味的工作手册来提前做好准备。然后向他们提供一套20种气味和"气味卡"并要求他们写出与每种气味有关的联想。然后将这些卡片在描述未来可能的咖啡馆体验的拼贴画中被用作刺激物。据观察，参与者使用情感丰富的短语来描述他们对理想咖啡馆的看法。气味启发的描述与基于图像和文字的描述不同。

供稿人

阿马尔·卡纳（Amar Khanna）

美国俄亥俄州都柏林

在线计算机图书馆中心 (OCLC)

高级用户体验设计师

khannamar@gmail.com

阿马尔的供稿是基于他在美国俄亥俄州哥伦布市的俄亥俄州立大学设计系的硕士论文。Khanna,Amar(2006) 探索人类对气味的反应作为设计研究工具 : 定性调查。俄亥俄州立大学设计系硕士论文。

委员会成员包括 : Heike Goeller、Dr. Elizabeth B.-N. Sanders 和 Dr. Candace Stout.

生姜的味道让我想起了我小的时候妈妈带我去的一家中国商店的经历。我不知道是为什么，但我总能在那里闻到很刺鼻的气味。

供稿人

马克·帕尔默（Mark Palmer）

美国佛罗里达，科勒尔斯普林斯

日内瓦有限责任公司

总裁兼创始人

mark@geneva-sciences.com

撰写这篇文章时，马克是美国佛罗里达州种植园摩托罗拉公司的设计研究 / 人为因素主管。

3.15 为公共安全而说、做、制作
Say, Do, Make with Public Safety

为公共安全开发通信产品用户需要通过观察和结构化访谈（说和做）深入了解当前体验。然而，通过与用户一起想象新的未来（制作），可以有效地确定新的沟通可能性。在一组消防员所讲的故事中，非常清晰和连贯，并使他们开辟了新的可能性。反应主观的技术，例如拼贴，可以让消防员更清楚地了解他们的感受。更重要的是，可以让他们知道他们想要的感受。3D 建模技术允许用户探索新的交流方式，而不仅仅是他们过去所经历的。正是这些技术的结合为创新提供了真正的见解。

说

做

制作

3.16 小学教师如何才能成为更好的教师

How Can Elementary School Teachers Learn to be Better Teachers

国家工作人员发展委员会 (National Staff Development Council, NSDC) 和艾森豪威尔国家交流中心 (Eisenhower National Clearinghouse, ENC) 联合出版了一张 CD-ROM, 旨在支持教师制订个人专业学习计划。期间举办了一次生成式设计研究会议，将探讨以下几个方面。

> 教师的职业发展在哪里？

> 教师如何以及何时使用专业资源和信息？

> CD-ROM 应该何时交付？

ENC 是一个全国性组织，拥有大约 240 万数学和科学教育工作者，包括美国的所有小学教师。来自俄亥俄州、伊利诺伊州和西弗吉尼亚州的四组数学和科学教师参加了会议。他们通过填写一本工作手册，为会议做好准备，这个工作手册让他们了解如何以及在何处使用专业资源和技术工具。他们还被要求提供有价值的专业资源。会议首先分享了教学资源和工具。然后，我们邀请教师使用生成式工具包表达他们对来年职业发展的"想法、感受和梦想"。他们被要求按照一年的时间线绘制未来体验地图，并显示不同的活动将在哪里发生（即家庭、学校或其他）。该工具包包含图像、短语、单词和各种简单抽象的形状。教育工作者喜欢用工具包材料表达自己，并热情地展示他们的未来地图。

我们了解到教学不是一项日常工作。大多数教师表

供稿人

丽兹·桑德斯（Liz Sanders）

美国俄亥俄州哥伦布

MakeTools

创始人

Liz@MakeTools.com

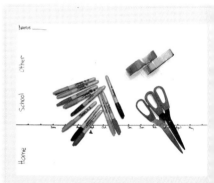

白纸上指定了体验地图的时间轴和范围。剪刀、胶棒和彩色标记可以激发创造力。

Jackie 的未来体验图揭示了她在未来一年如何平衡家庭、工作和其他活动。

Paula 的未来体验图显示，她正向今年的最终目标迈进了一大步。

示，他们总是在工作（一天 24 小时，每周 7 天），晚上在家准备教案，开车时思考更好地接触学生的办法，或者进行一次"教育"休假。家庭和工作之间的界限对他们来说是模糊的，并且大多数人表示，探索、计划和反思的时间每年只有两次，分别在夏季和冬季的假期。这个"7×24 小时的模糊"可能是教师职业发展中最容易被忽视的因素。

尽管教育工作者在工作坊之前彼此并不认识，但在会议结束后，他们都交换了电子邮件地址，继续分享想法、梦想和资源。后来我们了解到，一些教师在参加了一次生成式工作坊后，开始与同事和（或）学生一起使用绘图和拼贴方法。其中一位参与者告诉我们，"在今年年初，我的小学特殊教育学生就做了一个关于自己的拼贴画"。

ENC 团队成员参与了工作坊规划和举办的各个阶段。项目结束后，教师演讲的地图和话语记录被张贴在 ENC 的墙上，供组织中的每个人查看和阅读。ENC 继续更新地图和工作簿，以告知他们正在进行的工作。

体验地图工具包中有各种各样的组件，包括图像、短语、单词、形状、框架和箭头。
其中 CD-ROM 图标是必需的组件。

3.17 柬埔寨儿童的生成式设计研究
Generative Design Research with Children in Cambodia

利用生成式工具了解柬埔寨儿童使用假肢的需求和偏好。这是为国际红十字委员会开展的一项研究项目的一部分。研究结果将有助于设计师开发假肢，并为截肢者的社会融合和提供更高质量的生活做出贡献。

柬埔寨人普遍认为，"残疾"是前世恶行（因果报应）的结果。因此，残疾与耻辱和羞愧联系在一起。这会影响残疾人的治疗方式以及辅助设备的感知。因此，了解残疾人的审美和情感需求是制定功能性解决方案的关键。

金边郊区各省使用假肢的三个孩子参加了这项研究：一个 10 岁的女孩、一个 12 岁的男孩和一个 16 岁的男孩。准备工作中的一个重要部分是多次去拜访孩子，让他们有机会了解研究人员并习惯参加研究活动。所有环节都在用户家里进行。对于研究人员来说，这是一种昂贵且耗时的体验，但由于孩子们不必出行，因此对他们来说更容易。此外，他们也在安全和熟悉的环境中。

为了了解孩子们的日常生活以及使用假肢对他们的影响，要求孩子们描述"日常的一天"。孩子们使用提供给他们的工具包中的图画和文字，并辅以他们自己的图画和文字，解释了他们从醒来到睡觉所做的事情。他们还被要求区分发生的"好事"和"坏事"。

供稿人

索菲亚·侯赛因（Sofia Hussain）

挪威，科隆赫姆

挪威科技大学

工程设计与材料系博士研究生

sofia@ntnu.no

参考文献

[1]Hussain, S. (2010) Empowering marginalised children through participatory design processes. CoDesign 6(2), 99—117.

[2]Hussain, S. and Keitsch, M. (2010) Cultural semiotics, quality, and user perceptions in product development. In S. Vihma (Ed.), Design Semiotics in Use, 144-158. Helsinki: Aalto University, School of Art and Design.

[3]Hussain, S., Keitsch, M. and St ren, S. (2007) The Know Your Product Method. Developing a Prosthetic Leg for People in India. In Proceedings of the International Association of Societies of Design Research Conference, Hong Kong 12-15 November, 2007, China.

这个 16 岁男孩对在家和在学校如何着装的偏好。

10 岁女孩对她一天的描述。她解释说，她喜欢做家务，比如从井里抽水、洗盘子和做饭，因为她知道这些事情是必须做的。在柬埔寨，孩子们很难理解不开心的笑脸，因为不喜欢某样东西的观念与佛教徒接受命运和保持积极的准则相冲突。

纸玩偶被用来帮助孩子表达他们的审美需求。他们可以选择三个不同绘画风格的玩偶。他们可以为玩偶选择一个名字，或者让玩偶代表自己。通过给玩偶穿上衣服和带上假肢，孩子们解释了他们在外面和朋友一起玩耍、在学校或在家里时，他们更喜欢穿什么衣服，以及他们希望假肢看起来如何。

这两种简单的生成式工具是一种鼓励孩子们以有趣的而不会感到苦恼的方式分享他们对敏感问题想法的有效方法。这两种工具方法引发了与孩子们的深刻对话。

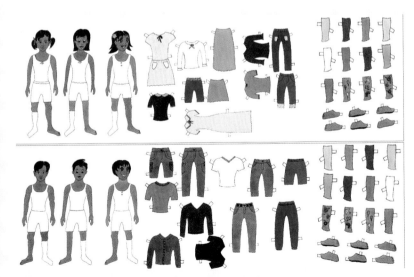

男孩和女孩的纸娃娃。孩子们可以选择他们的衣服和假肢的款式。

3.18 跨文化交流的生成式工具包
A Generative Toolkit for Cross-Cultural Communication

在智利的一次合作研究之旅中，使用了一个生成式工具包，帮助儿童"想象未来"，以振兴洛塔市。学生研究人员与学校的一个班级一起探讨孩子们对城市的感受。工具包练习提升了与孩子们更深入的交流。

多伦多乔治布朗学院设计学院的无边界研究所（Institute Without Boundaries，IWB）与智利洛塔市政府共同启动了一个项目，旨在设计一个最近发生的灾难后的振兴战略计划。IWB的合作者包括来自加拿大渥太华卡尔顿大学工业设计学院和智利康塞普西翁 DuocUC 设计专业的学生。

最初，两个加拿大团队在卡尔顿大学相遇并参与了认知测绘活动。使用项目专用工具包，他们完成了以下句子："在智利洛塔市，我看到了我自己……"。这使学生熟悉用于绘制体验的工具包、他们对项目的假设及彼此之间的关系。

在前往洛塔市参加由 IWB 组织的为期一周的会议之前，卡尔顿学生探讨了在文化和语言差异的基础上与人们建立有意义的对话的方法。他们设计了一个特定于 Lota 的生成式工具包作为潜在的研究工具，目前尚不知道谁会参与。在智利，每个机构的学生研究人员分成四个小组，研究经济、地方、交流和社区。事实证明，该工具包对参观在 la Escuela Adventista 的13岁儿童教室的团队最有价值。

供稿人

露易丝·弗兰克尔（Lois Frankel）

加拿大安大略省渥太华

卡尔顿大学工业设计学院

副教授

Lois_frankel@carleton.ca

阿尔纳·尤吉纳（Alëna Iouguina）

加拿大安大略省渥太华

卡尔顿大学工业设计学院学生

alyona.iouguina@gmail.com

萨曼莎·塞勒（Samantha Serrer）

加拿大安大略省渥太华

卡尔顿大学工业设计学院学生

samantha.serrer@gmail.com

参考文献

[1]Caruso, Christine & Frankel, L. (2010). Everyday People: Enabling User Expertise in Socially Responsible Design. Paper presented at the Design Research Society: Design and Complexity. Montreal, Quebec. 7-9 July.

[2]Sanchez, Maria G. & Frankel, L. (2010). CoDesign in Public Spaces: An Interdisciplinary Approach to Street Furniture Development. Paper presented at the Design Research Society: Design and Complexity. Montreal, Quebec. 7-9 July.

致谢

非常感谢团队成员 Miki Seltzer 和 María José Casanueva，Isaías Irán Barra Barra、Camila Núñez Benítez 和《冒险者》的孩子们，洛塔城，Michelle Hotchin 和 Monica Contreras 来自无国界研究所。

每个加拿大参与者都收到了一个工具包，包括图片、贴纸、单词集和一张布里斯托纸板。作为设计师，他们准备了自己的记号笔、剪刀和胶水。

孩子们使用了工具包中提供的大部分图像和文字。当他们在翻译人员的帮助下讲述自己的故事时，丰富的定性数据出现了。

这张由其中一个孩子绘制的有创意的地图也提供了关于洛塔市的定性数据。它关注并对比了地震的影响和户外市场上丰富的新鲜农产品。

"你喜欢 Lota 什么？"当他们配对制作他们的地图并一起讨论他们的想法时，这个问题用西班牙语向孩子们提出。他们中有很多人提到了最近的地震。孩子们还把许多关于家庭、食物、海滩和罗塔公园的图片和文字包含其中。回想起来，一些精心制作的问题可以提前测试，以确定什么样的给定图像可能会唤起什么样的故事。这项活动让孩子们对科研人员变得熟悉，并在翻译的帮助下引发了更深入的讨论。

随后，这个班级被分成两组。第一组的研究人员对孩子们进行了简短的采访，简要地提到了绘图练习。第二组的孩子们在接受采访之前更详细地讨论了地图，并分享了他们理想城市的想法。研究人员看到，在理解儿童信息方面应注意其肢体语言、面部表情和声调。

研究人员让孩子们明白，他们在听他们说话，他们所说的话对他们来说很重要。这为以后的交流打开了大门。

3.19 快速便携的工具
Quick and Portable Tools

一些研究必须快速完成，或者在几乎没有空间展开一套生成式工具或让参与者参与绘画练习的情况下完成。图像卡片可以在这两种情况下使用。

为了探究调查中的问题，我们精心定制了一堆照片，可以鼓励沉默寡言的参与者讲述故事，揭示重要的知识。代表与研究目标相关的标志性、抽象性或隐喻性主题的图像效果最佳。动物图像通常很有用，因为它们具有象征性或隐喻性意义。我们通常将卡片层压在一起，使其坚固且易于操作。艺术中心的学生 Pengchong Wang、Katie Weiss 和 Xun Ye 使用动物套牌来研究交换会上买家和卖家的动机。这位 T 恤衫销售员将自己描述为一只小狗，需要友善和开放才能吸引顾客。

供稿人

凯瑟琳·贝内特（Katherine Bennett），IDSA

IDSA 副教授,美国加州帕萨迪纳艺术中心设计学院

kbennett@artcenter.edu

供稿人

迈克尔·穆勒（Michael Muller）

美国马萨诸塞州剑桥市 IBM 研究所的研究
人员和 IBM 发明家

michael_muller@us.ibm.com

参考文献

[1]Lafreniére, D. (1996). CUTA: A sim-
ple, practical, and low-cost approach to
task analysis. Interactions 3(5), 35–39.

[2]Muller, M.J. (2001). Layered partici-
patory analysis: New development in the
CARD technique. In Proceedings of CHI
2001. Seattle: ACM

[3]Muller, M.J., Carr, R., Ashworth, C.A.,
Diekmann, B., Wharton, C., Eickstaedt,
C., and Clonts, J. (1995a). Telephone
operators as knowledge workers: Con-
sultants who meet customer needs. In
Proceedings of CHI' 95. Denver CO
USA: ACM.

[4]Muller, M.J., Tudor, L.G., Wildman,
D.M., White, E.A., Root, R.W., Dayton,
T., Carr, R., Diekmann, B., and Dykstra-
Erickson, E.A. (1995b). Bifocal tools
for scenarios and representations in
participatory activities with users. In J.
Carroll (Ed.), Scenario-based design
for human-computer interaction. New
York: Wiley.

[5]Tschudy, M.W., Dykstra-Erickson,
E.A., and Holloway, M.S. (1996). Pic-
tureCARD: A storytelling tool for task
analysis. In PDC' 96 Proceedings of
the Participatory Design Conference.
Cambridge MA USA: CPSR.

[6]Tudor, L. G., Muller, M. J., Dayton,
T., and Root, R. W. (1993). A participa-
tory design technique for high-level
task analysis, critique, and redesign:
The CARD method. Proceedings of the
HFES' 93. Seattle: Human Factors and
Ergonomics Society.

3.20 卡片——需求与设计的协同分析
CARD–Collaborative Analysis of Requirements and Design

卡片方法（Tudor et al., 1993）是一种参与式实践，
用户和分析人员通过玩"纸牌游戏"来描述和批评
现有的工作实践，或者设想新的工作实践。游戏中
的每张卡片可以描述工作环境中一个对象、人或行
为，可以包括用户的策略、经验以及与他人的交互。
每张卡片在战略上都是不完整的，需要用户和分析
人员协作描述工作和工作组件。

卡片已被用于分析、批评和创新四大洲的工作和技
术，尤其是在人机交互和计算机支持的协作工作领
域。卡片为低层次工作者提供了重要证据（Muller
等，1995a）。该方法被扩展到一个更正式的框架中
（Muller 等，1995b；Muller，2001），并在不同语
言传统中得到了批判性应用（Lafrenière，1996；
Tschudy 等，1996）。

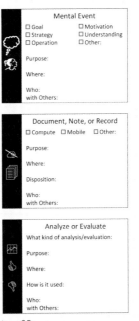

第二部分
完整的实
践案例

简介
Introduction

生成式设计研究的规模可能有很大差异，从设计师与用户熟悉的单次沉浸式会议，到设置、进度和预算复杂，并且涉及多个利益相关者、耗时几个月的大型研究项目都可以使用。

在这一部分中，我们将通过四个案例来描绘这个频谱。这些案例的目的有两个：首先，了解研究可能的应用规模，以及不同的组成成分；其次，展示整合，即所有的成分、步骤、角色等是紧密的和相互依赖的。通过这些案例，我们试图给出"在真实世界中发生的事情"，为第三部分更详细的操作方法和第一部分更强调理论提供更多的背景和动机。

本部分描述的案例发生在我们自己或者我们身边的同事或学生身上。前两个案例描述了真实的小规模的学生项目。另外两个案例描述了产业实践中的大型项目，并且匿名：出于隐私和商业机密（这是现实世界中的重要问题），我们更改了名称、主题和视觉效果。我们也无法展示后两个案例中的研究工具和材料的照片，只能参考一般的结果和产出。在这些案例中，我们还结合了不同项目中实际看到的情况。

这些案例倾向于关注故事中积极的部分，以尽量使故事简短。然而，你会注意到贯穿整个故事的许多提示和暗示。我们应该指出，许多暗示揭示了一些消极的部分，即从经验中吸取的教训。

这四个案例可以解读为来自现场的故事，并作为如何进行生成式研究的介绍。如果你已经在该领域拥有一定的经验，则可能希望简要地回顾这些案例，或者参考图4.1。在这里，你可以并排比较四种情况中的所有主要特征。通过图4.1，你应该可以了解到每种情况可以采用的规模及其内容的多样性。

第4章 四个案例
Chapter 4 Four Cases

	案例1 学生的练习项目	案例2 进阶项目	案例3 专家整合项目	案例4 国际项目
目的	向设计学生介绍生成式设计研究工具和技术	为老年人的生活设计一些真正有价值的东西	为以人为中心的健康体验设计	探索世界各地家庭成员在休闲活动方面未满足的需求和梦想
目标	> 学生动手学习； > 跨团队分享和学习； > 向更大的观众群体交流项目	> 学生动手学习； > 为感应器公司提供新产品的概念； > 大学 / 客户关系	> 整合精益工程和生成式设计思维； > 为所有利益相关者提供学习经验	> 结合人种学和参与式设计方法； > 头脑风暴和未来产品与服务的协同创想； > 快速周转
时间	4天	6个月, 包括2个月的研究	6个月, 4名兼职人员	4个月, 4~6名全职人员
预算	无	200美元的材料费用	180000美元	500000美元, 包括40%的差旅费
利益相关者	> 学生团队； > 导师； > 8 名旅行人员	>1 名学生； > 大学； > 公司； > 老年参与者及家人	> 生成式设计公司； > 精益工程公司； > 医生； > 员工； > 患者	> 设计研究公司； > 客户组织； > 来自中国、印度、英国和德国的参与者：总共28 个家庭

图 4.1 四个案例的比较

4.1 学生组练习:火车通勤者的体验
A Student Group Exercise:the Experiences of Train Commuters

这个案例是典型的生成式研究工具和技术的初次接触。一组来自不同国家的 5 名学生在德国设计学院参加了一个项目周的生成式技术工作坊。他们选择这个工作坊,第一个原因是他们对什么样的研究方法可以扩大他们以艺术为基础的教育感兴趣,第二个原因是他们意识到未来的工作需要更多地理解他们的客户和用户。最后,他们中的一些人在设计博客中看到了"共同创作"的热议,并想对此有更多的了解。

本案例的重点是学习和探索这种工具和技术。因为不会进行设计,所以研究结果的质量以及记录这些结果以供将来使用是次要问题。

4.1.1 一次工作坊练习
A Workshop Exercise

作为导师,我们为本周设置了一个开放式课程,从周一上午两个小时的介绍性讲座开始。我们介绍了生成式设计思维的思维模式,解释了一些原则,但大部分时间都在展示和讨论实践中的大量例子。我们把班级分成几个小组。然后,团队可以自由地建立自己的项目,每天约两次回到这里一起讨论,征求反馈意见。本周末将做两次专题汇报。周五上午,该团队在生成式技术工作坊上向其他学生团队介绍了自己团队的情况。整个活动于周五下午结束,并向全校师生进行了 3 分钟的展示。

首先,团队决定了一个主题和一个参与者群体。事实上,他们中没有一个人是该地区的母语人士。这对与参与者交谈构成了障碍,所以他们选择了"火车通勤者的旅行体验",因为他们期望能提供与会说英语的人及有时间的人接触的机会。学习如何与参与者联系成为他们面临的最大挑战之一。

案例1	
学生的练习项目	
目的	向设计学生介绍生成式设计研究工具和技术
目标	>学生动手学习;
	>跨团队分享和学习;
	>向更大的观众群体交流项目
时间	4天
预算	无
利益相关者	>学生团队;
	>导师;
	>8 名旅行人员

图 4.1.1 案例 1 概述

图 4.1.2 文字和图片工具

图 4.1.3 8 名参与者

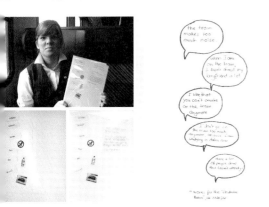

图 4.1.4 1 名参与者提供了她现在和未来的地图，并
引用了她所说的话

提示：查找参与者通常是一项具有挑战性和耗时的
活动。在基于开放式学习的练习中，首先选择小组，
然后决定与他们一起探讨的主题。

周一下午，小组成员对列车交流体验进行了讨论，试
图拓宽他们对参与者如何与主题联系的看法。然后，
他们集思广益，为研究活动出谋划策。事实证明，他
们的许多想法可能会在较大的活动环节或扩展的工
作中很有效。但如果从实际可行性考虑，他们排除了
很多想法。因为参与者最多有 20 分钟的空闲时间。
此外，分发"家庭作业"超出了本项目的时间范围，
因为任务往返至少需要 3 天时间。晚上大家制订了
一个粗略的计划、初步的角色和激活材料，并在周二
上午进行了讨论。

4.1.2 可重复使用的访谈工具包和计划
A Reusable Interview Toolkit and a Plan

最终选择了一种可以在一周内开发、部署和分析的
生成式工具。他们开发了一个包含图片和文字的工
具包，以支持通勤者在火车旅行中进行 10 分钟的采
访。参与者收到了一张 A4 白纸和两张激活贴纸，这
些文字和图片都与旅行或多或少相关。

参与者被要求创建一个拼贴画来表达他们当前旅行
经历的好坏。在制作拼贴画后，要求参与者解释它，
然后在透明覆盖图上创建第二个拼贴画，以表达他
们期望的未来旅行经历，并再次解释他们的拼贴画。
学生们两人一组进行访谈，一个学生提问，另一个学
生做笔记。为了快速、简单和避免隐私问题，没有录
音，但要求参与者与他们的拼贴画合影。

提示：从明确最终目标出发，确定如何更好地记录你
的工作现场。

为了降低成本和节省时间,学生们创建了一个可重复使用的工具包。通过先把贴纸上的黏合剂磨掉,这些贴纸可以保持住,但也可以很容易地在工作簿上再次更换(正如一个学生自豪地说,"如果你把它们粘在牛仔裤上几次,它很快就不怎么粘了")。他们制作了两份访谈资料袋。当由三个同学构成的小组进行访谈时,一个人可以拍摄拼贴画并整理工具包,另外两个人则可以访谈下一个参与者。因为每个学生都想同时体验访谈者和记录员的角色,所以他们要确保至少 10 名访谈者参与。

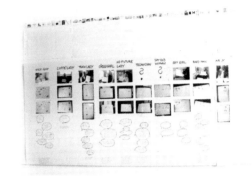

图 4.1.5 计算每个参与者使用激活单词和图片的次数

4.1.3 与人相见
Meeting People

工具包在周二下午进行制作。星期三,他们走进了访谈地点:火车站。他们很快发现,在高峰时段很难接近人们。因为这个时候人们比较累了,空间也很拥挤。当访谈的周围有大量旁观者时,会使访谈者和参与者都感到不安。因此,小组决定尝试在高峰时段以外接触通勤者。幸运的是,他们的第一个参与者很好奇,非常愿意尝试一些新的东西。这打破了僵局,并鼓励小组在那之后接近其他人。

4.1.4 处理数据
Working the Data

周三结束时,共有 8 名参与者接受了访谈。学生们带着照片、笔记和印象返回学校,这些照片、笔记和印象都与通勤者的旅行经历和他们自己的研究经历有关。只剩下一天时间得出结论。通过他们的笔记,他们确定了一些可能的结论主题。但是,他们觉得整个主题失去了参与者的个人特征,并认为这是一个应该保存和传达的重要组成部分。因此,他们为每个参与者做了一

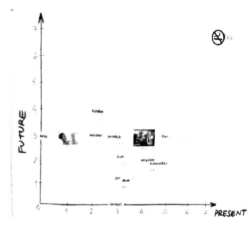

图 4.1.6 单词和图像的频率图(横轴表示当前地图的频率,纵轴表示未来地图的频率)显示,"禁止吸烟"标志(位于右上角)是唯一在两张地图中几乎所有人使用的图片

个简短的总结，包括参与者与他们的拼贴画一起合影的照片，以及每张拼贴画（现在和未来）的单独照片，从笔记中获取了约 6 个显著信息，并以文本气球的形式进行添加。

4.1.5 深入分析
Further Analysis

在查看拼贴画时，他们发现似乎有些触发器的使用始终比其他的要多。为了更清楚地看到数据中的模式，他们把纸张贴在墙上，形成一个分析区域，并在上面画一个大网格，参见图 4.1.5。每个参与者是一行，每个单词或图片的触发器是一列，如果该参与者使用了该触发器，则网格中的每个单元格都会收到一个标记。他们为"现在"和"未来"的拼贴分别制作了单独的网格。

提示：墙上分析可以让整个团队参与到寻找模式的过程中。

他们制作了一个汇总图来比较"当前"和"未来"的触发选择。结果如图 4.1.6 所示，其中显示了一个明显的赢家：禁烟标志。8 名参与者中有 7 名在现在和将来的拼贴画中都使用了这张图片。显然，吸烟（或不吸烟）是他们通勤体验的一个关键因素，并且还有一些注释和引文也提到了这个问题。约一半的参与者选择了禁烟触发器来表示他们对最近的火车禁烟令有多满意，另一半则表示他们经历了禁烟令带来的问题。虽然他们的故事不同，但吸烟问题显然很突出。

4.1.6 最后的汇报
The Final Presentations

学生们被要求做两次报告。周五上午，该团队在生成式技术工作坊上与另外两个学生小组交流了研究结果。每组发言 15 分钟，然后进行提问和讨论。学生和指导老师一起反思在短短一周时间内所学的知识和取得的成果。大多数学生认为他们已经迈出了第一步，并受到鼓励，他们能够在未来的工作中使用这些技术。他们还表示，作为一个团队探讨这些挑战是非常有帮助的。然后，他们迅速着手完成一个非常高水平的演讲（不超过 3 分钟）。200 名学生和指导老师一起参与了会议演讲，以庆祝工作坊周的结束。

4.2 学生项目：老年人的沟通需求

A Student Project:Communication Needs of Elderly People

4.2.1 介绍
Introduction

代尔夫特理工大学交互设计专业的研究生在最后第四学期进行了一个研究和设计项目。这是一个全职项目，研究阶段可能需要两到三个月的时间。届时，学生将在理论课程中学习生成式设计研究技术的基本理论，并在第一学期的独立设计项目和第三学期的跨学科小组项目中应用这些技术。但在每个学期中，研究的时间跨度通常限于几个星期。对于那些选择深入研究生成式设计研究工具和技术的人来说，毕业设计项目提供了一个对用户需求进行深入研究的机会，并设计出满足这些需求的产品。学生们的工作通常是由客户赞助的。

4.2.2 项目起源
Project Origins

沃达丰（Vodafone）公司是一名学生的客户，该公司最近学习了生成式设计研究技术，并邀请学生申请毕业实习。有几名学生申请了，桑妮（Sanne）从中脱颖而出。因为她的申请信和面试做得很好，尽管她应用新技术的经验有限，但是她展现出了自己对探索新技术的知识充满了热情。

桑妮很高兴被录取了。项目简介旨在"设计一个支持老年人沟通的产品"。这个项目从社会和商业上都引起了她的兴趣：为有需要的目标群体和足够大的市场设计产品。当时，大多数针对老年人的产品似乎对该用户群体的关注非常有限，通常是解决一些局部问题，例如，按钮较大的手机，而不是真正以他们的需求为出发点。

4.2.3 从生活中收集数据
Gathering Data From Life

沃达丰公司的市场研究部已经进行了背景文献研究，包括人口

案例2
进阶项目

目的	为老年人的生活设计一些真正有价值的东西
目标	> 学生动手学习；
	> 为触发器公司提供新产品的概念；
	> 大学 / 客户关系
时间	6个月，包括2个月的研究
预算	200美元的材料费用
利益相关者	> 1 名学生；
	> 大学；
	> 公司；
	> 老年参与者及家人

图 4.2.1 案例 2 概述

图 4.2.2 工作手册、相机和材料

图 4.2.3 访谈中的参与者

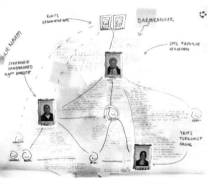

图 4.2.4 社交互动图，在第二次访谈中使用透明覆盖层

统计研究和几项有关老年人生活状况的研究。这些信息对于选择目标群体及设定整体目标很有价值，但仍然停留在抽象统计的层面上。生成式设计研究的主要目标是使这个目标群体活跃起来。文献研究中的一个主要出发点是，在她与认识的老人的谈话中，发现家庭在老年人的生活中扮演了非常重要的角色。桑妮与自己家中的年长成员关系良好，但她意识到，选择与你关系太近的人会对结果的客观性带来风险。因此，她决定找三个家庭参与研究，其中主要包括祖母，也包括他们的一些子女和孙子孙女。

招募参与者是通过非正式接触完成的，并不困难。参与者喜欢得到关注，乐于参与并谈论历史及他们的骄傲：他们的家庭。他们像是参与一项愉快的社交活动一样享受访谈本身。为了保持对祖母们所提供信息的重视，在祖母家进行一次生成式设计研究会之后，又进行了一次访谈。每次访谈过程中都会有一个熟悉的亲戚在场，一起参加讨论，以便让环境不那么正式。

提示：感觉舒适的参与者是更好的参与者。可以到他们熟悉的地方与他们见面。

在第一个环节中，祖母们用图片和文字制作了一幅拼贴画，以触发联想、担忧和记忆。第一个环节的主题是"与普通人的沟通"，第二个环节的主题是"与家庭成员的沟通"。由此产生的讨论强调了家庭关系的重要性，并且这一点也在观察结果中得到了证实。例如，家里有孙子孙女的照片。此外，关于生活的速度、对话的重要性、技术在他们生活中的作用以及空闲时间多少的见解也逐渐浮出水面。

桑妮惊讶于时间过得如此之快。尤其是当有很喜欢的话题时，时间很容易溜走。显然，学习促进生成式设计研究环节和访谈有自己的技能，而桑妮必须快速学习。

提示：老年参与者有很多东西可以分享，并且有时间分享。计划与老年人讨论的时间要比与年轻人讨论的时间多两倍。在讨论过程中，决定何时引导对话，以及何时让对话按照自己的步调和方向进行，需要一些练习。

基于第一个环节中所学的知识，第二个环节是在大学里与三个家庭一起进行的。在这些环节之前，有一个小型练习和照片分类的工作簿任务。在第二个环节中，有三代成员参加了会议。祖母、成年子女和孙子共同创建了一个家谱，并指出了他们进行的交流、互动和联合活动。家庭成员还互相介绍了他们为其他人所做的一切，这为桑妮观察他们的动态又提供了一次机会。桑妮很惊讶，尽管参与者在彼此面前交谈，但他们对彼此之间的情感纽带是很坦诚和开放的。桑妮指出，观察参与者在制作家谱时的互动方式与他们所说的内容一样具有丰富的信息。但是这些信息很难在调查结果中捕捉到。

4.2.4 分析
Analysis

在第二个环节结束后不久，桑妮转录了访谈和生成式设计研究环节中的音频，选择了段落，并对这些段落按照主题和模式进行了分类。虽然她是项目上的唯一研究员（和设计师），她经常与参与者家庭、公司和大学导师分享她的发现。她在几个主题上区分了自己的见解。例如，祖母们想在沟通方面有主动性，但不想使用网络聊天渠道等计算机媒体，这既是因为她们缺乏孩子们所拥有的现代计算机技能，也是因为她们想以较慢的速度进行沟通。

图 4.2.5 最终使用的原型

图 4.2.6 最终的原型由家庭书籍和一个扩展的电视遥控器组成

4.2.5 视觉、原型和评估
Vision,Prototype,and Evaluation

根据她的发现,桑妮提出了一项未来的通信服务,专门针对祖母进行交互设计的家庭博客。由于家庭成员的速度偏好不同,这一概念采用了异步通信方式。一个特殊的接口设备将允许祖母在她熟悉的普通电视上查看网站,并可以通过在纸上写字和将这些文字、图片张贴在一本书中,实现自动扫描并将内容放置在网站上。年轻的网络一代可以通过因特网进行输入。

这一概念通过故事板进行沟通,并与所有利益相关者(老年人、家庭、大学和公司导师)进行讨论以获得反馈。参与的老年人和孙辈们对沃达丰公司提出的家庭博客和输入设备原型非常支持。随后原型在三个家庭中进行了评估(两个未参加生成式设计研究环节的新家庭被招募为独立评估员)。每个家庭首先使用原型一周。随着她继续开发设计和原型,桑妮定期让参与的家庭(每次都同时包括祖母和孙子)进一步对解决方案进行评估。在经过第一周的迭代后,三个家庭又在几个星期内使用了新的原型,桑妮也开始撰写她的最终报告。

她非常渴望了解这些家庭是否可以并打算使用它,以及他们对大约三个月前进行的生成式设计研究环节的相关记忆。测试很成功。几个家庭热情高涨,他们使用原型的过程中显示出了预期的结果。例如,网络帖子不仅会引发网站上的回应,还会引发电话沟通和访谈期间的讨论。此外,参与者对该产品的评论表明,他们仍然非常了解早期生成式设计研究中提出的考虑因素。

4.2.6 演讲和交付成果
Presentations and Deliverables

在毕业典礼上,桑妮向沃达丰公司和大学介绍了她的项目。在20分钟的展示文件中,来自研究的数据为说明项目的目的与展示原型的相关性提供了支持。之后,她又收到了一些早期参与者和其他未来潜在用户的反馈,包括一位祖母的来信,她希望获得这种产品,以便与在加拿大的孙子们交流。许多组织意识到了这种需要和解决方案的价值。该项目于2007年获得荷兰设计奖"面向所有人的设计"。

4.3 中间咨询实践：新医疗服务
Intermediate Consultancy Practice: New Healthcare Services

提示：在未来的医疗保健体验领域中，以人为中心的方法在快速地扩大影响。随着婴儿潮一代年龄的增长，这种兴趣可能会增加。

本案例描述了一个可能由中小型设计研究咨询公司组织实施的假设项目。随着客户通过整合不同的研究和设计方法来寻找最好解决方案的进行，这个项目代表着一种在未来可能会变得越来越明显的情况。本案例显示了精益工程（一种系统地从生产流程中删除那些不会影响最终用户价值的活动的方法）和生成式设计思维的集成。这种整合有可能提高集体医疗实践的效率并提升体验效果。

Group/MD 是一个由 11 名专业医疗从业者组成的团队，他们在美国中西部的一座城市共用一栋办公楼。鉴于对美国医疗保健做法的整体不满，他们看到了挑战现状的机会。他们不能也不想在价格上竞争。他们能做些什么来使自己与众不同？他们梦想能够追求真正以人为中心的医疗保健实践，同时满足来自患者、家庭成员、医生、护士和其他工作人员的需求和愿望。两位最具商业头脑的医生调查了当前和新兴的服务设计与制造流程创新方法，发现了两种截然不同方法的相关性。一种是精益工程方法，另一种是生成式设计研究方法中所描述的经验 / 情境方法。为了结合两者的优势，他们决定推出一份 RFP（征求建议书）来描述两家公司之间的合作，两家公司都有其中一种方法的专业知识。有 20 家公司申请了 RFP。经过长期深入的访谈，Group/MD 选择了来

案例3
专家整合项目

目的	为以人为中心的健康体验设计
目标	>整合精益工程和生成式设计思维；
	>为所有利益相关者提供学习经验
时间	6个月，4名兼职人员
预算	180000美元
利益相关者	>生成式设计公司；
	>精益工程公司；
	>医生；
	>员工；
	>患者

图 4.3.1 案例 3 概述

图 4.3.2 每位参与者都分享了他们想象的理想体验

图 4.3.3 每个团队都制订了一个前进的可视化战略计划

图 4.3.4 沉浸日的印象

自丹麦的小型设计研究公司 BlueBoat。因为该公司具有很强的体验视角，和总部位于美国的精益团队公司的精益视角。两家公司都表示有强烈的兴趣并愿意加入各自的专业领域，以提供一种最能满足客户需求的综合方法，从而实现真正以人为中心的医疗保健实践。

BlueBoat 的创始人伊娃（Eva）和马可（Marco）主要从设计主导和参与的角度进行实践，并特意将接受过设计和设计研究训练的人员招入公司。到目前为止，伊娃和马可的大部员工都是在研究生阶段参与了企业赞助的项目，进而在医疗保健领域工作。BlueBoat 主要在欧洲工作，尽管他们确实计划向美国扩张，因为那里对设计主导的参与式方法非常感兴趣，而且又没有足够的咨询公司具备实施的经验。与 Group/MD 合作的项目提供了一个绝佳的机会，开始在美国建立自己的实践，并从美国大学引进两名学生作为实习生参与该项目，以提供美国视角，同时将差旅成本降至最低。

精益团队公司由 7 名首席工程顾问组成，他们各自在各种制造组织内实施精益思想、工具和方法方面拥有 3 到 15 年的经验。他们很高兴有机会将自己的专业知识运用到不断增长的医疗保健领域。他们清楚地知道，精益实践在医院内得到了应用，并且取得了喜忧参半的成功。他们熟悉那些在网络上的"受害者"公开讨论的失败案例。因此，他们对从以人为本的视角与一组研究人员合作的前景感到兴奋，因为他们相信这种视角将降低设计一个高效但无情的系统的风险。

Group/MD 希望顾问团队探索引入 EMR(电子医疗记录) 以及使用其他跟踪供应品、信息和人员的新技术。BlueBoat 意识到，与 Group/MD 讨论这项研究的可能性非常重要，因为这项研究不仅能够深入了解技术的最佳应用方式，还可以深入了解技术不应该应用的领域。

提示： 不要认为引进新技术总是好的举措。

4.3.1 目标与期望
Expectations and Goals

三位 Group/MD 的医生特别感兴趣的是，可以通过参与设计研究过程的每一步来学习设计研究过程。BlueBoat 鼓励他们在时间允许的情况下积极参与。BlueBoat 还要求其他 8 位医生在需要时参与该过程。估计在未来六个月内每月大约需要参与一天。所有的医生都同意了。

因为预算非常有限，所以在提议阶段达成了协议，以尽可能最及时和最具成本效益的方式在三个组织之间分配工作量和费用。由于 BlueBoat 驻扎在哥本哈根，因此决定由 Group/MD 负责为参与性会议招募人员。这包括护士、医疗助理、行政人员、患者和患者家属。精益团队将采购用于记录研究的所有技术，并将在现场进行试点测试。

该项目依赖于之前从未合作过的三组人员之间的合作努力。BlueBoat 建议在 Group/MD 召开一周的会议，以确保团队成员相互了解，并面对面地制定详细的时间表和可交付成果。然后，他们计划在整个项目中通过笔记本电脑广泛使用 Skyping，以尽量减少成本。

提示： 考虑使用新的通信技术来增加合作伙伴之间的"面对面时间"。

4.3.2 启动会议
The Kick-Off Meeting

这三个小组在 Group/MD 首次会面。该周每天进行的活动如下所述。晚上也得到了很好的利用。来自外地的人（即 BlueBoat 和 Lean）分成几个小组，放松一下，吃晚餐，相互了解。他们在第一周建立的关系为以后成功的远程合作奠定了基础。

提示： 在尝试通过在线工具进行合作之前，尽量抓住机会进行面对面的合作。

图 4.3.5　所有参与者就集体工作计划进行了合作

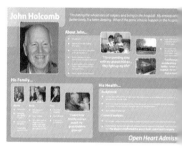

图 4.3.6　代表未来患者的角色之一

图 4.3.7　木偶被用来帮助参与者探索未来的场景

第一天：愿景想象

BlueBoat 的成员为愿景工作坊准备了计划和材料。这是一个关于未来理想体验的工作坊，在工作坊上，参与者将对未来情境进行想象。它是关于在新设施中作为一名患者的感受的故事。

在工作坊上，每个参与者都有机会分享他／她作为患者或者家庭成员在 Group/MD 新设施中想象的未来经历。在每个人介绍了各自的未来经历之后，进行了讨论。然后，参与者分成三个小组（每个组织的代表分别加入不同的小组，组成一个团队），共同制订三个未来发展的潜在战略计划。

每个团队都收到了一个战略规划工具包，以激发创意并直观地记录他们的想法。BlueBoat 还利用生成式设计思维过程创建了这些材料。在每个团队介绍他们的战略后，每个人都讨论了每个战略计划的优缺点，但他们没有试图在第一天就方法达成共识。BlueBoat 以音频和视频两种格式录制了愿景工作坊，以便后续进行回顾。

第二天：沉浸

这一天，BlueBoat 和 Lean 开始在 Group/MD 的办公室内观察他们如何工作。医生们回去工作，以跟上病人的需求。在开始沉浸之前，BlueBoat 和 Lean 彼此共享了观察工具和方法。他们与同龄人一起进行了观察，但是在白天，他们多次以一个团队的形式集体会面，就初步的行为模式分享想法和观察结果。

第三天：精益和生成式设计思维简介

精益团队提供了关于精益制造的概述，重点是改进工作的"流程"或平滑度。然后，他们介绍了以前项目的案例研究，展示了各种改善流程的技术，如生产水平（production leveling）、'pull' production（"拉动式"生产）和"Heijunka Box"。BlueBoat 同样也概述了他们以前工作的一些生成式工具和技术。

第四天：制订工作计划

第四天从分享前三天的想法与见解开始。所有团队成员都参与了集体项目工作计划的制订。然后，他们创建了一个动态日历，使计划在创建过程中保持灵活性。整 6 个月的流程都记录在动态日历上，以保持项目与客户的互动，并激励他们参与其中。

第五天：反思和改进

最后一天用来填写工作计划的细节和反思目前为止的工作。三个小组根据第一天表达的设想和战略计划，审查了工作计划，并对本周的活动进行了反思。例如，他们讨论了一个观点，即精益最适合于提出改善现状的方法，而 BlueBoat 的方法最适合于探索未来的可能性。

提示： 发挥你的优势。

他们制订了工作计划的最后细节，包括两个共享数据库的结构，用于记录计划在实地工作阶段收集的所有数据。

4.3.3 现场工作
Fieldwork

BlueBoat 和 Lean 然后按照计划开展了实地调查活动。Lean 专注于构建"价值流地图"所需的研究，该地图显示了当前的材料、人员和信息流。BlueBoat 关注于创建体验地图所需的研究，该地图显示了人们使用信息、材料和设施的情景。

图 4.3.8 所有人都参加了最后的工作

他们把观察结果、照片、视频和现场记录发布到共享服务器的数据库中。他们还通过互联网每周开会，讨论初步调查结果和新出现的机会。

4.3.4 过渡工作坊
Interim Workshop

BlueBoat 和 Lean 团队的成员在启动会议三个月之后再次见面，进行为期两天的工作坊，以构建一个共用的实地调查地图。Lean 介绍了当前系统的详细价值流程图，以及改进工作场所的一些初步建议。BlueBoat 对当前和假设的未来人员、物流和信息流进行了可视化比较。在讨论了相同性和差异之后，他们共同构建了一个地图，这个地图反映了这两种方法中的所有见解和机会。这个地图包括当前和未来的两种状态。他们将这种表示形式作为创造变革的机会。每个机会被确定为短期、中期或长期机会。最后一步是使用"点投票"来确定所有机会的优先级。

提示： 协同创造在面对面的形式下是效果最好的。随着在线工具和社交网络的普及和发展，这种情况在未来可能会发生变化。

在工作坊的第二天，BlueBoat 带领团队进行了一次利用虚拟人物模型和情境故事的练习。他们介绍了未来患者、家庭成员、护士、医生和工作人员的虚拟人物模型。然后，在计划应用 EMR 和其他新技术的情况下，将来可能发生的（包括这些角色）未来场景。角色 / 未来场景方法对于关注以人为中心非常有用。BlueBoat 引入了手偶的使用，以方便讲故事。每个人都玩得很开心。他们探索了"光明"（乐观）和"黑暗"（悲观）两种情景。光明和黑暗的结合有助于揭示变化的不可预见性或意外的后果。

提示： 在探索将新技术引入工作场所时，一定要同时考虑光明和黑暗两种情况。

4.3.5 概念设计
Conceptual Design

他们决定根据他们各自的优势划分概念设计阶段的责任。Lean 的主要职责包括新技术的应用 / 部署建议，以及管理人员流、物流和信息流。BlueBoat 的主要职责包括工作场所设计的产品和服务，因为他依据患者和家庭成员的体验，以及医生、护士和员工的体验而进行的。有了合作开发的未来场景作为灵感和方向，BlueBoat 和 Lean 重新开始各自的设计工作。他们经常通过各种形式的互联网通信保持联系。

4.3.6 最后工作坊
Final Workshop

所有的医生都参与了最后一次为期一天的工作坊。BlueBoat 在前一天为 8 名没有完全参与正在进行项目的医生提供了一次沉浸式课程。通过这种方式，他们与团队的其他成员保持了同步，为最后的工作坊做好了准备。工作坊最后一天的调查结果和建议的介绍时间短、层次高，因为医生们都以某种方式参与了项目过程。正如计划中所承诺的那样，介绍包括以下短期和长期方面的考虑。

> "产品"影响（例如，空间和物理布局）；

> 服务影响（例如，员工角色和责任等）；

> 系统影响（例如，人员、信息流、物流）；

> 对应用 / 部署新技术的建议。

最后一次工作坊的大多数时间都花在讨论概念细化和系统实现的后续步骤上。他们共同决定，Lean 小组应继续参与实施阶段，以提供额外的反馈，并在设计和服务开发过程中进行可用性测试。

4.3.7 后记
Epilogue

所有三个小组都从他们的合作中获益。Group/MD 在进入新空间时继续实践以精益和人为中心的思想，并将计划付诸实际。患者和家庭成员开始注意到那里医疗体验的积极差异。

BlueBoat 和 Lean 团队继续合作并把彼此带入他们各自的医疗健康领域的项目。他们还制订了分享和交叉培训实习生的计划。BlueBoat 和 Lean 谈到将他们的工作作为案例研究进行发表，供其他人学习，但没有人有时间完成这个目标。因此，取而代之的是，他们整理了一段 10 分钟的视频，并发布到 www.youtube.com 上，希望设计和工程专业的学生和教师以及医疗保健专业的人员能够注意到这段视频。幸运的是，浏览量很大并且这个消息迅速传播开来。他们也成功将这种方法带到牙医办公室。BlueBoat 和 Lean 继续在医生和牙医办公室内一起工作，并与其他合作伙伴一起工作。

Lean 团队在理解和解决未来问题的能力方面有了显著提高。BlueBoat 极大地提高了他们从系统角度看待问题的能力，以及快速识别和处理具体的短期机会。

提示： 与他人分享案例是一种有助于增强对生成式设计理解的途径。

4.4 一个大型国际项目：家庭闲暇时光
A Large International Project: Family Leisure Time

提示： 在尝试像这样的项目之前，你需要有几年的生成式设计研究经验。

最后的案例是一个虚拟的关于家庭休闲时光的项目，是一个比较大型的生成式设计研究案例。这是位于马萨诸塞州波士顿的生成式设计研究咨询公司 GDT 与国际通信产品和服务供应商 VERGE 之间持续合作的第六个项目。家庭休闲时光项目的范围很广，时间也很紧迫：需要在四个月内完成。这也是一个全球性项目，在四个国家进行实地调查。GDT 过去与 VERGE 美国总部的几个产品开发团队建立了合作关系，之前五个项目都只针对美国民众。GDT 已经成功地通过之前的五个项目为 VERGE 提供了富有洞察力和有用的设计机会框架，因此公司之间有着高度的信任以及相互尊重。VERGE 的产品经理与 GDT 合作至今，他们很快就接受了生成式设计思维，但却很难找到时间积极参与这一过程。GDT 通过在研究项目结束时举办精心策划的参与性活动来弥补 VERGE 缺乏充分参与的不足，以确保在研究与设计之间架起桥梁。

提示： 确保客户可以在他们的工作中使用研究结果。仅仅撰写一份报告可能是不够的。可能没有人会读它，利用研究结果，并且你的研究可能被视为无用。

4.4.1 介绍
Introduction

家庭休闲时光项目

家庭休闲时光项目是由 VERGE 家庭未来体验小组项目经理朱莉（Julie）领导的一个全球战略计划。朱莉面临的挑战是超越

案例4
国际项目

目的	探索世界各地家庭成员在休闲活动方面未满足的需求和梦想
目标	> 结合人种学和参与式设计方法； > 头脑风暴和未来产品与服务的协同创想； > 快速周转
时间	4个月，4~6名全职人员
预算	500000美元，包括40%的差旅费
利益相关者	> 设计研究公司； > 客户组织； > 来自中国、印度、英国和德国的参与者：总共28个家庭

图 4.4.1 案例 4 概述

VERGE 目前对家庭沟通体验的关注,探索家庭成员在闲暇活动中未得到满足的需求和梦想。

朱莉立即感到 GDT 将是进入前期激励阶段的理想顾问团队,但她被要求撰写一份征求建议书(RFP)并至少获得六个竞争性投标。朱莉撰写了 RFP,但她没有明确说明项目的具体进行方式。相反,RFP 侧重于如何使用研究结果以及谁将使用它们。朱莉很想知道这六家公司将如何应对 RFP 并应对她的挑战。RFP 得到了 GDT 以及两个大型市场研究公司和三个应用人种学的咨询公司的投标。除 GDT 外,所有公司都有开展全球实地工作的广泛经验,而 GDT 在这方面的经验却很有限,VERGE 之前没有开展过全球研究项目。

六个提案

三周后,朱莉得到了六份提案。她将选择两到三家公司进行面对面的面谈,因为这是她职业生涯和 VERGE 的重要一步。她淘汰了一家市场研究公司,因为他们过分依赖传统的焦点小组方法。她还淘汰了两家人种学公司。其中一家是提案写得不好,另一家是因为对结果的使用缺乏理解,认为"太学术了!"面对面会议将与三方举行:GDT、一家市场研究公司以及一家专门从事应用人种学研究的公司。

提示: 切勿向客户交付书写或编辑糟糕的文档。

提示: 了解你的客户、他们的期望,并确保与他们建立联系。

国际化的实地工作考虑

朱莉看到 GDT 对招聘、筛选、翻译、会议审核、旅行等的外部成本的估计与其他两家公司一致,感到放心。她知道,这类工作的外部成本可能高达总成本的 40%,有时甚至更多。朱莉了解到,GDT 能够依靠其朋友、同事和前同事的国际网络,快速准确地评估全球实现调查的费用,以获得非常实用的建议和提示。GDT 能够利用在线情报来弥补他们对外地情况的不熟悉。GDT 计划合作的所有国际研究合作伙伴都得到了其服务过的近期客户的强烈推荐。

提示: 在网络上有大量面向设计研究者的在线社区、活动及资源。当你需要帮助时,请向他们求助,但一定要回报他们。

赢得工作

剩下的三家考虑都被邀请在同一天每隔两个小时到 VERGE 展示他们的工作计划和研究方法。朱莉邀请了家庭未来体验小组中的所有人员参加会议,或者通过笔记本电脑上的网络摄像头参加会议。她准备了一份评估表,以便参加(或查看)的每个人都能在最终决定中拥有发言权。

GDT 是最后一家出席的公司。他们带了三个团队成员一起进行演示:项目经理菲尔(Phil)、设计师索菲(Sophie)和研究者鲍勃(Bob)。GDT 清晰地展示了他们的计划,为朱莉的团队成员留出了充足的交流时间。

两天后,GDT 收到了好消息:他们被选中参与未来家庭休闲时光项目。菲尔询问了关于这一决定的反馈,并了解到他们之所以被选中,是因为:他们与

VERGE 的持续客户关系，他们兼而有之的研究方法，他们处理问题的能力，以及他们对世界各地将参与到生成式设计研究工作中人们尊重的态度。然而，GDT 的方法是他们的主要区别。他们的计划既包括情境访谈（这种方式类似于市场研究公司），又包括人种学观察（类似于应用人种学公司）。但 GDT 提供了另一种其他公司没有的视角。他们依靠初步研究方法的结果，在参与者的家中进行生成式设计工作坊。许多 VERGE 团队成员已经亲身体验了生成式设计研究工具的功能，让家庭成员能够表达他们对未来的梦想。他们急切地想知道这种方法在其他文化中如何发挥作用。

4.4.2 开始
Starting Up

人员配备

GDT 的计划是非常详细的，包括了活动的很多细节、时间、地点等。他们能够利用该提案来安排今后四个月的工作计划。由于其他一些较小的项目已经在进行中，菲尔决定在四个月内引进三名自由职业从业者，以确保他们能够如期完成任务。GDT 的同事和前员工网络庞大且多样化，因此很容易找到合适的员工来做这项工作。他们得以从当地大学聘请国际研究生，来访问他们需要调查的三个国家的情况。这些学生们刚刚毕业，正在寻找实地研究体验。

启动会议

与 VERGE 的首次会议是在 VERGE 的美国总部召开（两个小时的飞行旅程），如图 4.4.2 所示。所以并不是所有的 GDT 员工都可以参加会议。菲尔、索菲和鲍勃参加了会议。这次会议，以及所有其他 VERGE 与 GDT 的会议，都进行了录像，以便那些没有出席的人以后可以观看。会前，GDT 为整个项目准备了所有研究材料的初稿指南。他们还准备了一些生成式设计工具的模型。通过提前制作所有研究工具和材料的原型，他们不仅可以利用会议来讨论日程安排，还可以非常具体地讨论研究方法和内容（见图 4.4.3）。

图 4.4.2　在 VERGE 总部举行的启动会议

图 4.4.3　整四个月的日程安排一目了然

GDT 团队成员要求来自 VERGE 的与会团队成员就像他们是生成式设计研究活动的参与者一样来试用工具包。通过这种方式，VERGE 团队成员了解了该研究情况，并能够就工具包提供有用和建设性的反馈。研究材料和生成式设计研究工具包稍后将再次由国际团队成员进行前期测试，以确保它们在文化上没有任何偏见。

提示： 让客户团队成员对研究材料给出一个粗略的反馈是获得有用信息的好方法。这也是确保他们对计划和材料拥有所有权的好方法。

进行中的合作

在一整天的会议、讨论和决定之后，GDT 获得了进一步细化研究计划所需的所有反馈。已就下列事项做出决定：

> 预期的可交付成果（内容和格式）；

> 现场工作的时间表；

> 会议日程；

> 在研究计划的所有阶段中人员的角色和责任。

联合团队还决定建立用于跟踪和发布与项目相关的信息，以及任何突然冒出的想法的博客。GDT 自愿创建博客，并在上面发布了详细修订的工作计划。GDT 团队成员知道，如果 VERGE 团队成员能积极参与研究过程会很好，但也意识到，由于每个人的日程繁忙，这很难做到。该博客将允许人们在任何时间、任何地点回顾进展并做出贡献。

提示： 尽量在博客上发布研究进程来确保参与者在整个过程中都是知情的。

内部规划，包含一个庞大的便利贴矩阵

GDT 回到办公室后，根据内部员工和资源制订了为期四个月的计划。他们需要这样做，以确保他们在正确的时间安排合适的人员。从最终的可交付成果开始，他们描述了所有的活动和必要的时间需求。他们用工作周作标题栏，用人员角色作标题列，把整个项目都绘制在墙面的大型矩阵上。他们使用颜色编码的便利贴来区分和表示：

> 活动（谁在干什么？谁要去哪里？）；

> 材料 / 工具（需要准备什么？什么时候能来？什么时候发货？等等）；

> 会议（内部还是外部？在哪里？）。

通过便利贴，团队可以非常快速地更新计划。他们在项目团队空间的主墙上展示这个计划矩阵，以保持该矩阵始终在他们工作的首要位置上。他们还在矩阵上放置笔记，提醒自己每周拍摄一次，并将其发布到博客中，供 VERGE 团队成员查看。

项目概览

项目分为六个阶段进行。

（1）文献搜索。

（2）在四个国家进行初步实地调研，重点是进行情境访谈和快速地应用人种学研究，以了解当前的情况和背景。

（3）分析初步调研数据和初步机会图。

（4）与四个国家的家庭成员一起举办生成式设计工作坊，探讨未来的体验领域。

（5）对所有数据进行全面分析。

（6）与 VERGE 一起参与活动，以确定更多的机会和挑战，并决定行动步骤。

提示：把研究分为两个阶段，有助于同时兼顾项目中的"大局"和"重点"。

最终文件的交付计划在参与活动之后大约一周，以便能够在最终文件中捕获活动中的有用信息。

清除先入为主的观点

GDT 每个研究项目的第一步都是"思维清理"。思维清理是一个团队会议，团队中的每个人都要对他们所要探索的领域绘制一幅思维导图。思维导图包括他们希望找到机会的预感。每个团队成员都会展示他们的思维导图，并对演示进行录音。团队讨论了他们的先入之见如何影响或指导研究。这些是他们在前进中会注意的事情。然后将这些图放好，这样它们就不会妨碍分析工作中出现的新见解。直到最后一次会议前一周才会提及它们，以检查是否有遗忘，并查看最大的惊喜出现在哪里。

提示：在项目启动之前对先入之见进行清理；之后会告诉你，你发现的东西可能是显而易见的，但在研究之前可能并不明显。

文献检索

GDT 团队的所有成员都参与了由安东尼（Anthony）领导的初始研究阶段，安东尼被认为是该公司二级文献资源的最佳研究员。他们挖掘了历史和当前相关主题的跨领域信息源，包括休闲活动、娱乐、家庭生活、电视、游戏、度假、购物、爱好等。他们将精选的材料发布到博客中，供 VERGE 团队成员查看。

提示：除非客户要求更多信息，否则，请不要给他们过多的信息。

关于家庭休闲时光产品和服务的想法和机会立即开始出现。安东尼负责捕获、分类和存储这些想法，以备将来使用。

（创意捕捉不是 GDT 以前做过的事情，但到项目结束时，很明显，创意捕捉将成为未来 GDT 每个流程的一部分）。

提示： 不要忘记研究过程中出现的任何想法。

文献综述以一本小册子的形式记录下来，传达迄今为止的主题。它是以这种结构组织的。

家庭休闲时间

	过去	现在	趋势
美国			
中国			
印度			
德国			
英国			

图 4.4.4 从文献中得到的主要发现被总结在一个表格里

团队成员被要求随身携带小册子并用它来提醒、反思和记笔记。二级文献研究活动在项目的整个过程中持续进行，但更多地转移到了安东尼的手中。他继续确保收集并存储想法，并通过博客传播新的主题或问题。

4.4.3 进入实地
Into the Field

第一轮实地考察

两个实地研究小组并行工作，初步进行了三个星期的实地调查。一支队伍前往中国，然后前往印度。另一支队伍前往德国和英国。每个团队有四个人：两名具有多年实地观察和生成式设计研究经验的高级研究人员，以及两名初级研究人员。来自中国、印度和德国的应届毕业生被分配到访问他们本国的团队中。每个团队的性别是平衡的，可以更容易在不同类型的环境中进行观察。

初步实地工作的计划相对来说是比较松散的（即议程以日为单位进行规划，与之后每分钟进行规划的实地工作形成鲜明对比）。每天设定目标，但当天的计划在某种程度上会出现新的变化。

提示： 从一个开放灵活的观察计划开始，这样你就不会错过任何意想不到的机会。

团队成员配对并使用不同的策略融入当地文化，包括观察、参加、参与、与当地人聊天、拍照和参观。每组每天都会分享笔记、想法和观察结果。他们每天通过观察和非正式对话中的照片、想法和感受更新博客。博客很适合将那些留在家里的人保持与项目的进度同步。事实证明，这也是亚洲和欧洲团队相互分享的好方法。尽管日程有些松散，但实地调查结果的文件是非常严谨的。每晚将数据（例如照片、视频文件和现场笔记）下载到 GDT 服务器上，这样，回家的团队成员可以在现场研究人员返回之前开始记录和分类数据。由于时间紧迫，这是必要的。

在海外期间，GDT 团队成员会见了他们将与之合作的市场研究公司，以便在国内举办生成式工作坊，以最终确定招聘、审核和翻译计划。

提示： 尽可能地利用"面对面的时间"。

实地调查数据和初步的机会分析

一旦团队成员返回美国，分析就会逐渐增加。计划是在墙上和计算机上同时进行分析。这将在接下来的四个星期内继续进行，为下一轮现场调研工作的开展做准备。在墙上的分析采用一种鼓舞人心的方法，并尽量让 GDT 的其他人参与到项目中来。在计算机上的分析是数据驱动的、系统化的和高度结构化的。团队成员根据各种分析的优势划分职责。

例如，鲍勃和其中一名实习生专注于分析来自所有国家的照片。菲尔、索菲和其他实习生专注于书面的现场笔记和博客追踪。他们每天都会聚在一起，比较笔记并讨论数据中出现的模式。这个阶段分析的目的有两个。

> 确定主题和想法，并提出潜在的产品或服务理念；

> 修改和完善设计研究过程的下一阶段。

墙上的分析遵循以下步骤。

> 所有在现场拍摄的照片都打印出来，贴上识别信息并张贴在墙上。

> 现场工作人员随后用背景信息和观察结果对照片进行注释。

> 其他人则通过不同颜色的纸条来进行审查和评论。当出现新的想法时，使用特殊形状的便利贴进行记录，并且安东尼会将它们添加到想法数据库中。

> 二级研究的关键主题被添加到墙上，照片和笔记聚集在它们周围。在聚类和重新聚类的过程中出现了新的主题，它们也被添加到了墙上。这个过程持续发展和变化。

提示： 从"墙上"开始分析，这样每个人都可以参与。当你的墙面空间用完时，或者需要帮助才能看到图案时，可以将分析转移到计算机上进行。

计算机中的分析遵循以下步骤。

> 照片 jpg 文件已根据一致的方式重命名，以便能够按照类别进行排序。它们被放入一个专门用于排序和组织视觉信息的数据库中。

> 录音对话被转录和翻译。

> 转录的对话和现场记录被输入相互链接的电子表格中，该电子表格用于沿着以下维度进行探索性排序：

◎ 国家；

◎ 地区；

◎ 城市；

◎ 家庭生活；

◎ 家庭成员类型；

◎ 家庭类型（例如，没有孩子的夫妻，有 2 个以上孩子的夫妻等）；

◎ 性别；

◎ 参与者的年龄；

◎ 一天中的时间；

◎ 星期几。

一旦将所有数据输入计算机，菲尔和索菲就能够使用数据库功能在维度中查找潜在的模式。分析期间如果出现其他维度，那么将会添加到电子表格中。

新的维度包括价值观、动机和惯例。

与往常一样，分析过程中出现的想法被收集、组织和存储。该团队整理了一份临时见解和调查结果报告，并将其发布到博客中，以使朱莉和她在 VERGE 的团队了解他们所发现的最新信息。安东尼一直在跟踪博客上的活动（得到 VERGE 的许可），查看是否以及如何使用它。他可以看到，来自 VERGE 的三个人每天都在查看，偶尔也会发布。VERGE 的其他人偶尔检查一下，但从未发布过。GDT 团队决定尝试增加 VERGE 在博客上的参与度，因此他们想出了一种更快捷、更简单的方法，让 VERGE 团队成员及时发表评论和提出问题。他们还向 VERGE 团队的每位成员发送电子邮件，以通知他们临时报告和新的、更简单的评论方式。

第二轮实地考察：与不同家庭之间的生成式设计工作坊

为工作坊做准备

为了准备家庭成员的家庭会议，首先需要招聘参与者。招聘过程需要几周时间，因为家庭参与的程度很高。

> 在家庭会议之前，将要求每个家庭成员（能够阅读和书写）完成工作簿。

> 需要 2 到 3 个小时，需要所有家庭成员在场并参与。

> 家庭访谈将被录音、录像和拍照。

> 团队将配备一名口译员，以促进对话。

该计划是访问四个国家中每个国家的五个家庭。为

图 4.4.5 对墙壁的分析从收集的图片开始

图 4.4.6 继续对墙上的分析

了确保完成五次访问，招募公司将在每个国家招募七个家庭，其中两个家庭作为取消访问的备份。如果没有取消，GDT会进行额外的家访。

各个国家的招募过程略有不同，因此菲尔需要每天跟踪招募进度，以确保所有问题都得到了回答，并且招募了适当类型的家庭。

提示： 与外部招募组织合作时，要求他们提供每日更新或与他们每天一起检查。不要以为"没有消息就是好消息"。

提示： 招募人员首次联系。确保他们理解研究方法，这样他们不会对参与者提出错误的期望。招募人员需要了解生成式设计研究环节与传统焦点小组的不同。例如，参与者必须在完成家庭作业后参加工作坊，否则他们将被拒之门外。

提示： 你需要与招募人员进行仔细沟通，以便他们不会向他人提供你不想分享的有关项目目标的更多信息。

计划研究活动

一旦招募工作开始进行，GDT团队将重新审视他们在启动会议上与VERGE讨论过的生成式设计研究工具、计划和材料。他们审查了从工作簿活动到家庭生成式设计研究环节的所有内容，以确保事件的流动有助于家庭成员对新想法的构思和表达。总体计划受到严格审查，GDT团队成员能够根据早期研究的结果进行许多改进。例如，他们对日常家庭活动有了更清晰的认识，并能够更深入地探究这些活动背后的原因和情感。他们能够把更多的精力放在生成

式设计研究工具的规划上。协调人指南也得到了进一步的发展和完善。在家访中花费的每一分钟都有记录。协调人指南的描述性和详细性非常重要，以便口译员可以使用它来指导对话。

提示： 为分布式团队提供并使用通用一致的协调人指南和工具包材料将确保所有团队返回的数据是具有可比性的。

完善、制作和分发工作簿。下一步是最终确定和制作要发送给家庭成员的工作簿。工作簿的设计有以下几个目的。

>提高家庭成员对要调查体验(这个项目是家庭休闲时光)的思考和反思。

>为研究团队提供一种有效且高效的方法，以收集参与者的一些基本背景信息。

提示： 在计划工作簿的制作时，为前期测试中出现的更改和打印材料预留时间。

GDT团队决定制作两种类型的工作簿：一种用于成人，一种用于儿童。儿童版本比成人版本更短，视觉上也不正式。然后由大学社区的国际学生对工作簿进行翻译和试点测试，以确保它们在文化上具有相关性和敏感性。

工作簿经过最后一次修订后，才能按发行所需的数量生产出来。一旦这些家庭被招募，就会发出工作簿。该计划允许招募的参与者在一周时间内填写完成工作簿。

精炼和制作工具包

一旦发出工作簿，GDT 研究团队就会对生成式工具包进行测试、改进和翻译。因为不同国家的生成式练习的结果非常重要，所以工具包在文化上对所有文化都很敏感非常重要。口头工具包组件针对不同的国家进行了翻译和调整，但所选择的视觉组件，在所有国家都采用了一个普遍接受的组件。

提示： 创建跨文化工作的工具包并非易事。请务必在你的计划中为此提供适当的时间和成本估算。我们发现，附近大学的国际学生在文化可接受性的初步测试中非常有帮助。

事实证明，对工具包进行初步测试有助于最终选择一组具有文化多样的照片，以便在所有要访问的国家中发挥作用。因为需要考虑当地的运输，所以还需要考虑工具包的组织和包装。这些工具包需要适合随身携带的行李箱，需要进行组织，以便研究团队成员可以根据需要简单地随时取出准备好的工具包。

实施生成式设计工作坊

随着家庭访问规划的进行，研究计划的最终确定，工具包的准备就绪，研究团队又回到了现场。同样，两个研究团队并行工作，一个团队前往中国和印度，另一个团队前往德国和英国。研究团队在这一轮中规模较小，每个团队只有两个人，加上非英语国家的翻译。当进入人们的家中时，研究团队的数量不要超过家庭成员的数量是很重要的，因为这在社交中会导致受访者的不舒服。当家庭成员很少时，这一点尤为重要。

每个团队每天进行一次、两次或有时三次家访。家庭会议进行得很顺利，只有几个是在最后几分钟的时候取消了预约。其中一个团队的摄像机存在问题，但在两次家访之间的时间内购买了新的。由于他们分别录制音频和视频，所以仍然能够录制整个会话。

提示： 为记录提供备份的技术支持，并随时准备更换设备。

这些家庭很喜欢这些会议，因为他们想继续交谈，所以很难按时结束会议。一些参与者评论了使用生成式工具包将事物组合在一起是多么有趣，以及他们对自己和家庭中的其他人增加了很多了解。

提示: 安排家庭内部会议时，其间至少预留一个小时的额外时间，以允许计划外事件发生。这意味着除了旅行所需的时间外，还需要一个小时。

数字音频文件在两次会话之间或在晚上上传到一个安全服务器，以便转录公司可以在会话完成时开始进行转录工作。最终的转录需要翻译成英文，以便GDT团队可以分析它们。对利用生成式工具包制作的物品进行拍摄。这些照片也在旅行期间上传到服务器。这样，如果工件在传输过程中丢失，那么数据仍然可用。

4.4.4 全面分析
Full Analysis

一旦团队成员返回美国，就会开始全面分析。对家庭内部会议的分析主要是基于计算机的。与早期阶段一样，数据被输入到为进行排序而设计的电子表格中。分析期间出现了其他维度，并将其添加到电子表格中。团队成员根据各种分析的优势划分责任。在全面分析这一阶段，分为定性或定量的专家。即使样本量不大，定量分析方法也可用于模式识别。例如，多维缩放程序可以有效地识别和显示生成式工具包中使用的工具(如拼贴)之间的关系。

GDT团队成员每天开会比较笔记，并讨论数据中的新出现模式。与往常一样，分析过程中出现的所有想法都被收集、组织和存储。

图 4.4.7 参与者们都很喜欢这种在家授课的方式

4.4.5 参与式沟通活动

Participatory Communication Event

作为项目经理，菲尔已经预留了一部分预算用于与 VERGE 团队从研究到设计的过度活动，这也是该项目中不可或缺的一部分。他也意识到，虽然他们有相当多的博客活动（特别是在他们做出更改以使评论更容易），但只有少数人负责大部分活动。

提示： 不要指望你的博客是所有客户团队成员的沉浸式工具。有些人会忙到无暇顾及。

GDT 团队计划举办为期两天的参与性活动，让 VERGE 团队成员沉浸在调查结果中，并让他们了解通过分析获得的见解。尽管他们根据研究发现了许多新的产品／服务理念和新的商业机会，但菲尔认为 VERGE 团队成员参与桥接过程非常重要。因此，GDT 团队决定，与 VERGE 共同合作进行一次生成式会议，以促进从洞察到想法和机会识别的转化。

提示： 客户团队成员需要沉浸在丰富的数据源中，以便将研究结果内化。

4.4.6 最终文件和可交付成果
Final Documentation and Deliverables

最终文件是在最后一次工作坊结束后一周提交的，以便将工作坊的结果纳入其中。文件包括最终演示文稿的五份纸质副本和包含"一切"的硬盘。

这个包含"一切"的硬盘包含以下内容。

"领先"材料	背景资料
>> 最后的陈述；	>> 早期实地调查中的注释和标记良好的照片；
>> 最终工作坊概要及视频亮点；	>> 所有录制会话和访谈的音频文件；
>> 现场记录和现场记录摘要；	>> 根据音频内容制作的转译文件；
>> 次级研究概述。	>> 所有录制会话和访问的视频文件；
	>> 用于模式识别的数据库；
	>> 家庭会议的照片；
	>> 生成的所有工件的照片；
	>> 现场使用的指南；
	>> 工具包材料。

提示： 从一开始就确定客户端是否有兴趣保留原始数据。

最终演示文稿是一个高级别的演示文件，包含 50 页幻灯片，带有音频和脚注，便于在 VERGE 中向其他观众进行演示。该演示文稿概述了短期、中期和长期的产品和服务机会。主要演示文稿的五份纸质副本（附有 CD）被赠送给朱莉与她的核心团队分享。此外，核心团队还收到了非正式的好奇心触发器，例如带有参与者面孔的杯子，以及悬挂在电梯中的一些关键发现的迷你海报。希望这些会激活 VERGE 的其他人询问项目，并提醒项目团队了解世界各地的家庭休闲活动。

图 4.4.8 一个纪念杯，展示了调查结果中的一个人物角色

4.4.7 持续的关系
The Ongoing Relationship

朱莉和她在 VERGE 的团队很快就在家庭休闲时光项目成果的基础上继续推进了。在最后一次工作坊后，他们能够立刻将见解和想法应用到一些近期正在进行的项目中。他们还启动了三项新的长期研究工作。朱莉决定让 GDT 团队成员参与所有这三项长期研究计划的工作。GDT 和 VERGE 关系今天仍在继续。

提示： 完成超预期的任务来维持积极的客户关系。

4.5 本章结尾
Rounding Off This Chapter

本章叙述的四个案例说明了在实践中使用生成式工具和技术的范围。并不存在固定的、单一的配方。这在很大程度上取决于参与者的态度、他们的技能和可用性，以及这种情况的特殊限制和机会。在前两个案例中，主要目标是学习如何进行生成式设计研究，并在案例 2 中将研究结果纳入客户关系的设计中。在最后两个案例中，重点是提供洞察。在案例 3 中重点在于促进医疗服务的变化。

正如第一个案例所示，你不需要一个庞大的项目来应用这些技术，可以从熟悉的情况开始。同样的思维方式，以及相关的工具和技术，不仅可以应用于小规模，而且可以应用于大规模。本章中的故事提供了一种生成式研究的"整体"感觉。在第三部分中，我们将把生成式设计研究分开，以描述如何规划、执行和分析它们。

Part 3 How To
第三部分
如何做

简介
Introduction

在本书的第三部分，我们将讨论如何把到目前为止已经讨论过的内容进行应用。我们描述了小到一个位于德国设计学校里一周的学生练习项目（案例 4.1），大到一个探索家庭休闲时光的国际项目（案例 4.4）中你所需要知道和考虑的内容。所以这部分会涵盖很多内容。

我们将进行生成式设计研究的步骤进行了细化，并以线性顺序呈现出来：实地规划工作、现场收集数据、分析数据、交流研究结果、基于研究结果进行概念化，以及弥合研究和设计之间的差距。实际上，这些步骤之间会有很大的重叠。并且会有再次返回到前面步骤的迭代循环。第二部分中的四个案例帮助我们了解了随着时间的推移，这些步骤可以以不同的方式进行。

第三部分的前两章描述了如何规划实地调查以及如何在现场收集数据。第 1 章描述了规划的整体面貌，涵盖了整个项目，包括角色、事件、时间表和预期的最终结果（我们将其称为"交付"）。当然，您可以进入现场并随机地收集数据。但是，我们主张制订和使用计划。生成式设计研究使用许多种不同的工具和技巧，计划将帮助你在需要时获得所需的信息。一般的设计研究在设计开发过程的早期阶段最有用，因此计划的一部分是为意外事件做好准备。可以将其视为预期规划。

第 2 章描述了执行计划的步骤。我们将一步步地介绍与小型和大型项目相关的步骤。请参阅之前的四个案例，了解计划如何在实际情况中展开。最后的章节包括分析数据，然后交流研究结果。最后两章简要介绍了概念化和弥合研究与设计之间的差距。

第5章 制订计划
Chapter 5 Making the Plan

5.1 介绍
Introduction

研究项目的成功,尤其是涉及多个利益相关者或外部公司的复杂研究,取决于计划的质量。该计划简明扼要地描述了项目的目标是什么、涉及的各方需要做什么、需要哪些资源、预期结果以及交付方式和交付时间。该计划通常是行业研究合同的一部分,通常会有非常详细的时间和成本估算。本章讨论进行合同申请计划的制订。但是计划内的每一项活动(将在下一章中介绍)都将涉及其自身的活动计划。图 5.1 显示了计划组件之间的关系。我们先讨论列,然后讨论行。

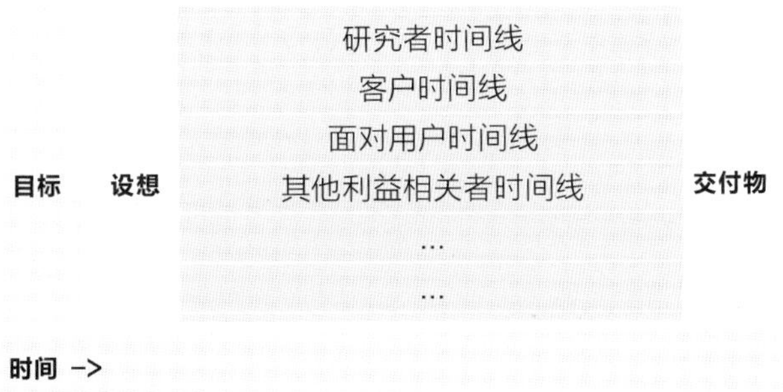

图 5.1 制订计划涉及的组成部分

我们将使用"目标"一词来指代研究工作的预期结果。我们将使用"次级目标"这个词来指代在实现最终目标的过程中必须解决的各种小目标。例如,进行生成式设计研究的主要目标可能是:(ⅰ)提供对其需求和梦想感兴趣的人的体验(过去、现在和未来)的理解,以及(ⅱ)对他们的体验所处环境的理解,以便

（ⅲ）可以发现机会来改善他们未来的体验。这一目标取决于研究所处的领域，以及客户希望将结果用于何种用途。目标反映在最终产生的可交付成果中，例如，带有洞察的报告或从洞察到设计转移的工作坊或产品创意等。由于研究人员和"客户"（对于学生来说，这将是主管）之间的工作关系需要密切并且需要分担活动中的责任，建议以书面形式把谁将在什么截止日期前从事哪些活动都记录下来。

关于内容的设定：重点和范围
Assumptions About Content:Focus and Scope

制订计划的第一部分是决定计划的内容及其应用。研究的目的是什么？制定总体战略？将现有技术应用于目标群体？填补知识空白？

探索性研究的基础性问题始终是鸡与蛋的问题：在你开始探索之前，你必须知道你会发现什么，以便制订一个你的客户或主管可以批准的计划。因此，最好在计划开始时陈述你的假设。这样你可以根据需要重新关注它们。

在实践中，定义两个内容领域是有意义的：重点和

范围。重点是你想要"完全"理解的体验领域。范围是指围绕焦点提供重要链接和观点的更大的体验领域。例如，如果重点是"男性剃须体验"，那么范围可能是家庭活动、身体护理、社会行为等。在整体世界观中，一切都是相关的，但是，当你预算有限时，你需要在某处设置限制。

图 5.2 说明了重点和范围。大椭圆表示所选的范围，较小圆圈表示焦点。通常，生成式设计研究涉及给人们分配任务和提供工具包，以帮助他们探索范围内（例如：生命中的一天、保健、浴室活动……）不同起点的环境。这些都显示为向外辐射的箭头，以指示探测方向。由于作业是开放式的，参与者可以将作业带入自己选择的方向。作为这一过程的一部分，他们可能会选择自己选择的重点领域。

在模糊前期进行生成式设计研究时，建议将重点放在考虑的中心位置。但要将调查范围扩大到设定的范围。只有通过"超出界限"，才能看到边界所在的位置。

5.2 时间和时间表
Time and Timelines

模糊前期中的生成式设计工具可以以多种方式使用，但图 5.3 中的大纲显示了一个广泛适用且在此之前使用过很多次的基础性计划。该表还列出了每个步骤可行和舒适的时间。这些估算的时间中涵盖了准备和开展研究所需的时间。它们基于一个中小型研究项目，该项目收集了大约 20 名参与者的数据，所有参与者都生活在同一地区。假设研究团队有 3 或 4 个人，他们在这个项目上投入了 50 % 到 100 % 的时间。

图 5.2　参与者被分配了围绕研究中心焦点范围更广的任务

第 4 章中的四个案例既描述了较短／较小的计划，又描述了较长／较大的计划。

当你开始学习这些技术，或者进入一个新的体验领域时，你应该意识到"舒适"的计划就是你所需要的。一方面，一旦你有了更多的经验，就可以将可行的估算视为制订研究计划时应遵循的指导原则。另一方面，如果想要与参与其中的客户团队更好地进行合作，那么也需要使用更宽松舒适的时间表。

提示： 数据文档和分析也是计划的一部分。通过在项目开始时就考虑数据文档和分析，你通常可以避免必须完成或重做的数小时的烦琐工作。

5.2.1 人和团队
People and Teams

对于所涉及的每一方，你需要制定时间表以确保目标和各种子目标可以实现：客户时间表、参与者时间表，以及作为研究人员或研究团队的时间表。通过同时规划它们，你可以看到它们之间的关系正在发挥作用。

一般来说，你进行研究的经验越少，你的地图就应该越详细。但是，即使你有多年的经验来进行这种类型的研究，一张好的地图也很重要，这样所有各方（其他团队成员、客户等）都能知道他们期望的是什么，这些期望什么时候发生以及期望他们在哪里。

活动	工作时长	舒适时长
启动会议	1天	3天
次级研究焦点	2天	2周
使用现状情境的观察	2天	2周
战略计划	1天	1周
制作激活工具包	3天	2周
让参与者使用激活工具包	1周	10天
开展工作坊	1天4场	3天6场
分析、反思、诠释	1天到3周	2到5周
交流结果	1天	3天
期间的多种准备活动	2天	6天
总计时间	大约6周	大约16周

图 5.3 已被多次使用的典型计划，包括活动的时间估计范围

5.2.2 "客户" 时间表

The 'Client' Timeline

让我们考虑"客户"是研究的接受者。因此，客户可能是为你的研究工作付费的人，或者是在学术环境中监督你的人。客户的许多不同特征会对你计划如何让他们参与项目流程产生直接影响。结果是用于产品还是服务？他们仅仅是为了获得洞察进行研究，还是为了了解研究过程？他们以前经历过这种过程吗？他们对这种研究方式持何种态度？他们对新工具和方法有多开放/舒适？这些考虑因素中的每一个都可能发生，并将改变基础性的计划和时间表。

与客户的沟通建立在开放和信任关系的基础上，这一点非常重要。如果客户团队不熟悉设计开发过程中生成式设计研究工具的使用，最好在项目开始时让他们参加一个小型生成式会议，为他们做好准备。

提示: 在与客户的会议中，也可以使用生成式设计研究工具来促进创造性协作。

例如，你可以安排客户团队成员通过参加与未来将参与的类似的工作簿/工作坊流程，并将结果作为存储的一部分（请参阅第116页）。另一个非常有启发性的练习是请客户团队成员制作拼贴画，预测目标受众中的人可能制作的拼贴类型。之后，你可以将客户团队的预测拼贴与实际拼贴进行比较。当我们在实践中使用这个练习时，我们从未见过客户团队中的人甚至接近目标受众创建的内容。要求客户团队成员以这种方式参与这个过程将有助于他们更好地理解过程，并更加确信调查结果的价值。这个过程很可能会为你提供有关客户需求和期望的重要洞察。如果客户的团队事先没有明确表达他们的期望，那么有价值的结果往往显得琐碎或显而易见！

在项目进展过程中，你还需要一个与客户沟通项目结果的计划。当客户在附近工作并直接参与流程时，这会更容易。但由于受时间限制或客户在另一个城市甚至在另一个城市生活和工作，客户的参与受到限制的情况会更常见。最好在提案中明确规定期望达到的沟通次数和频率。创造性地使用网站、博客或推特（Twitter）与客户的持续沟通也有助于降低成本。案例 4.3 和案例 4.4 描述了如何使用在线工具来支持研究团队与客户之间的沟通。

无论预算是大还是小，客户通常最好参与研究的数据收集阶段（即进行观察，通过工作簿和工作坊应用生成式设计研究过程）。特别是，参加工作坊总是非常高效的。一个参与度很高的客户沉浸在这个过程中，这将促使他们对研究结果有归属感，并积极使用研究结果。但客户并不会花时间参与其中。我们在沟通的章节提供了一些让客户参与的其他方法。

5.2.3 参与者时间表
The Participant Timeline

参与者时间表描述了参与者参与研究的情况，包括：

> 筛选以获得正确的跨区域的目标群体；

> 被招募和签约（包括签署同意书）；

> 接收工作簿和 / 或其他激活材料；

> 填写工作簿和 / 或其他激活材料；

> 通过邮件或网站获得反馈；

> 参加工作坊并获得奖励（如果适用）。

参与者时间表上的活动将在第 6 章详细介绍。

提示： 为了帮助你在激活触发期间保证参与者的积极性，你应该考虑为他们提供多个反馈机会。

5.2.4 研究员的时间表
The Researcher Timeline

研究团队的时间表包含他们的活动，以及在项目时间段内与客户和参与者的许多联系。甘特图可用于组织和传达此类信息。计算机版本可以轻松修改，通过电子邮件发送给团队的所有成员，或者在项目网站上进行管理。共享日历和文件共享的服务，如 Dropbox（http://www.dropbox.com）也是共享数据的好工具。

从事大型、复杂和长期项目的建筑公司有时会使用便利贴版本的甘特图来帮助所有团队成员彼此保持一致，并与时间表保持一致，如图 4.4.3 所示。后者的优点是易于修改，在场人员可以联合修改，并且大到足以让团队的所有成员都可以从远处看到它。它可以用数码相机拍照发送给他人。

建立时间表中的实地研究部分需要规划和组织方面的技能和专业知识。当实地调查在城镇以外进行时尤其如此。以下所述内容的检查清单是良好研究计划的重要组成部分。

> 谁需要在何时何地出现；

> 他们需要带什么；

> 他们需要做什么；

> 什么时候必须完成；

> 他们去哪里（包括驾驶指示）；

> 现场工作团队中每个人的联系信息。

提示: 学习如何通过经验更轻松地估计时间和项目成本。

5.3 交付物
Deliverables

在计划中尽可能清楚地描述生成式设计研究项目的可交付成果（即最终产品）是非常重要的。但这并不意味着它们应该被描述得太详细，因为在开始研究之前，无法准确了解你将提供什么。例如，你可能希望提供 "洞察那些选择在园艺中度过休闲时间的人的当前和过去的体验" 作为可交付成果之一，但你不希望提供 "10 到 12 个关于那些选择在园艺中度过休闲时光的人的当前和过去体验的主要洞察……"

可交付成果应该基于研究的目标。因此，开始概述可交付成果的一个好方法是重新审视目标并从那里开始。但是不要忘记，通过生成式设计研究，可交付成果也可能来自共同设计过程，特别是当客户团队已经完整地参与该过程。这种面向过程的可交付成果可能包括为客户团队提供学习共同设计的经验、与最终用户的共鸣以及对结果的归属感。

提示: 务必估计让客户参与研究过程所需的时间，并将时间纳入总体成本估算中。

5.4 财务
Finances

项目成本可以通过将完成计划活动所需的时间乘以相关团队成员的费用来估算。成本估算将根据潜在的外部服务（即招聘参与者、给予参与者的激励、旅行费用、转录服务成本等）的处理方式而变化。

当预算较低时，建议客户承担一些可能外包的活动，如招募和安排参与者，制作和分发工作簿，提供举办工作坊的房间等。即使以这些小的方式让客户参与项目，也可以带来成本节约以外的好处。与未参与的客户相比，参与研究过程的客户往往拥有更多对结果的归属感。在研究中，实际交互的所有人之间还存在无意识的信息流。客户团队在整个过程中的参与需要额外的时间和精力，但是这通常是值得的。

提示：仔细研究时间成本和限制。建立时间和成本的应急储备，以应对不可预见的可能阻止计划的事件。

5.5 项目和计划的变化
Varieties in Projects and Plans

项目差别很大，其计划反映了这一点。它们取决于多种因素，例如：谁在做这项研究？他们的经验水平如何？是否涉及不同的参与方？谁是生成式设计研究过程中的利益相关者？他们将扮演什么角色？客户？观察者？对手？支持者？参与者？最终用户？是否涉及利益竞争？客户为什么委托进行研究？成本、参与度和时间的预算是多少？结果将由谁使用？他们对研究结果的使用有什么期望？

本章前面介绍的研究计划图可以呈现许多不同的形状和大小。最小的计划图可用于在一个学期内进行的涉及少量最终用户作为参与者的学生项目。

最大的规划图可用于规划一个非常庞大且复杂的项目，该项目涉及多家公司在一年内的合作。本书第二部分中的四个案例说明了在生成式设计研究领域中可以看到的各种项目计划。

5.5.1 产业

Industry

在产业中，在设计开发过程的早期进行的研究，通常是为了了解未来的体验和情境，以便在市场中进行创新和引领。例如，公司未来应该追求哪些新产品、新空间或新服务？在产业工作时，研究领域通常是不完全开放的。你的客户可能至少有三个目标需要应对：

（1）从市场的角度来看（例如，移动通信中的下一个新事物是什么？）；

（2）从新技术的角度来看（例如，人们想用这种很酷的新技术做什么？）；

（3）从设想用户的角度来看（例如，今天的婴儿潮一代将如何在他们退休时生活？退休对他们意味着什么？）。

前两种观点通常被称为"市场拉动"（已经存在竞争）和"技术推动"（我们可以制造它，谁愿意使用它）（请参见，例如，Scherer，1982）。第三种观点是相对较新的补充，它首先理解人们的需求，并被称为"情境推动"或"人的推动"（Stappers 等，2009）。这些观点并不相互排斥。它们可以很好地应用在一起。

市场和技术观点在当今产业中最为常见。它们的范围有限，并强调短期应用。狭窄的范围限制了产量，但同时也确保在可承受的时间范围内产生确定可操作的结果。在产业中，时间和成本始终是关注的问题。研究结果必须是可操作的，也就是它可以在某种意义上，即在商业环境中实施。

只有第三种观点，即"以人为本"，描述了一种真正以人为中心的观点。这种观点的范围最广，从长远来看，人们可以从看到和学到最多的东西。"以人为本"的观点可以揭示出与遥远未来相关的机会。这种观点也可能揭示许多产业和/或市场的机会。它可能表明需要进行新的技术探索。最近，越来越多的公司和组织开始对这些问题感兴趣。

5.5.2 学术界
Academia

在学术背景下,生成式设计研究可用于不同的目的。

> 作为探索新环境的工具(例如,探索新产品类别的研究项目,例如"医疗器械设计");

> 作为告知产品设计问题的手段(例如,设计一种特别适合新老年人的真空吸尘器);

> 作为设计研究方法学研究的对象(例如,"我们如何鼓励与害羞的亚洲受访者进行角色扮演?");

> 作为对创造力理论心理学研究项目的研究重点(例如,"视觉/语言思维如何促进日常生活中的创造力?")

根据我们的经验,我们遇到了这些例子中的每一个以及它们的组合。与通常会涉及或多或少明确的公司战略的产业背景相比,学术背景可以是更加开放的("只用于培训学生的技巧")和更加长期的("用于开发和验证更有效的技术")。

5.5.3 由产业赞助的学生项目
Student Projects That are Sponsored by Industry

在过去几年里,我们看到越来越多的公司在大学和/或艺术学校赞助学生项目。在模糊前期研究和产品/服务创新过程尤其如此。这通常是因为产业希望学生为他们带来新的、冒险的想法和技术,而不是将其纳入具有重要战略意义的发展计划,投入昂贵的员工资源,或者向竞争对手泄露过多的公司机密信息。

在这种情况下使用生成式工具和方法的子目标包括:

> 为特定领域的知识做出贡献;

> 为学生的教育做出贡献(其中一些人可能被视为未来的雇员);

> 花费少量时间或金钱完成大量创新工作;

> 了解学习研究方法。

这些不同的观点有可能会在学生(学习)和客户(洞察)的利益之间发生冲突。客户投入学生项目的时间和/或金额越多,这些问题越有可能出现。重要的是,所有相关方(学生、导师、公司)就主要子目标和明确的角色职责分工达成一致意见。案例4.2描述了公司赞助学生工作的成功例子。

5.5.4 预先澄清子目标
Clarifying the Subgoals up Front

预先澄清子目标在三种情况下采用不同的形式。在这三种情况下,预先澄清子目标的形式各不相同。

在产业工作中,产业合作伙伴(客户)和研究团队之间通常会举行一次或多次会议(面对面或通过电话会议或Skype),以讨论子目标、时间安排和预期可交付成果。然后以提案的形式撰写文件,包括非常具体的操作步骤、时间、成本参数以及可交付成果。我们需要能够提前预测项目的时间安排,以便客户团队能够在他们的日历上进行标记,以确定何时召开会议以及何时交付结果。我们需要能够预测整个过程中会产生什么样费用。

并且我们需要提前描述交付的东西是什么，以便客户知道他们是在为什么进行支付。对于旨在为新产品 / 服务 / 体验发现洞察和 / 或产生想法的生成式研究来说，这可能是一个相当大的挑战。你怎么能为你不知道的东西花费呢？

此外，客户通常会邀请几个不同的研究团队 / 公司提出建议。当风险特别大时，还会进行面对面的面试。例如，在建筑实践中进行面试很常见，项目经常会耗时多年，并将产生一种服务于几代人的"产品"。在建筑方面，工作关系将持续多年，因此相关人员之间的感觉是正向积极的很重要。案例 4.4 涉及赢得大型国际研究项目的过程，其中面试在客户选择咨询公司中发挥了作用。

在学术研究环境中，通常也会有提案或工作计划。时间限制可能更加宽松，预算则可能不如商业世界那么宽松。在教学设置中，目标和子目标的不同取决于是否：

> 了解工具和方法的工作原理（如案例 4.1）；

> 学习如何在设计项目中应用工具和方法及其结果；

> 尝试新的工具和方法；

> 调查尚未被探索的领域。

在客户赞助的学生工作中，需要提前讨论和商定关于学习和可操作结果的期望。与产业项目类似，提案或工作计划一样应该在流程开始时生成。可交付成果需要事先商定。产生的想法的所有权问题也需要预先解决。例如，如果一个学生项目产生了一项新

专利，谁拥有该专利？学生或大学何时可以在其作品集或出版物中展示该研究材料？一种常见的安排是，学生学习技能，并且可以成为专利的发明者，公司是产品创意专利的所有者，学者发表方法论见解（仅限于产品创意）。这可能是一个三赢的局面。但是，必须预先解决学习 / 成长与想法收获之间的预期平衡的问题，以避免期望的不匹配。

5.6 学习制订计划
Learning About Making the Plan

提高你制订良好的生成式设计研究计划的技能的最佳方法就是实践。制订计划，执行计划，然后（最重要的是）在项目结束后评估计划的有效性。在项目结束后，你应该以团队形式会面以进行回顾和讨论：

> 目标实现了吗？为什么或者为什么没有？

> 交付成果是否已完成并交付？为什么或者为什么没有？

> 时间表完成了吗？为什么或者为什么没有？

> 是否在预算范围内完成了工作？为什么或者为什么没有？

请客户团队就项目的经验和可交付成果提出反馈意见也是明智的决定。

更好地制订计划的唯一方法是获得有关以前计划的工作执行情况的反馈，或者与有过许多此类经历的其他人一起工作。

供稿人

凯瑟琳·贝内特（Katherine Bennett）, IDSA

美国加利福尼亚帕萨迪纳

艺术中心设计学院

副教授

kbennett@artcenter.edu

5.7 设计研究的设计

Designing Design Research

设计研究有时被视为一组不变的工具，因此，一些设计师得出结论，一个过程可以适用于所有情况。然而，该领域已演变成一种复杂的方法景观，良好的设计实践应始终与这些发展保持同步。

为了帮助我们的学生摆脱狭隘的方法观点，并且可以在实践中对复杂的方法环境进行协商，我们向他们介绍了一套全面但易于管理的方法组合，让他们了解为什么，以及在哪种情况下，特定方法会有效。

我们已经开发了一款决策辅助工具，询问学生他们在寻求什么样的知识，并将他们指向那些对此目的有效的研究工具。一旦他们将此辅助工具用于一些项目，他们就会开始了解各种方法，并了解不同方法在不同情况下的工作方式。

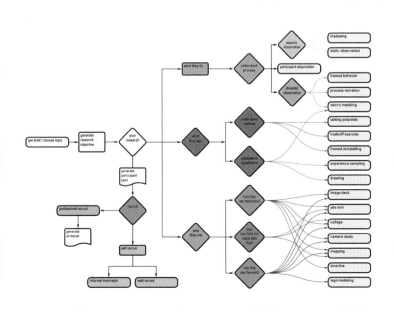

5.8　与中小型企业及大型跨国企业合作的比较

Working With SME's Versus Large Companies

在 Wakeford（2004）之前，中小型企业（SME）一直是参与式设计学术研究中被遗忘的孩子。与大型跨国企业相比，中小型企业具有不同的特征和需求。中小型企业经常与老客户合作，非常了解老客户，并在客户关系上投入大量资金。由于与客户关系密切，所以中小型企业可以很好地了解客户正在设计服务的用户。用户也感到他们有参与度。但这也是中小型企业的陷阱，他们认为他们知道一切，而在许多情况下，他们需要重新审视他们目前的做法。中小型企业对最初的创新也需要新的观察，这是公司成立的基础。生成式技术可以在这些方面提供帮助。生成式技术可以提供市场战略机会、新产品线、与客户建立更紧密和更好的关系，以及更好地了解客户。

供稿人

克里斯汀·德·里尔（Christine de Lille）

荷兰乌得勒支应用科学大学

参考文献

[1]Wakeford, N., (2004), Innovation through people-centred design-lessons from the USA. DTI global watch mission report.

[2]De Lille, C.S.H. Van der Lugt R., Bakkeren, M. (2010) Co-design in a Pressure Cooker. Tips and tricks for SMEs ISBN 978-94-90560-03-4

中小型企业和大型跨国企业之间的总体比较

	大型跨国企业	中小型企业	小型设计机构
预算	高预算	低预算	低预算
员工	团队或团队成员，或者与设计研究相关的外部咨询机构	无专职人员	无专职人员
用户参与	与用户距离远	与用户有近距离接触	通过客户与用户有接触
沟通挑战	研究者与设计者之间以及不同部门之间的沟通挑战	无沟通问题	与客户之间的沟通问题
用户研究方法上的知识	在特定的部门	通常意识不到相关需求	意识到相关需求，但通常缺乏经验

供稿人

彼得·扬·斯塔珀斯(Pieter Jan Stappers)

荷兰代尔夫特理工大学

工业设计学院

教授

p.j.stappers@tudelft.nl

参考文献

[1]Buzan, T, & Buzan, B. (2000) The Mindmap Book, Millennium Edition. London: BBC

5.9 将先入为主绘成思维导图
Mindmap Your Preconceptions

在项目开始时，尝试绘制你事先知道的（你认为）概况很重要。这样做有两个目的：一方面，它可以帮助你设置你希望在研究中探索的初始方向，指导应涵盖的领域以及不应忘记的问题。另一方面，正如斯莱斯韦克·维瑟（Sleeswijk Visser）的"剃须"思维导图所示，这有助于你回忆起在研究之前对问题的看法。很多时候，你的洞察力在研究期间大幅增长，事后看来，你的发现似乎"完全显而易见"：但这些"显而易见"的东西才是有价值的，而这些东西本来曾被忽视。

由布赞（Buzan）开发的思维导图是一种有效且鼓舞人心的方法，可以使用视觉和语言技能收集和组织你的想法。从中心概念开始，你将继续使用文字和图片添加连接的分支。虽然思维导图是个人表达，但也可以非常有效地支持交流。

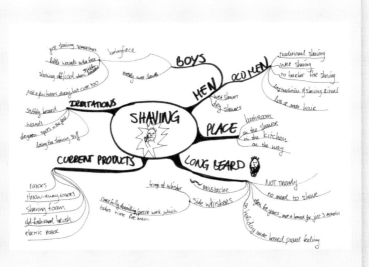

5.10 迈阿密山谷医院的标识解决方案
The Path Towards a Signage Solution for Miami Valley Hospital

当迈阿密山谷医院（MVH）决定在位于俄亥俄州代顿市现有的城市校园内开发一座新的12层医院时，他们知道新校区里有很多复杂的路径。在几十年的时间里，校园不断发展壮大，再增加一栋建筑物肯定会增加寻路的复杂性。迈阿密山谷医院认为，需要一个全面的标识解决方案才能让人们找到自己的路。

迈阿密山谷医院聘请的标识设计团队建议，确定解决方案的最佳途径需要深入了解校园所涉及的各种利益相关者及组织。他们明确了两个主要的利益相关者团体：来自迈阿密山谷医院的跨职能团队（包括执行人员、经理和一线员工），以及迈阿密山谷医院的"专家用户"，包括患者（频繁的和非频繁的）、家庭成员和来访者（经常和不经常）。

标识设计团队包括紧密合作的研究人员和设计师。他们采取参与式方法应对挑战，以利用迈阿密山谷医院团队和专家用户在迈阿密山谷医院校园寻路方面所拥有的丰富知识。他们从一个开放式的发现过程开始，包括愿景、观察、访谈、调查和一系列参与式工作坊。

迈阿密山谷医院的跨职能团队和专家用户团队使用相同的研究计划。通过这种方式，很容易看出视角彼此重叠或相互矛盾的地方。迈阿密山谷医院团队了解到，在寻路和标识方面，客户的需求是第一位的。研究计划的主要组成部分包括：

供稿人

特鲁迪·切罗克（Trudy A. Cherok）

美国俄亥俄州哥伦布市

设计 | 研究 | 写作顾问

trudy.cherok@earthlink.net

在写这篇文章的时候，特鲁迪是美国俄亥俄州哥伦布市 NBBJ 建筑事务所的助理。

致谢

感谢迈阿密山谷医院东南扩建项目总监妮基·伯恩斯（Nikki Burns）对标识系统非传统解决方案的持续支持和推动！当这个项目发生时，设计/研究团队正在与 NBBJ 设计公司合作。

Primer 工作簿用于从两个参与小组收集数据和人口统计资料。这也帮助他们做好了参加认知地图工作坊的准备。

专家用户展示了他的认知地图。这张地图
基于他的个人经历展示了对迈阿密山谷
医院现有校园的印象

MVH 执行团队的成员根据他们的体验
构建了一张认知地图

在意料之外的结果中，执行团队的成员接
受并在继任计划中向整个执行团队交付
最终结果

Primer 工作簿辅助参加工作坊的参与者做好准备。

> 认知地图制作：实现目标、当前地图和未来地图；

> 更改意愿图；

> 寻路能力图；

> 寻路角色；

> 线性和圆形寻路旅程；

> "如果"卡片；

> 调查和访谈。

研究工作产生了许多有助于加深理解水平的可靠结
果：战略和设计原则、可识别的寻路类型、空间使
用和导航的可量化的数据、经验层次结构、信息层
次结构、语言拆分、过渡计划、新寻路/路径跟踪理
论、用于优化寻路性能的链条以及用于寻路/跟踪解
决方案的高级别策略和设计。

一个意想不到的结果是，这一过程产生了一个所有
者支持的继任计划。通过参与式方法，迈阿密山谷
医院和设计团队在整个过程中一起学习，因此获得
了相同的理解深度——以相同的速度向解决方案迈
进。目前标识设计策略由迈阿密山谷医院实施。

5.11 为成像技术人员设计和开发符合人体工程学的干预措施

Designing and Developing Ergonomic Interventions for Imaging Technologists

几项研究表明，成像技术人员，包括超声检查者、X光技术人员和乳腺造影师，正在经历与职业相关的肌肉骨骼损伤。通过使用参与式设计过程，让执业技术人员参与进来，我们发现了开发工具、设备和程序的机会，这些工具、设备和程序可以减少与成像工作相关的物理负担。

该项目的长期目标是降低与工作相关的肌肉骨骼疾病（MSD）的高发率和成像技术人员（I-tech）所经历的身体不适。之前的研究表明，由于患者之间的相互作用和工作中遇到的其他风险因素，肌肉骨骼疾病显示为该职业群体的重大问题。由于成像技术人员短缺和对扫描的需求不断增加，成像技术人员的健康状况是影响医疗服务可用性的关键因素。

认识到这些问题，我们实施了一个四阶段设计流程，目标是通过参与式设计流程，制定可用且可接受的干预措施，以减少与医院和门诊提供成像服务相关的物理挑战。在最初的设计概念阶段，技术人员团队进行了有针对性的参与，包括血管、心脏、诊断超声检查、诊断放射科医师和乳腺造影师，积极参加了灵感工作坊。在准备工作坊的过程中，参与的技术团队被要求完成一份用于提升敏感性的工作手册。他们对体力要求更高的任务进行了关注。

供稿人
卡罗琳·索默里奇（Carolyn Sommerich）
美国俄亥俄州哥伦布市
俄亥俄州立大学
集成系统工程
副教授
sommerich.1@osu.edu

史蒂夫·拉文德（Steve Lavender）
美国俄亥俄州哥伦布市
俄亥俄州立大学
集成系统工程 & 骨科
副教授

lavender.1@osu.edu

参考文献
[1] Sanders, E.B.-N. (2002), From user-centered to participatory design approach. In Frascara, J. (ed.), Design and the Social Sciences. (London: Taylor & Francis Books Limited).

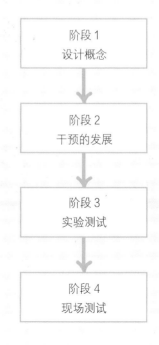

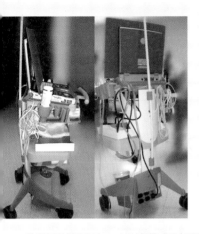

这些图片显示了 I-tech 对便携式设备设置的明确需求，该设备具有更大、高度可调节的显示屏，车载存储（用于存储住院记录），设备清洁用品和电极，以及现场刻录超声检查 CD 的功能。

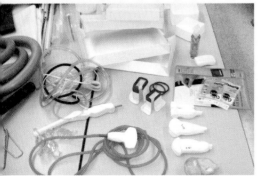

I-tech 在制定干预措施时使用的一些材料

在概念发散工作坊开始时，与参与者一起回顾了工作手册。参与者讨论并优先考虑设备、环境和情境，这些使得特定任务在物理上要求很高的问题。然后，参与者使用制作工具的方法解决他们在活动设计过程中发现的问题。参与者通过将各种常见材料组合在一起，形成其概念的全尺寸三维模型来表达他们的想法。

研究团队审查了所有工作坊物品和技术人员对演示文稿进行的演示，以了解参与者传达的需求和愿望。我们面临的挑战是将这些需求发展为设计概念，然后再纳入干预措施。在某些情况下，这些概念表示已有可用的产品。在其他情况下，新的解决方案概念被提出。然后将所有潜在的干预概念带回相应的技术人员小组以获得反馈，包括可能会阻碍采用的可预见的可用性问题。在这些环节结束时，技术参与者被要求通过随后的实验室和现场评估阶段，帮助我们确定短期内哪些干预措施应向前推进。

实验室阶段通过受控实验验证，干预概念降低了对技术人员的物理要求。随后，在可能的情况下，成功验证的干预措施被引入临床环境，以获得执行正常工作职责的技术人员的可用性和可接受性反馈。

5.12 客户旅行地图：客户的镜子
Customer Journey Mapping:the Client's Looking Glass

客户旅行地图显示用户在体验产品或服务时如何经历多个阶段。它可以帮助你设计构成整体体验的几个阶段。它也是一个很好的评估工具。在我们的咨询业务中，我们与客户一起举办客户旅行规划会议，以帮助他们评估：

> 不同的客户在每个阶段如何体验他们的服务 / 产品？

> 他们对该阶段的不同客户了解多少？

> 还有什么是他们不知道的？

> 每个阶段有哪些先前的研究可以填补知识空白？

> 哪里有改进的空间和哪里面临挑战？

> 哪里有设计或创新的机会？

通过这些问题和可视化的答案与客户建立了关系，并为设计研究项目奠定了坚实的基础。这通常是寻找客户认为重要的关键领域的基础，但后来往往客户会意识到他对此领域知之甚少，或者不知道自己的看法是否可靠。

供稿人

埃里克·罗斯卡姆·阿宾（Erik Roscam Abbing）

荷兰鹿特丹

Zilver Innovation 创始人 / 所有者

Erik@zilverinnovation.com

与 Zilver Innovation 团队以及荷兰厨具制造商 ETNA 的开发人员、设计师、采购员、市场营销人员和经理进行了一次客户旅行地图绘制会议。

该消费者旅行地图描述了 ETNA 厨房设备用户旅行的各个阶段。在旅行的每个阶段，项目团队对情境研究中得出的洞察都进行了总结。然后，项目团队研究了为什么这个阶段对用户很重要，它是如何对整个体验做出贡献的，在这个阶段中发生了什么以及什么时候发生。接下来，团队研究了如何在每个阶段将品牌的创新价值具体化。该品牌设计师和产品经理在未来几年可能会有一些创意，激励他们为旅行的每个阶段想出创意。

供稿人

普里塔姆·科拉里（Preetham Kolari）

美国加利福尼亚州，森尼维尔

11大道809

摩托罗拉移动

研究总监

pree@motorola.com

这一供稿是基于普里塔姆在美国俄亥俄州哥伦布市 SonicRim 公司担任副总裁时所做的工作。

5.13 微软的国际研究项目
An International Research Project at Microsoft

微软公司希望改善其在新兴市场的市场规模，主要是金砖四国（巴西、俄罗斯、印度和中国）。我们分三个阶段分别对九个不同的新兴市场国家进行了访问。第一阶段非常具有生成性，旨在了解个人计算机为最终用户提供的价值及相关动机。我们从定义人们未来计算体验的参与式活动开始。然后与用户对用户界面进行原型设计。最后对工作原型进行可用性测试并将其与先前版本进行对比。

微软公司聘请了一家外部咨询公司来帮助进行这项研究。在项目的生成阶段早期，非常高的参与度是成功将知识从咨询公司转变为微软内部团队知识的关键。外部咨询公司还帮助团队建立对人们愿望的同理心。沉浸式工作坊帮助那些没有到研究当地的微软团队成员全面了解不同的文化差别和需求。总体而言，该项研究帮助微软公司为新兴市场做出了正确的决策，并对 Windows Starter 版本进行了概念化设计和发布。

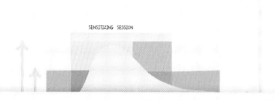

SENSITIZING SESSION

第6章 在现场收集数据
Chapter 6 Gathering Data in the Field

6.1 介绍
Introduction

收集现场数据是生成式设计研究过程中最明显的活动。这可能是人们在想象生成式设计研究的时候会想到的活动。但这只是从现场记录到后面分析所需的许多步骤中的一步。

在阅读本章之前，不熟悉收集现场数据的读者可能希望阅读第二部分的一个或多个案例。这些案例包含真实的细节，可以帮助你想象进行实地调查会是什么样子。本章是在假设读者不熟悉规划和执行实地研究的情况下编写的，因此更具指导性。

6.2 启动
Starting Up

6.2.1 从项目计划到工作计划
Going from the Project Plan to the Workplan

第 5 章中的项目计划是为了描述研究的目的而构建的，以便获得批准，推进项目。从本质上讲，项目计划是对研究内容以及研究成果的预测。对结果的预测可能是必要的，以吸引客户的兴趣并达成项目合同。同时从项目的时间和成本估算上看，预测也是必要的。当范围相对开放且时间紧张时，这可能会比较棘手。正如我们之前提到的，这不是一件容易的事。通过经验可以更好地了解生成式设计研究项目的时间和成本。这不是我们能够在本书中解决的问题。

项目计划与工作计划不同。工作计划通常要详细得多，会有日期、名称、地点和每日的交付成果。图 6.1 展示了我们将用于构建本章的工作计划大纲。这个大纲可能可作为你下一个生成式设计研究项目工作计划的起点。

项目计划

找到并复习已知的知识

发起团队

理解当前使用 / 体验的环境

筛选并招募参与者

计划参与者将要做的事情

创建材料

例如，宣传材料、会议脚本、工具包和清单

对计划和材料进行试点测试

修改和制作研究材料

激活参与者

进行访谈或工作坊

记录数据

图 6.1 工作计划大纲

工作计划

随着项目的进展，项目文档变得越来越详细，如图 6.2 所示。项目计划需要尽可能地准确，因为它可以帮助你完成工作，并定义整体预算和时间。工作计划规划了团队成员的所有行动及其在项目过程中的互动。环节脚本详细说明了单个环节的所有操作和时间。筛选器详细说明了参与者的细节以及参与活动的时间。

会话脚本

6.2.2 找到并回顾已知的内容
Find and Review What is Already Known

筛选规则和筛选器

任何新项目的开始是找出以前关于研究主题的范围和重点了解的内容。重点是你正在探索的主题的核心领域，范围由你想要去的地方的外部边界定义。研究的重点不应与其目标相混淆。

图 6.2 细节越来越多的文件

重点指出了主题的一部分，而目标指出了研究之后得到的有用洞察。

我们通过学习以前发表的资料称为"二级研究"。传统上，二手资料来源是书籍、论文和同行评审文章，但今天互联网上还有许多其他来源（例如，YouTube、纪录片、维基百科）。跟踪和确认所有此类来源的准确性尤为重要，因为网站内容的可信度变化很大。请务必记录你访问网络信息的日期。

通常，客户将进行相关的背景研究，并在制订工作计划之前也应该对这些背景研究进行审查。这些信息中的部分或大部分可能是专有信息，因此提供这些信息很重要。通常情况下，客户不希望向研究团队提供先前研究的结果，因为担心这只会将研究团队指向一个错误的方向。试着说服他们不要这样做。审查客户提供的信息和研究结果不仅对项目相关内容有用，而且有助于更好地理解客户团队的观点以及他们熟悉和舒适的沟通渠道。二级研究也可以提供一些客户喜欢的定量信息。

对二级资源的审查可以而且应该在整个项目中持续进行。对侧重于使用新的快速移动技术的项目，持续审查二级资源尤为重要。

6.2.3 发起团队
Initiate the Team(s)

首先，你需要选择团队成员。团队成员尽可能多样化非常重要，因为这会带来更好的结果。寻找多样性的一些特征包括：

> 研究经验与设计经验；

> 细节导向与宏观导向；

> 创造性思维与分析性思维；

> 性别；

> 年龄和对该主题的熟悉程度；

> 文化差异。

即使团队之前已经合作过（特别是之前他们没有合作过），在项目开始的时候，在他们推进项目内容的同时，开展一些有助于团队构建的活动也是很重要的。

例如，（在项目开始时）将关于项目的先入为主制作成思维导图就是一种这样的活动。先入为主思维导图可以单独完成，也可以共同完成。通过思维导图，每个人都可以揭示他们认为在项目中会学到什么，将面临哪些挑战，等等。这些预测应该被记录、分享和讨论。先入为主思维导图暴露了团队成员的心态、期望和偏见，然后可以用来帮助团队在执行研究时保持客观的态度。思维导图通常有助于进一步定义和阐明项目的重点和范围。思维导图有时可能会揭示工作计划中需要解决的其他问题。

提示： 务必记录、标注时间和保存思维导图。它们在后续过程中非常有用，可以帮助我们看到"看似显而易见"但同时在开始时根本不是很明显的发现。

准备与客户团队成员的启动会议也很重要。特别是，如果他们要在研究工作计划的执行中发挥重要作用的话，那么需要他们沉浸在项目的内容中。例如，你可能希望与客户团队成员进行先入为主的思维导图练习。

提示： 早期与客户的互动可以教会你他们的语言、行话和背景，这在以后交流结果时很有用。

另一个想法是使用启动作为机会，让客户参与创建研究计划和/或生成式工具包材料。与客户团队的这种合作可能非常耗时，因此你可能希望在开始时以草稿的形式提供计划和所有材料。在这种情况下，重要的是要考虑该计划和工具包材料必须足够完整，以便能够清楚地展示出来，所有启动会议上的人都可以随时评论并修改计划和材料。

提示： 如果你已经在类似的内容领域进行了研究，那么在启动会议中提供计划和材料以供审查是有意义的；但如果你是第一次探索该领域，则可能存在风险。如果你不确定，请与你的客户谈一谈。

如果你是第一次探索某个领域，那么可以考虑在启动会议上提交之前项目的研究计划和材料以供讨论。务必根据需要保证客户的机密性。另一个想法是要求客户团队的成员填写工作簿和/或参与基于工具包的活动，以此熟悉流程。这将使他们对研究过程有更清晰的认识，并帮助他们对潜在的参与者产生共鸣。

图6.3显示了典型的启动会议日程，你可能希望将其作为下一个生成式设计研究项目的起点。日程应包括每项活动的时间估算，以确保涵盖所有项目。

提示： 提前向客户发送日程草案非常重要，以获得关于内容和时间的反馈。

在启动会议上，以灵活的形式直观地反映研究过程很有必要。生成式工具的使用对提升所有形式的集体创造力有益，甚至是在事务性计划活动中。

6.2.4 了解当前的使用/体验的情境
Understand the Current Context of Use/Experience

在项目开始时，抓住机会探索体验领域是很重要的。你在确定最终工作计划之前，需要了解一下当

日程表

09：00am	介绍
09：15	目标和范围
09：30	背景
10：30	审查研究计划
11：30	参与者讨论
12：00	午餐
1：00	材料回顾
3：00	建立角色
4：00	设置关键日期
4：30	结束

地点：Jonas的办公室

参与者：Jane, Philip, John, Mary 和 Jonas

图 6.3 启动日程

地的情况。这种探索可以正式进行（例如，项目开始时的人种学研究阶段），也可以非正式进行（例如，在现场进行初步观察）。

与体验领域相关的主要利益相关者进行非正式访谈是另一种探索方式。关键的利益相关者可能对更大范围或至少其中一部分有更多了解。他们甚至可以帮助你确定招募什么样的参与者或如何最好地招募他们。

6.3 参与者
Participants

6.3.1 筛选并招募参与者
Screen and Recruit the Participants

筛选是指识别和定位符合你想要纳入研究的人。招募是指与符合参与研究的人员建立达成协议的活动。抽样是指选择那些将作为研究对象的代表人群。

提示： 不要低估招募参与者所需的时间。

获得潜在参与者的访问权和参与协议有多种选择，从非常耗时的低外部成本（自己动手）到高外部成本（向另一方支付报酬来为你完成工作）。但是，对于这些选项中的任何一种，你都需要有一个商定的筛选者，或者至少需要一套商定的筛选标准。对研究计划不了解的人可以通过筛选脚本成功地找到符合你所建立的个人资料的人。它通常通过电话进行。筛选程序由一系列问题和如何区别每个可能的答案的说明组成。图 6.4 是一个来自筛选者的问题的示例。筛选流程中的一系列问题形成了决策点的流程图，并且可能很快变得非常复杂。

"终止"意味着筛选在此时停止，因为被访者不符合商定的两项或两项以上的标准。重要的是，筛选者不能泄露研究项目的目标，因为有些人会试图猜测研究的内容。例如，上述筛选项目的研究重点是智能手机。列表中的一些活动可以隐藏这一事实，因为你不希望在生成式活动之前将参与者的注意力集中在重点区域。

与专业招募公司合作时，你很可能需要开发一个完整的筛选器，其中包括要询问的所有问题以及基于对问题的回答如何反馈的所有说明。

提示： 编写有效的筛选器比看起来更难。在你开始使用之前，请寻求筛选专家的建议来审核你的筛选器。

你自己也可以使用个人网络（包括客户的网络）来识别可能的参与者。随着互联网上社交网络工具的出现，以这种方式招募的可行性大大增加。人们总

5. 问：你是否会为以下活动而拥有手持电子产品，并且会使用和为它充电？

请对每个活动注明是或否。

> **手机通话**

> **听音乐**

> **检查邮件**

> **上网**

> **玩电子游戏**

> **看电影**

如果对两个或两个以上的粗体字选择
"是"，请继续，否则终止。

图 6.4 来自筛选者的问题

是有可能歪曲自己，但任何寻找和招募参与者的方法都一样。然而，如果招募标准很难和／或你的社交网络无法覆盖你正在寻找的人，那么这种类型的招募可能会花费很多时间。

如果你正在使用一套商定的筛选标准而不是完整的筛选标准，那么正在进行招募的人必须对概况有深入了解，并能够即时做出明智的决定。这种招募方法可能是招募专业人士的最佳方式，因为筛选互动可以更像是对话而不是调查。

排除"专业受访者"或"焦点小组成员"，即那些为了获得研究团体资格而歪曲自己的人。他们无法充分代表你想要了解其经验的人。筛选出来的方法通常是通过询问他们最近在过去 6 个月到 1 年内参与过的受访者的频率来确定。当然，他们也可以在这方面撒谎。要求参与者完成家庭作业并将完成的作业带到他们的会议中是另一种方法，可以清除那些不应该参加面试或小组讨论的人。在会话之前检查作业（即激活材料）通常可以告诉你参与者是否适合。

提示： 请记住，当你聘请外部研究公司进行招募时，你要负责筛选。如果问题不对，那么你将无法找到要找的人。

有时，客户更愿意通过已建立的参与者群体或与他们有长期工作关系的招募人员进行工作。这样做的风险是参与者可能希望你的会话更像传统的焦点小组或访谈，而工作手册更像是带有固定答案和复选框的定量问卷。确保招募人员了解你正在进行哪种类型的研究可以避免这种不匹配的假设。

提示： 大多数外部研究公司还不熟悉生成式设计思维和参与式会议中工具包的使用。他们可以以熟练的协调人的形式提供服务。这些协调人通常擅长领导传统的焦点小组，但这些技能通常不会为开放式的生成式工具的应用做好准备。最好是自己为生成式设计研究环节做准备。

6.3.2 奖励
Incentives

研究公司招募的同意参加研究环节的人员通常会得到这样做的奖励。大多数情况下，奖励是商定的金额。有时可能会给出一个小但有用的礼物。在其他情况下，人们会自愿花时间和精力，特别是当他们遇到感兴趣的话题时。他们可能愿意参加工作坊，因为他们知道他们有机会影响那些将来会影响他们的事情。

提示： 对于学生和初学者来说，在估计人们为研究花费的时间时，最好不要过于雄心勃勃。我们发现一个小的激活工具包（不超过 20 分钟）和一个小时的活动是一个很好的开始。

6.3.3 抽样
Sampling

抽样是指选择将作为感兴趣人群代表的人。在生成式设计研究中，样本量通常较小，因此仔细考虑受访者的选择非常重要。这类研究的重点是产生相关的想法，因此，选择不同的人群非常重要。

有许多不同的抽样方法（参见图 6.5）。

随机抽样

在这里，你可以选择最容易找到的人（例如，学生通过网络询问朋友和家人）作为样本。当你从事专业工作时，不建议使用随机采样，但对于刚刚学习如何进行设计研究的学生来说，这是一种合理方法。

如果你不熟悉你的参与者，因为他们可能会试图给你他们认为你想要的答案（或者可能相反）。一种非常有用的方法是让学生为另一个学生或团队招募他们的朋友和家人，然后他们也为这个学生做同样的事情。另一种有效的招募技巧是"滚雪球抽样"：让参与者带来其他人（当然，这样你将无法控制谁参加，如果人们带上朋友，他们的关系可能会对你的活动产生影响）。

代表性抽样

在这里，你将确保你的样本准确地反映了他们所代表的人群的构成，例如，你将为更大的子群体招募更多的参与者。代表性抽样对于大多数类型的研究很重要，特别是基于统计决策的定量研究（例如让人们评估原型以获得市场成功），但这不是生成式设计研究的要求。生成式设计研究的目标是探索，为此，多样性（"发现你的盲点"）比代表性（匹配样本中的人，以便对人群进行概括总结）更有用。

立意抽样

在这里，你将尝试覆盖群体中变异的大部分维度，甚至可能在目标群体之外采集一些样本，以更好地理解目标群体的边界。最常见的情况是，目的性抽样用于生成式设计研究，因为它通常在设计过程的开始、需要多种意见的时候进行。例如，在进行生成式设计研究以探索家庭日常生活中未满足的需求和梦想时，最好招聘多种类型的家庭：单

身人士、室友、没有孩子的夫妇、有不同年龄孩子的夫妇、一个家庭内的多代人、单身父母、空巢老人等。

提示： 利用外部研究公司的成本可能非常昂贵，尤其是考虑到前往世界其他地方旅行的成本。在向客户提交提案之前，请务必从外部研究公司（如果可能，由其他现场研究人员推荐）中获得多个投标。

招募可能非常耗时。一般的经验法则是，专业招募机构需要两到三周的时间才能为三个工作坊招募20个人。较难找到的人群（例如，承认不经常洗手的人）比其他人（例如，说会经常洗手的人）需要更长的时间（并且因此费用更高）。筛选和招募过程中存在地区差异，但你会发现世界各地专门从事此项活动的公司。他们经常提供翻译服务和母语主持人。

提示： 你希望超额招募，即招募超过你需要的人数，以应对意外取消和其他不可预见的事件。经验法则是需要6个人时招募8个人。当然，你需要为所有8个人都出现的情况做好准备（例如，准备椅子、研究材料等）。

提示： 如果你缺乏生成式设计研究环节的经验，那么在一个环节中最多可以为6个人提供帮助。

道德考虑

进行研究的规则因行业和学术界的不同而不同。这些规则在世界不同的地区也有所不同。例如，在美国，为大学工作的人进行的研究必须遵守机构审查委员会（Institutional Review Board，IRB）的要求。机

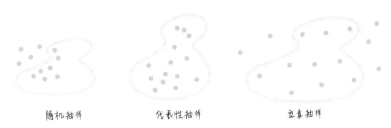

随机抽样　　　　　　代表性抽样　　　　　　立意抽样

图6.5 不同的抽样策略

构审查委员会是一个正式指定的委员会，负责批准、监督和审查涉及人类的生物医学和行为研究，旨在保护研究对象的权利和福利。同样在美国，健康保险流通与责任法案（Health Insurance Portability and Accountability Act，HIPAA）帮助人们将与健康相关的信息保密。在美国医疗保健领域进行实地研究可能非常耗时，因为在医疗保健环境中与患者交谈之前，需要处理几个级别的许可。

在实践中，设计研究人员并不总是有这样的"规则"要遵守，如果他们没有在大学接受过研究人员的培训，他们甚至可能没有意识到这些要求的存在。这不是不道德的研究行为的借口。无论你的国家的官方规则是什么，你都必须是一名优秀的研究人员。

> 尊重和理解你的参与者。

> 不要欺骗他们。

> 不要突然给他们一份同意书。在开始阶段进行这项工作，并且解释它为什么存在。

> 告诉他们你在做什么以及他们将参与什么。

> 请务必以书面的形式获得每位参与者的同意，以便使用他们参与访谈或工作坊的录音、录像和拍照。请在开始录像之前征求他们的同意。同意书样本可以参考本书第 176 页。

> 如果他们同意拍照、录像或录音，请告诉他们将使用哪些文档以及谁将对其进行审核。

6.3.4 计划参与者做什么
Plan What the Participants Will Go Through

现在招募正在进行中，是时候更详细地规划实地调查活动和研究材料了。你可能对实地调查的整体议程有一个很好的想法，已经编写了项目计划或提案，以便获得资金和 / 或工作批准。但是，在此时切换你的观点非常重要，以便在你将项目计划制订为更详细的工作计划前，从参与者的角度来看一看。从参与者的角度创建计划时，你需要将其视为一个整体体验，而不仅仅是你要求他们执行的一系列任务。

在生成式设计研究中，我们有兴趣了解未来人们的价值观和需求是什么，以及如何通过开发新的体验、产品或服务概念来满足这些价值和需求。但是大多数人很难谈论他们想象中的未来。帮助他们这样做的最好方法是为他们提供一条表达的路径。有关表达路径（见图 6.6）的更多信息可以参考第 2 章中第 55 页的图 2.17。

使用表达路径的方法，参与者通过他们潜藏在需求和价值中的记忆从现在带回到过去。然后，将他们带到可能的未来情境，然后回到可以让他们到达那里的情境。

表达路径上的步骤包括以下几个。

（1）融入当前的经历；

（2）激活过去的感受和记忆；

（3）梦见可能的未来；

（4）产生并表达与未来体验相关的新想法。

图 6.6 表达路径（另请参见第 55 页的图 2.17）

旅程开始时，你希望让参与者沉浸在更大范围的体验中。范围是围绕你想要完全理解的焦点区域的情境（见图6.7）。

为了充分理解体验的重点，有必要从外到内、从内到外地看待体验。并且对于你的参与者，从他们当前的情况跳跃到他们未来的梦想，还需要有多个情境领域。你要求他们参与的每项活动都将为下一次活动打下基础。你需要计划他们的旅程，让他们只在旅程结束时达到焦点。事实上，他们甚至只到旅程快结束时知道焦点（见图6.8）。

在小组会议或访谈之前的一段时间内，会进行宣传：参与者对目标和研究主题有所了解，收集个人经验并增加他们的理解。因此，当会议开始时，他们准备充分，心胸开阔。图6.8说明了这种意识的建立。

提示： 在宣传过程中，一定要邀请人们探讨主题的范围和重点，但不要让他们专注于对焦点的最终意见。

总之，旅程中的每一步都应该帮助参与者为下一步做好准备。旅程从扩展到更大的范围开始，然后逐步走向焦点。当参与者从范围转向焦点时，他们首先沉浸在当前的情况中，然后沉浸在过去。随着他们向焦点的未来体验迈进时，情境随之变窄。

家庭作业活动（即激活材料）对于涵盖更大的范围以及收集人们对当前情况的想法和感受非常有用。熟练的设计研究人员也可以创造能引起过去感受的家庭作业活动。

对未来的体验进行探索最好是通过面对面的形式进行。

活动的顺序是计划过程的关键部分。时机也很重要。人们需要时间沉浸、思考和反思。这就是为什么领先测试是生成式设计研究过程中如此重要的步骤的原因之一。你将快速了解你的时间估算是否符合预期。

图6.7 中心区域代表将要探讨的主题的焦点，较宽的区域代表范围。箭头显示了不同的视角和练习如何探索焦点和范围的不同部分

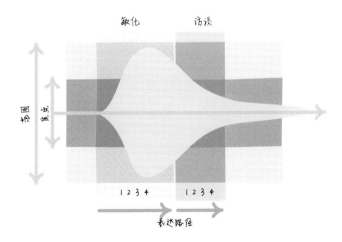

图6.8 在该过程的早期阶段，参与者会从不同的出发点和视角探索更广泛的主题范围；在后面的步骤中，我们缩小到焦点

提示： 预测试将为你每个活动的计划、材料和时间安排提供有价值的反馈。

6.3.5 与特殊小组合作
Working with Special Groups

会议的形式应根据参与者的注意力广度和沟通方式进行调整。典型的小组会议有 5~6 位参与者，如果你的参与者是成年人，并且正在谈论他们熟悉的话题，这将非常有效。对于老年人，或者如果主题在情感上更加敏感，那么较小的小组或一对一的访谈可能会给参与者提供一个他们可以更好地表达自己的机会。同样，青少年在较小或较大的群体中以及在混合性别或同性群体中的行为也有所不同。来自不同行业的人（例如建筑工人或办公室工作人员）可能会在不同的氛围中表现不同。仔细考虑生成式工作坊的小组组成和生成式环节的潜在小组动态。团队中的人彼此有共同之处（例如经验、兴趣 | 职业、年龄等），这一点很重要。

提示： 年长的参与者在生成式中将需要额外的时间（几乎是你通常估计的两倍），因为他们有太多的经验可以分享，并且常常有很多时间可以分享。

6.3.6 儿童参与者
Children as Participants

与儿童一起进行研究是一种特殊情况，可能并不是所有人都适应。在这种情况下，要想成为一名有效的研究者，你必须真正享受与孩子在一起的时光。与孩子（18 岁以下的孩子）进行研究时，需要考虑以下特殊事项。

> 你必须先获得其父母或监护人的书面许可，然后他们才能参与。即使你正在他们的学校进行研究，并且已经获得他们的老师或其他监护人的许可，这也是需要的。

> 与儿童进行小组讨论时，建议使用非常小的小组规模。小组人数会

随着年龄的变化而变化。例如，如果是与学龄前儿童一起讨论，则一次只能1到2个孩子，如果是跟学龄儿童一起讨论，则一次只能2至4个，如果是跟青少年一起讨论，则一次只能4至6个。

> 会议时间需要缩短，并且活动多样化。同样地，时间的长短会随着年龄的变化而变化。

> 活动必须有趣并吸引孩子们。你需要向他们解释，如果他们不想完成课程，他们可以自由离开。

> 与家庭进行生成式设计研究时，最好包括6岁及以上的儿童。他们通常可以参加活动，有时是自己参加，有时是在父母或兄弟姐妹的帮助下参加。他们通常很喜欢活动，尤其是使用工具箱材料进行的制作活动。确保为他们带来足够的工具包材料。

提示： 与有小孩的家庭一起工作时，要灵活应对可能出现的情况。有时研究人员需要同时做"保姆"。

6.4 会议准备
Working Toward the Sessions

6.4.1 创建材料（会话脚本、激活材料、工具箱和清单）
Create the Materials(Session Script,Sensitizing Materials,Toolkits and Checklist)

将访谈或小组会议视为一种旅程，从最初的接触开始，然后进入激活阶段，接着是讨论，最后结束。在创建研究工具和材料时，需要在心中牢记旅程。你可以为参与者创造一种积极和综合的体验，您将成功地吸引他们，并从他们身上学到更多。

工具包和材料需要有专业度，虽然它们具有吸引力并且没有错误，但这并不意味着它们应该是昂贵的或过度设计的。材料"完成"得越多，人们接触、玩耍和改变它们的可能性就越小。

理想的用于生成式设计研究的材料设计应该是简单的，并且有大量的空白区域。如果适合你的参与者，它们应该看起来"简单"，甚至可能是好玩或"有趣"。

在创建研究材料时，请关注参与者的需求。毕竟，这完全是关于他们的。个性化是一个好主意。你可能希望在材料上打印出参与者的名字。关于工具包美学的一个很好的经验法则是，在填写工具包时，它们应该能够表达参与者的个性。如果你把填好的工作簿放在一排，它们看起来都一样，那是你的审美观，如果它们不同，那就更像是"他们的"。

提示： 在"未完成的"和"精心设计的"工具包和材料之间找到平衡，以激励和授权参与者使用。

考虑材料的可用性。如果你要求人们在一整天都做笔记，那么工作簿应该足够小，便于他们携带。如果某些活动是开放式的，请提供样本答案，以便他们有信心知道如何应对。

6.4.2 为什么以及如何编写会话脚本
Why and How to Write a Session Script

会话脚本描述了会话的进展方式。使用会话脚本将有助于确保每次访谈或会话以一致的方式进行。有了脚本，客户和/或其他团队成员也有机会以有组织的方式将他们的输入添加到会话计划中。

提示： 会话脚本对于在访谈和会话完成后转录音频文件的人来说是非常有用的。

由于上述所有原因，熟练和新手协调员都应该使用会话脚本进行会话或访谈。

会话脚本声明如下。

> 介绍"基本规则"，包括公开音频和视频录制；

> 各部分的目标；

> 你将用于给出说明或提问的语言；

> 会议每个部分的时间安排；

> 在时间允许的情况下需要的额外探测工具。

图 6.9 显示了一位非常有经验的协调者的活动会话脚本。在规划活动环节时，你将创建一系列遵循敏感原则和表达路径的活动。经常使用的序列是：（i）从一个用于探索记忆的拼贴工具包开始；（ii）使用认知工具包探讨底层结构；（iii）使用尼龙粘扣模型或创客工具完成建模，以表达参与者对未来的梦想，并让他们强调最重要的见解。工具包也可以组合或修改。

6.4.3 如何制作敏化材料
How to Make Sensitizing Materials

使用敏化材料的主要目的是让参与者沉浸在观察中，并反思将在旅程后期进一步探索的体验领域。敏化材料是他们旅程（即表达路径）中的第一站。因此，敏化材料的内容范围应该广泛。参与者还应该关注他们目前和过去的经验。例如，如果体验的重点是在家中使用计算机，那么敏化材料应该关注家庭中发生的事情。这家人如何生活？他们如何度过空闲时间？作为一个家庭，他们最重要的是什么？自孩子出生以来，情况发生了变化吗？如何变化的？也许计算机是家庭生活的中心，或者计算机可能只是一种对工作或者作业有用的工具。

时间	行动	清单
5 min	介绍	目标：体验洞察，"你是专家"，基本规则
5 min	热身	动物图片；每位参与者挑选一个动物并向小组介绍这个动物和自己
5 min	拼图介绍	使用图片和文字来联想与回忆今早或什么时间剃须的事
20 min	拼贴剃须环节	剃须的环境：哪里、什么、谁、什么时候、情境、看、感觉、触感、味觉、嗅觉、心情？想想你上次剃须的时候。
25 min	展示拼贴	向小组解释你的拼贴，并回应彼此的故事。
10 min	小组讨论	对彼此的故事做出反应。
15 min	拼贴剃须前中后的感受	你为什么剃须？感受如何？发生了什么？这些是否有变化，如你的个人感受、有什么影响。
25 min	展示拼贴	向小组解释你的拼贴，并回应彼此的故事。
15 min	小组讨论：理性的剃须体验	理想的情况是什么？未来的剃须体验是什么样的？理想的情况是什么？将来剃须应该是什么样子？
5 min	结束	
	退出	

图 6.9 像这样的非正式会议脚本（来自 Sleeswijk Visser 等人，2005）将适用于经验丰富的主持人；对于初学者，它应该更详细，例如，包括"在反面写上任务"等细节

这是你需要了解的内容。但是，如果你一开始只询问有关家中计算机使用的问题，你可能永远不会了解人们的生活方式以及他们希望将来如何生活。你永远不会知道计算机是否是未来的一部分。敏化材料的目的是激发参与者的记忆，并在要求他们迈向未来之前激发他们对当前情况的观察和反思。注意不要在敏化材料中询问太多。你不想吓跑他们参加会议或工作坊。

敏化材料还为研究团队提供了收集参与者背景信息的机会。以书面形式收集此类信息可能比从访谈或活动环节中抽出时间获得它更有效。

敏化材料通常将同时从多个不同的角度了解更多的内容。一些例子包括如下几个。

> 要求人们拍下他们在哪里度过的时间和他们希望在哪里度过更多的时间。

> 要求他们填写关于日常生活的开放式问题。

> 要求他们填写生活中一天的日记，包括一整天的感受。

敏化材料可以有多种形式。可能是无限的。我们在项目中使用的一些方法包括以下几种。

> 6 到 12 页的工作簿；

> 小册子；

> 一张纸；

> 一副卡片，附有使用说明；

> 带有组件和使用说明的盒子；

> 偶尔会有发送短信作为观察提醒的手机；

> 一系列小任务的电子邮件；

> 带有使用说明的相机。

实际上，你也可以使用工具包作为敏化材料。但是，不建议初学者使用，因为除非你在以前看到过使用过工具包，否则很难编写说明。

提示: 本书的项目中有更多的敏化材料示例。这些可以帮助你更好地了解如何让参与者变得敏感。

6.4.4 如何制作工具包
How to Make a Toolkit

制作一个好的工具包是一门艺术。你制作的工具包越多，看到的结果（以人们用它们制作的形式）越多，你就越擅长制作它们。关于工具包使用情况的反馈对于这种专业技能的增长至关重要。这些工具包展现了一种所有人都能辨认的新形式的视觉文化。接受过设计培训可能会阻碍创建工具包的过程。工具包需要有意义并且对非设计者有吸引力，因此需要避免过度设计工具包。

提示: 本章末尾有许多工具包展示。如果有需要，你可以去看下。

以下步骤将帮助你开始学习之旅。首先，你需要思考为什么要使用该工具包。

> 是为了刺激记忆和感情的表达吗？

> 是参与者分享他们对自己熟悉的体验、产品或环境理解的一种方式吗?

> 是为了促进梦想和体验愿望的表达吗?

> 主要是让研究团队对参与者产生同理心吗?

在研究旅途的什么地方使用工具包? 在会议早期使用的工具包更有可能探索超越焦点的范围。稍后在会话中使用的工具包更有可能深入探讨焦点。例如,第91页上的供稿显示了一个探索焦点的工具包。第89页的供稿显示了一个用于探索范围的工具包。

想想你为参与者决定的表达方式。

> 在此工具包之前需要进行哪些活动才能有效使用它们?

> 使用此工具包如何为以后在会议期间的活动做好准备?

我们假设该工具包将用于刺激记忆的表达和对过去经历的感受,并且该工具包将在会话的早期使用。参与者已经花时间对他们当前的体验进行了关注,有了一定的敏感性,我们现在希望他们能够记住并思考他们过去的经历。我们将使用图像/单词拼贴工具包作为示例,因为它们对于记忆和感受的启发非常有效。

第一步　编写说明。第一步是让团队讨论,达成一致,然后编写管理工具包的说明。这最好能在整个研究团队的参与下完成。协同工作将帮助你了解你是否同意使用该工具包的目的。

第二步　头脑风暴单词列表。根据商定的说明进行头脑风暴会议,以生成与主题(即工具包的目的)相关的词汇列表。此步骤也可以通过电子邮件与其他位置的团队成员共享。邀请你的客户参与头脑风暴是一个好主意,因为这可以增加他们对项目的兴趣和归属感。为搜索图像的每个团队成员提供一份单词列表的复印件。

第三步　寻找视觉材料。团队成员将使用头脑风暴的单词列表作为灵感,为工具包选择照片和其他视觉材料。该列表最好被视为刺激图像搜索的资源库,即目标不是为列表上的每个单词选择图像。实际上,最好在查找视觉材料时(在阅读几次之后)将单词列表放在远处,这样对图像的搜索就不会太过于字面化。

尝试收集 4 到 5 倍于你所需数量的触发物（单词和图片）。例如，如果你的目标是工具包包含 150 个项目，则你需要至少查看 500 个项目（图片和单词）。你在哪里能找到这些图片？可以使用或拍摄自己的照片。还有许多用于查找图片的在线选项（例如，www.flickr.com，带有图片搜索的 www.google.com 等）。最好使用无版权的图片。注意图片质量是否足够。拼贴工具包的图片不需要高分辨率，但你需要能够看到其中的内容。网络图像通常非常小，打印时效果不佳。

提示： 使用 Google 图片搜索时，请务必在高级搜索模式下将图片大小设置为中等。

第四步　全面查看触发内容。

将所有单词和图片固定或粘贴到大墙上，这样你就可以一次看到所有内容，并且可以轻松移动内容。如图 6.10 所示，一张大表也很好用。与一组人员会面，以审查、重新组织和缩小工具包图片和文字。

请务必先查看说明。根据需要修改它们，然后继续组织和选择：

> 消除重复；

> 警惕只指向一种解释的图像；

> 对相似的项目进行聚类，并从每个聚类中选择最佳项。

> 添加有关你缺少的任何内容的注释。

以下是一些经验法则，用于决定在工具箱触发器里，哪些内容是需要的，哪些内容是不需要的。

> 在正面、中立和负面刺激之间保持平衡。

> 包括模糊刺激和具体刺激。模糊的项目经常引起最有用的反应，但具体的项目有助于让人们从熟悉的地方开始。

> 包括各种不同的视觉风格，例如照片、线条图、卡通、艺术作品等。

> 一定要包括不同年龄、种族和性别的人。

> 同时检查视觉和口头触发内容，以便你决定给定的想法是以视觉还是口头的方式表达最好。

文化相关性非常重要。如果你正在制作旨在供你自己以外的文化（或亚文化）使用的工具包，则需要进行更全面的初步测试，甚至可能需要在制作工具包之前进行初步研究。另一种方法是邀请来自该文化 / 亚文化群体的人加入你的团队。

提示： 开发工具包的外观和说明，以适应参与者的语言（行话、美学、期望）。

组织完所有内容后，删除冗余内容并选择要使用的集合后，很可能会在图像和单词集中发现漏洞。

步骤5　填补在触发材料中发现的漏洞。你的触发材料应该是广泛的和开放式的，以便人们可以表达非常广泛的记忆、感受、理解或想法。发现触发材料漏洞的一种方法是让团队成员使用触发材料来表达他们与主题相关的最广泛的体验，以便团队成员可以共同想象。一旦漏洞被揭示，只要他们是审查所有材料的团队中的一员，就可以由一个人进行填补。

步骤6　检查最终结果。填补漏洞后，再次查看工具包触发器集。以团队形式协商最终选择的触发材料。你需要保留（150~200）个单词和图片。工具包越大，人们使用它的时间就越长。一个好的工具包可以让他们在旅途中的某个特定时刻表达自己的想法。

提示： 以下是多年制作工具包的经验教训。直觉获胜。如果团队中的某个成员不同意删除该集合中的某个触发内容，尽管团队中所有其他成员都有争议，也最好将其保留在最终触发器中。通常情况下，这将是激发或唤起最有用的洞察的触发点。

提示： 你可以使用假设的触发器"加载"工具包。例如，你可能对新产品或服务的想法有一个先入为主的想法。你可以将其设置为触发内容，并查看是否有参与者对它有兴趣。

步骤 7　设计工具包。创建工具包的物理形式。考虑触发项目的大小、排序和布局。例如：尽量使所有项目的大小大致相同，以便没有任何项目因为它比它其他项目大而比其他更加吸引眼球。你可以在纸上或预先剪切的不干胶纸上打印文字和图片。

或者你可以预先剪下所有物品。预切割物品将有助于在不相关的物品之间进行偶然的连接。但是查看所有项目需要更长的时间。

提示： 在预切贴纸上打印触发项目有助于加快制作速度。但它也会增加工具包的成本。

在纸张上打印时，请注意如何排列项目。同样，随机化会激发连接，但需要更长的观看时间。将图片与图片分开是一种促进快速查看的好策略。请务必随机化或按字母顺序排列单词列表。可以改变单词刺激的字体和颜色，以帮助建立联系。

注意图片质量和纸张质量。如果你的打印件质量太好，人们可能会在切割零件时犹豫不决。如果它们质量太差，人们可能也不会使用它们。

步骤 8　对工具包进行试点测试。为工具包提供样本（参见"试验测试"部分）。理想情况下，工具包将与访谈或会话计划的所有其他活动一起进行测试。

步骤 9　修改和生产。检查试验测试的结果。说明清楚吗？有没有无人使用的图像？如果有，可以考虑消除它们。试点测试人员是否要求提供未包含在工具包中的图像或文字？如果有，就需要考虑添加它们。

6.4.5 预先测试
Pilot Test

预先测试是把会议计划投入实践运行和对所有相关材料的测试。在生成式设计研究过程中，对初学者进行一到两次试验是必不可少的。对于熟练的从业者来说，特别是在新领域工作或与之前从未合作过的目标人群一起工作时，进行预先测试也是明智之举。预先测试的结果将为你提供有价值的反馈。

> 所需时间；

> 活动顺序；

> 作业 / 敏感材料和会议中的说明措辞；

> 工具包的组成。

预先测试将让你在会议环节进行练习，熟悉所使用的工具，并增加信心让真正的会议顺利进行。它还将提供使用技术记录活动环节的练习。你需要评估试验测试文档的结果并根据需要进行更改。

> 录像带捕获会议的效果如何？

> 你可以使用视频片段进行后续的演示吗？

> 录音是否清晰可辨？

> 你能用照片讲述这个环节的故事吗？

> 你能分析这些数据吗？

预先测试越接近实际计划，你的结果就越有用。例如，如果可能，预先测试的参与者应该与你想要了解的人群相匹配。但是，与朋友或家人进行预先测试，总比完全不进行预先测试好。最好在实际部署开始之前几天进行测试，因为很可能需要进行更改。在进入生产模式之前，你需要一些时间进行更改，以制作工具包（见图 6.10）并收集活动所需的材料（见图 6.11）。

图 6.11 工具包示例

6.4.6 制作研究资料
Produce the Research Materials

当考虑为所有访谈或会议准备足够的材料需要多长时间时，计划的时间是实际所需时间的两倍。因为意外很可能发生。例如，打印机在匆忙中容易损坏。

（1）修改。在开始制作过程之前，你需要根据试验测试结果修改所有材料。

（2）成本和时间的权衡。你需要考虑所选材料的成本和时间的影响。例如，你是否会使用纸张或贴纸作为工具包触发物？贴纸更贵，但会让参与者更快地完成拼贴画。如果你使用纸张，你是先剪好物品还是提供剪刀？

图 6.10 制作工具包需要一个大的平面或一堵墙

提示: 查看外部服务以节省时间和金钱（例如，打印、复印、剪切等）。如果你正在制作大量工具包，这可能是制作它们的最佳方式。

（3）制作。只要组织良好，批处理模式通常是最好的（即最有效）。在批处理模式下，可以批量制作给定活动的所有材料。完成所有材料集后，你将整理每个参与者的材料集，然后按组收集组合。如果参加工作坊的人数超出你的计划，建议额外准备一些。此外，额外的工具包可以成为下一个项目的规划工具。

提示: 你需要在每个图像上放置非常小的数字。这将大大加快以后的数据输入速度。

（4）组织和包装。当包装完好的材料进入现场时，重要的是考虑拆卸它们的方式、地点和频率。例如，可以按照在访谈或活动环节期间访问它们的顺序预先打包并且排序好。希望你的团队中有人喜欢这种挑战！

6.4.7 使参与者敏感
Sensitize the Participants

在访谈或活动环节开始前一周，你需要把激活材料发放给参与者。如果不可能做到，他们至少需要一个周末才能有一些空闲时间来完成它。如何将材料送给参与者？你是通过邮件或电子邮件发送激活材料还是亲自递送？如果使用邮件，是使用邮政服务还是特快专递服务并收取额外费用？

亲自递送是最理想的，因为会给你一个与参与者面对面交流的机会，并与他们一起讨论材料，解决他们可能遇到的任何问题。我们发现，个人交付也有

助于确保参与者出席活动，并建立有助于开展会议的关系。但是，有些时候不可能通过面对面实现交付。

要求在活动环节开始前将完成的激活材料返回给研究小组是有用的。如果你这样做，那么能够查看此材料，然后可以根据了解到的内容修改活动安排。但是，如果你在会议之前过早得到激活材料，让参与者沉浸在研究话题中的作用可能会丢失。最好是在活动开始前几天收到材料，并制订有效的材料审查计划。

6.5 进行访谈或小组讨论
Conduct the Interviews or Group Sessions

现在终于开始收集数据了！我们从一般性考虑开始，然后针对不同的使用环境进行更具体的考虑。

准备会议时，建议制作一份需要携带的所有内容的清单。下面是一份我们以前用过的清单。

6.5.1 清单
The Checklist

> 当天的日程安排；

> 活动脚本或访谈人员的笔记；

> 笔记本；

> 2台录音机，以及额外的电池；

> 音频/视频授权协议书；

> 录像机和充电器（或额外的电池）；

> 数码相机和充电器（或额外的电池）；

> 每个公共交通目的地的地图或方向（事先核实），

或汽车的 GPS；

> 手机；

> 每个团队成员的手机号码列表；

> 参与者的电话号码；

> 为每个受访者提供 3 份额外的工具包（以防不备之需）；

> 额外的空白激活材料（以防参与者失去他们的激活材料）；

> 剪刀、胶带和记号笔；

> 奖励和签字表格；

> 伞；

> 钱和 / 或信用卡（以防万一）；

> 小吃和饮料；

> 等等。

准时到达很重要。首先介绍研究团队的每个人，以及他们在会议中扮演的角色。事先清晰地陈述你的意图。

提示： 如果有人为你提供薄荷糖，请接受。

这并不意味着必须提供有关你对研究意图的详细信息。采用足够清晰的方式描述你的意图，以满足参与者的好奇心，同时也要保证足够的一般性，以免泄露焦点或保密信息。永远不要说谎。

在开始之前，你需要征求参与者的同意后才能进行记录。应该有足够的音频 / 视频授权协议书，以供每个参与者签名（如果他们想要保留一份授权协议书，请提供给他们副本）。

在开始会议之前，一定要感谢参与者做"家庭作业"（即激活材料），并对他们所做的事情表示出感兴趣。例如，让他们讲述对激活作业的体验是一个好的开端。现在是让他们表达对激活材料可能触发担忧的好时机（否则，他们可能会在整个会议期间回到这一点）。

你需要与研究伙伴合作，因为促进会议活动、观察、记录都需要全神贯注。在活动期间，协调人和记录员都应该注意参与者在做什么以及说什么。记录员将负责记录每次采访或活动（视频和音频）。辅导员和记录员也可以拍摄一些照片，只要这种拍摄不会中断活动。

在会议结束时，让参与者有机会提出一些问题。然后提供奖励并要求他们签署接收付款所需的表格。你可能希望让录音机保持运行，直到需要打包为止。一旦有人有时间反思，人们就会发表非常有用的评论，并在官方活动结束后提出一些事后的思考意见。

6.5.2 在哪里举行会议
Where to Conduct the Sessions

实地考察可以在许多类型的设置中进行。在三种最常见的设置类型中进行实地考察时，请记住以下注意事项。

在使用情境下（例如，家庭或办公室）

在参与者的家中或办公室可能是非常有价值的信息来源地。在使用或体验的自然环境中进行实地考察时，重要的是不要扰乱日常的活动流程。如果正在家中进行研究，那么你可能想要在来之前要求人们不要打扫，以便你可以看到他们的真实生活。根据我们的经验，并不总是遵循此要求，但值得一试。

尽管建议研究团队成员的数量不要超过参与者，但进入人们的家时，应该始终与研究伙伴合作。混合性别的团队是最好的。无论是研究团队还是参与者，情况都是如此。

提示： 如果调查工作位于你不熟悉或有理由担心的地区，请携带手机并提前制订应急计划。

在中性地点

在研究机构进行实地研究是最佳选择，因为研究是保密的，所以参与者不得了解赞助方。研究设施可以有效处理访谈和小组活动。因为在举行会议的房间和"后面的房间"之间通常会有一面带隔音的单向镜子，因此非常利于人们进行观察。并且研究机构也可以进行音频和视频的录制。

提示： 即使设备正在录制会话录音，你也应该自己录制音频。以防有时候自动录音会出现错误。

他们通常会提供其他的便利设备，比如送食物和跑腿，但价格不菲。

在客户所在地

在客户所在地进行研究也是一个可选项。客户所在地可以帮助节省资金（即没有设施租赁费用），可以帮助从客户团队中吸引更多的人观察和／或参加会议。但是，如果客户所在地是当地知名组织或机构，则研究赞助商的匿名性将会丢失。在探索未来的体验时，大多数客户更愿意保持匿名。

有时，在客户现场进行研究是唯一的选择。例如，在与医院工作人员进行生成式设计研究以告知／启发新医院的设计时，资金紧张。招募倾向于由医院的行政人员完成，参与者在休息时间或午餐时间参加会议。他们没有报酬，但大多数人都很高兴能够对他们未来的工作场所发表意见。我们与工作场所的医护人员进行研究时遇到的一个挑战是，他们可能不得不离开会议以处理紧急情况。图 6.12 从不同维度比较了三个工作坊的地点。

	在用户实际情境	在第三方机构	在客户的地方
时间	耗时	高效	高效
花费	中等	高	低
保持客观性	是	是	否
减少打扰	否	否	否
获取额外信息	最好的	否	否

图 6.12 从不同维度比较了三个工作坊的地点

主持会议

首次做会议管理员可能是一项艰巨的任务，特别是，如果你不习惯在公共场合或领导小组发言的话。你必须是接待参与者，然后向他们解释他们应该做什么，记录时间和过程，并引导小组朝着研究的主题前进。要避免的一个陷阱就是成为评判答案质量的"老师"。重要的是要记住，参与者是该主题的专家，而你作为主持人，可以帮助他们表达自己的观点。

在会议开始时，你应该澄清这些角色，即他们是专家，你是倾听者。提醒参与者没有正确的或错误的答案，并且你对他们的答案非常感兴趣，这样可以给人一种你对这个主题本身不太了解的印象。如果你把自己表现为一个局外人，参与者将更有可能解释看似显而易见的事情，并把通常默许的细节提出来。例如，在一项针对家庭主妇的关于洗涤剂的研究中，男性引导者令人信服地解释说，他对洗涤知之甚少，只知道必须将有色的东西与白色的东西分开洗涤。

如果会话中的参与者互相认识，或者彼此表现出强烈厌恶，明智的做法是巧妙地让他们分开座，否则，这样的搭配可能会破坏他人的活动，或者在与之无关的不同方向上形成分歧。

同样，作为主持人，你必须鼓励一些参与者发言，询问他们尚未解释的部分内容，并切断偏离感兴趣话题太远的对话。

提示： 不要太害怕沉默，并通过自言自语来填补沉默。沉默可以迫使参与者深入思考某个主题。

协调员的许多技巧在于预测群体行为和保持积极主动。其中一个技巧是观察参与者在使用工具包时的情况，并确定哪个参与者可能会有一个鼓舞人心且信息丰富的故事呈现出来，然后从这个人开始进行演示。

提示： 例如，如果你要求一名积极的参与者先展示他们的拼贴画，那么通常会得到一个热情和吸引人的第一次展示。

第一位展示的人通常会为那些随后的人设定情绪，所以，如果你避免让过于害羞的人先去，你的生活就会轻松得多。另一方面，在以后的演示中改变顺序也很重要：总是紧跟一个非常啰唆的参与者，或者永远是最后一个，并不好。

在演示过程中，尽量让演讲者向小组发言，而不是向协调者展示。如果你在他们演示时举起他们的拼贴画，则可以将演讲者引向小组，演讲者可以自由地指出事物，而你的肢体语言可以巧妙地鼓励或阻止对某一部分的阐述。在演示过程中，如果演讲者保持沉默，请尝试选择一两个可以提出问题的点。协调是一种需要练习的技能。如果你非常关心自己作为协调者的技能，或者你希望进行大量的协调工作，那么你可能需要阅读更多相关信息。Moderating to the Max（Bystedt 等，2003）是一个很好的选择起点。

如果可能，在会议结束后安排一些时间或非正式活动，例如午餐或饮品休息。这有两个好处：一个是，协调者可以将其作为控制时间的借口（"让我们在午餐时再讨论这个问题"）。另一个是，非正式活动往往是非常有价值的数据来源。一旦从正式会议的责任中解脱出来，参与者往往会冒出各种想法来分享；在以后的分析中，这个非正式部分的评论通常属于最重要的部分。

协调一对一的访谈

无论你是在参与者的家中（或工作场所）还是在第三方的场所（例如在研究机构中）进行访谈，第一步是尝试与人们建立积极的关系。保持最初的友好和非正式对话。然后，正如你在小组会议中所做的那样，需要让参与者了解访谈的性质以及在文档方面的期望。你将要求他们签署授权协议书。最好让他们知道访谈需要多长时间。

如果你是在参与者家中（或工作场所）进行访谈，你需要让参与者决定他们想在哪里进行访谈。如果他们愿意，你可以让他们带你参观他们家（或工作场所）的主要部分。请记住，您是他们家（或办公室）的客人，所以请跟随他们。

为你要讨论的主题做好准备，这样你可以减少参考你的活动指南。如果一对一访谈对参与者来说更像是一次对话，而不是一次访谈，那么它将是最富有成效的。你可能需要一个缩短版本的会话指南，以便在访谈期间能够非常快速地查阅。你不需要在每次访谈中以相同的顺序来讨论所有主题。让受访者在某种程度上引导对话。例如，如果他们自然地谈到了你计划在会话中稍后讨论的主题，那么就让他们谈论这个话题，因为这个话题很适合在对话中。你可以使用会话指南的缩短版本来跟踪已涵盖的主题以及仍需要涵盖的主题。

你也可以确定主题列表的优先级，以便确保涵盖优先级最高的主题。

记录数据

在进行生成式设计研究时，最好意识到你不能依赖记忆，甚至不能依赖记好笔记。即使在会议上，也有太多的东西看不见和听不见。以下是记录现场数据的指南。

尽量多地保存文件。同时使用音频和视频文档。带上两台录音机以防万一。拍很多照片。

勤奋地贴上标签。在你进入下一个活动之前，每个录音都应标有名称、位置和日期。

下载。尽快下载所有文件，并立即将它们备份到安全的服务器上。

获取录音的转录文件。现在有很多公司提供这项服务。这是非常值得的，因为你将获得会话的逐字转录以供后续分析。通过数字音频录制，可以在会话结束后立即上传音频文件，如果提前安排了此类服务，则可在第二天收到转录文件。

为什么所有这些都强调文档？在进行生成式设计研究时，你将获得大量凌乱和深入的信息。你可能希望从多个角度进行分析。在分析过程中，你可能无法确切地知道如何分析数据。因此，通过尽可能多地记录所有内容，将为任何事情做好准备。请记住，仅仅因为记录了数据并不意味着必须分析你记录的所有内容。

提示： 在标记数据时，最好假设其他人会分析它。在这种假设下，你需要将数据标记得足够好，以便其他人能够找到他们正在寻找的内容，并且能够在你不出场的情况下对其进行分析。

如果你未获得如上所述记录会话的许可，该怎么办？首先询问你希望拥有的文档，解释为什么需要它。然后进行协商。

提示： 如果你未获得视频录制许可，请不要担心。录音和摄影一起工作效果也会非常好。

如何解决特殊情况和复杂问题

意外会发生。最好是预见可能出错的一切并为此做好计划。这对于初学者来说可能很难预料到。以下是一些需要考虑的情况，以及避免或处理它们的建议。这些情况都是在进行生成式设计研究时发生的。

你可以与有孩子和婴儿的家庭一起参加家庭会议。他们同意在会议期间为孩子们准备一名保姆。当你到达时，得知保姆已经取消了。幸运的是，研究团队中有三名成员（以防万一）。其中一个人同意照顾孩子，会议按照计划进行。

航班取消，你无法及时到达研究地点，因为工作坊的日程已经做好安排，没有足够的时间来重新安排。为避免出现这种情况，请勿预订前往目的地的最后一班航班。确保至少有一个后续的航班能够按时到达。

航空公司弄丢了你的行李。切勿托运你的研究材料（当然除了剪刀）。托运用来放衣服的行李箱。因为购买新衬衫比更换研究材料更容易。如果你打算通过邮件或快递服务发送材料，请提前计划。如果它们丢失了，请留出足够的时间来制作更多的材料。

路线出乎意料地绕。你在一个陌生的城市开车，需要让参与者知道你可能会迟到。确保每个参与者都有电话号码和电子邮件地址。使用你自己的 GPS 设备或具有 GPS 功能的智能手机旅行。

谈话／讨论引起参与者强烈的情绪反应。在继续之前，请确保参与者没问题。你不需要坚持完成会话。在他们认识的人出现之前不要离开他们。

你想用网络在会话期间显示 YouTube 上的一个视频，但互联网无法连接。将视频提前存储在至少两个设备（例如，笔记本电脑和 USB）上。

研究机构没有完成录音。当会话意外运行超过两小时估计值时，请确保有两个录音机一直运行。

录像机停止工作。始终有一个关于设备的备份计划。假设录像机中有东西坏掉或者电池电量耗尽。

其中一位参与者决定带上没有参与激活环节的老板或同事。如果客户的公司有消息传开，突然你有一位客人想加入，因为他已经对这个主题了解很多了。尽量避免这种情况。如果没有参与激活的人参与，可能会非常不利。

尤其当他们将讨论的方向引导到他们认为重要的事情上时，那么就会非常具有破坏性。积极主动制订一个或几个替代计划，将此类人员从团队中删除。也许可以让他们来记录观察或记笔记。

再次使用并且将工具包和活动环节的计划进行标准化

在设计研究实践中，特别是在财务方面的压力下，你会问自己，或者被你的客户问到——为什么你要投入创建工具包，以及是否使用标准工具包。这显然可以节省资金。但它有几个缺点：①工具包过于笼统，没有包含足够的适合特定主题的触发器；②团队没有从制作工具包中受益；制作过程也有助于提高他们的敏感度；③如果主持人不熟悉工具包本身，则会在活动期间表现出来，并且很容易使参与者失去动力。

从经验丰富的工具包中重复使用元素当然是有意义的。同时创建可以重复使用的组件工具包当然也有意义，例如案例 4.1 中的可更换贴纸或尼龙建模工具包。但要注意，不要为了节省时间和金钱预先打包工具包，并将它们挤压到不太适合的应用程序中。这些工具是用来支持参与者的表达和创造力的，而不是用来让人们走过场的机器。

总结

总之，我们已经描述了只要你花费时间和精力进行规划，对其进行试点测试，然后实施并记录，就可以成功地在现场收集数据。在与参与者进行的一到两个小时的会议中，有很多工作要做，并且生成了大量数据。一旦记录完毕，就可以在此过程的后期在多个不同级别进行分析。

一些研究人员喜欢设计和组织的过程。其他人很高兴有人喜欢做这部分工作。但是，大多数做数据收集的人发现自己喜欢他们能够结识新朋友，了解他们的生活和未来的梦想。这些与人的交谈记忆将持续多年。

6.6 知情同意书应采用书面形式
Informed Consent Should Be in Writing

建议全面记录设计研究过程，因为这将在分析阶段提供极大帮助。用于图像、音频和视频文档的数字记录设备变得体积小且相对易访问，这使其在今天变得越来越实用。但是，在使用摄像机、录音机或录像机记录参与者或其制作的物品之前，必须得到参与者的知情同意。获得记录研究许可的态度因地区不同而不同。因此，在开始研究之前，最好谨慎，避免犯错，并获得许可（理想情况下是采用书面形式）。

如果你的工作是在大学环境中进行的，请务必检查是否已经制定了指导方针和/或规定，以避免在对人进行研究时出现道德问题。这里给出了美国使用指南的链接。

供稿人

莉兹·桑德斯（Liz Sanders）

美国俄亥俄州哥伦布

MakeTools, LLC

创始人

Liz@MakeTools.com

参考文献

[1]The Belmont Report: Ethical Principles and Guidelines For The Protection Of Human Subjects Of Research

http://ohsr.od.nih.gov/guidelines/ belmont.html

摄影和录音记录许可表

本次工作坊将进行录音和拍照。这些记录和照片仅供研究使用，不用于商业。

请选择以下一条或两条声明，然后签名并注明日期，谢谢！

_____ 我同意×××因研究目的，对工作坊进行录音和摄影。

_____ 我同意×××在后续的材料（文章、演讲、网站）中使用照片。

姓名 _____

日期 _____

下面是一个非常简单的知情同意书的示例。在获得参与者的书面同意并进行记录的同时，也可以请求允许在将来的演示中使用文档。

供稿人

斯蒂芬妮·巴顿（Stephanie Patton）

美国俄亥俄州哥伦布

Spot-On Consulting

董事长

spatton@spot-on-consulting.com

莉兹·桑德斯（Liz Sanders）

美国俄亥俄州哥伦布

MakeTools, LLC

创始人

Liz@MakeTools.com

6.7 关于现场录音的经验
Lessons Learned About Audio-recording in the Field

> 投资数字录音机或使用具有录音功能的智能手机。

> 注意你可以录制多长时间，提前测试一下。

> 注意电池的剩余电量，提前测试一下。

> 随身携带备用电池。

> 考虑购买放大器等配件。

> 公布参与者的姓名、活动编号和每个环节开始的日期 / 时间。

> 如果有人在记笔记，请他们每隔 5 到 10 分钟在笔记本上写上时间代码。

> 当会话中的主要部分更改时，请停止并重新启动录音机，以保持音频文件容量尽量小，便于管理。

> 调节时，练习主动但无声的聆听。使用肢体语言表达你对参与者所说内容的关注和兴趣。否则会是一个充满了"嗯、啊"的转录文件。

> 如果活动转移到房间的另一部分，请随身携带录音机。

> 使用视频文件作为音频文件的备份。如果录音机出现故障，也可以将视频文件更改为音频文件。

> 在每天结束时下载音频文件，并将每个文件的副本放在安全的服务器上。

> 以某种方式命名音频文件，以便其他人可以找到他们正在寻找的音频文件。

6.8　考虑工具包的可用性时需要解决的问题

Some Questions to Address as You Consider the Usability of Your Toolkits

供稿人

莉兹·桑德斯（Liz Sanders）

美国俄亥俄州哥伦布

MakeTools, LLC

创始人

Liz@MakeTools.com

生成式设计研究在"现场"进行时效果最佳，例如，在人们生活、工作、学习和玩耍的地方。因此，需要考虑工具包以及相关组件的整个生命周期，例如，耗材和记录工具。

工具包的可用性反映了工具包在其使用的所有阶段，例如，组装、包装、运输、拆包，将其介绍给参与者，参与者使用、回收和 / 或处理组件、重新打包，进入下一个活动，获得所需的组件，并将其运回家。工具包的可用性还考虑了生成式设计研究过程的其他组成部分，如耗材（剪刀、标记笔、胶水等）和记录会话的技术（录音机、照相机、摄像机等）。可用性尤其重要，当你直接从一个家庭活动转到另外一个家庭活动时，或当你从世界的一个地方旅行到另外一个地方时。

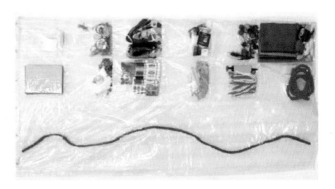

在 2005 年的 SCAD 设计课程中，学生们探索了生成式工具包的可用性。在这里，一条浴帘被折叠、胶合和切开，形成工具包材料和用品的口袋。"口袋窗帘"只是轻松展开，向参与者展示工具包组件的完整阵列（萨凡纳艺术与设计学院，2005 年夏莱特）。

在考虑工具包的可用性时，需要解决以下这些问题。

> 工具包是否按照访问顺序进行组织，并提前贴上标签，以便知道每次活动需要带什么，并且知道是否能一次性携带所有东西。

> 每个工具包是否是独立的？是否可以立即访问整个工具包？如果工具包有图层，那么图层是否有清晰的标记？

> 乘飞机旅行时，需要将什么东西送去安检？随身携带什么登机？是否需要在抵达前运送组件？这是一个可靠的选择吗？

> 为了防止其他人（可能是配偶或朋友）加入会话，是否有多个额外的工具包和用品？

> 你是否将工具包、耗材和技术设备组织起来，即使在与刚刚遇到的人进行对话，也可以在需要时找到所需的工具包、用品和技术设备？

> 你的记录技术设备是否可访问、可以标记？是否提前做了预测试和充满了电？是否提前建立命名了的文件夹？

> 工具包组件的组织是否与讨论指南中的步骤相对应？

> 是否可以回收组件？怎么样？什么时候？

> 你是否有计划如何以及何时处理清理工作？

活动结束后，请大家帮忙收拾工具。离开时，用背带将"口袋窗帘"绑好。这样很方便前往下一个活动场所。（萨凡纳设计和艺术学院，2005 Charrette）

6.9 在设计开发的"构思"阶段使用的一个可重用、可移动且灵活的工具包

A Reusable,Mobile, And Flexible Toolkit for Participatory Use During the 'Idea' Phase of Design Development

在这个"生态意识"的时代,考虑材料的使用和再利用被许多设计师提上日程。然而,我过去参与的许多项目的工具包都很大,而且从所用材料的数量来看有些浪费。因此,我在俄亥俄州立大学为我的本科论文设计了可重复使用的材料和设备:"创意空间"。

该工具包旨在帮助产品开发的初始阶段而设计。这个阶段通常需要考虑广泛的、高级别的问题。针对这种情况设计产品需要灵活的性质,无论何时何地都能提供即时的讨论和会议。"创意空间"的便携功能使旅途中的人们能够在咖啡馆、客户办公室或灵感来袭的地方工作。可重新定位的画布设计为多种尺寸,以便于个人和团队的思考。这使得所有类型的人能够非正式地、自发地将他们的想法表达出来,让每个人都参与进来,给出反馈意见并快速修改任何想法。

供稿人

林赛·金齐格(Lindsay Kenzig)

美国俄亥俄州哥伦布

设计中心

高级研究员

Lindsay.Kenzig@gmail.com

林赛的供稿基于她作为工业设计专业学生的工作。

Senior Thesis: Idea Space, The Ohio State University, Department of Industrial, Interior and Visual Communication Design

Committee Members: Noel Mayo and Liz Sanders, June, 2005.

"创意空间"旨在成为一款易于接近且易于使用的产品，为研究、旅行和记录做好准备；它考虑了最终设计中的所有需要考虑的因素。除了可反复粘贴的画布外，"创意空间"还包括以下部分：带背带的便携容器、启动附件（如文字、令人回味的图像和箭头等有用的符号）、圆筒袋中的书写用具和抹布。所有画布都具有与大多数数码相机相同的纵横比，以便于尽可能简单地记录文档。

由于开始讨论开发想法或产品可能会涉及类似的主题领域和策略（如流程、方法、沟通、文化等），这个工具包提供了可以在不同项目中反复使用的附件分组。也可以为不同类型的项目或领域开发附加工具包，例如网站开发或室内设计。

Idea Space

A reusable, mobile and flexible toolkit for participatory use during the "idea" phase of design development

1. carrying container
2. erasing wipes
3. writing utensils in rolled bag
4. repositional canvases
5. startup accessory tools / images
6. carrying strap

© 2005 Lindsay Kenzig

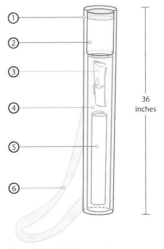

Idea Space

Packing and Organizing Components

36 inches

© 2005 Lindsay Kenzig

6.10 购买材料：两条路径

Shopping for Materials: Two Approaches

生成式设计研究在使用各种不同寻常的材料方面是独一无二的，因此必须进行购物。我们概述了两种主要的购物策略：任务导向的购物和机会购物。

任务导向的购物最好在研究计划完成后进行。一旦了解了参与者将要经历的活动，组织你的购物清单是帮助你准备和打包手头项目的好方法。你的清单应包括以下这些。

> 参与者使用的工具包材料（如贴纸、剪刀、胶带等）；

> 准备工具包所需的材料（如刀片、打印墨盒、模切机等）；

> 文档和技术工具（如照相机、录音机、笔记本电脑等）。

制作购物清单后，你必须根据价格、距离、交货时间、人工成本以及运输或快递成本确定最佳购物地点和方式。例如，你可能会认为，虽然物品的价格可能会高出 5 美元，但在线订购的时间会更有影响。不要低估运输所需的时间。在某些情况下可能需要即兴创作。对于你经常使用的物品，可以储存一些，有助于减少将来的运费。

供稿人

林赛·金齐格（Lindsay Kenzig）

美国俄亥俄州哥伦布

设计中心

高级研究员

Lindsay.Kenzig@gmail.com

斯蒂芬妮·巴顿（Stephanie W. Patton）

美国俄亥俄州哥伦布

Spot-on Consulting

董事长

spatton@spot-on-consulting.com

在为实地工作创建材料包时，材料购物清单作为一种组织工具变得更加有用。

在一些小店或网上的二手商店里，你可能会发现一些不寻常的、比新品价格低很多的或者可以使用原材料来修改的东西。你所在地区的废物循环机构可能也有循环使用的商业项目，同样可以作为另一个寻找原材料或其他不寻常材料来创新应用的地方。例如，你可能会在这里找到用来覆盖三维尼龙模型工具的容器。

机会购物随时可能发生。例如，你可能已经外出购买了一些具体的、特别的东西，但碰巧遇到了一个有趣的物品，可能在未来一些项目里是有用的。或者你可能出去购物，认为"我已经有一段时间没有去那里"，停下来只是想看看能找到什么。另一种情况是，当你在不熟悉的城市或国家，有机会买到奇特的一些物品。从机会购物带来的潜在的意外收获创造了一个强有力的论据：每个项目团队成员都应该购买材料，或者至少要注意项目所需的材料，以便他们可以在日常生活中获得意想不到的材料。与合作伙伴进行机会购物通常是非常富有成效并充满乐趣的事情。

在荷兰代尔夫特的一家小店里，纽扣以独特的陈列方式出售。
这样的发现可以为未来的工具包提供丰富的灵感来源。

6.11 深入了解自闭症儿童的经验世界
Insight into the Experiential World of Autistic Children

自闭症儿童不具备标准的"制作和说"技巧。他们有限的沟通技巧要求采用不同的方式。在这个项目中，三名男孩及其照顾者参与了观察和生成式技巧，以洞察自闭症儿童的经验世界。

在"LINKX"项目中，我为自闭症儿童开发了一种语言学习玩具。玩具包括连接块，帮助孩子学会在日常环境中说出物体的名称，这是自闭症儿童说话和交流的第一步。为了这个特殊的用户群，设计需要深入了解自闭症儿童的经验世界。从在互联网上搜索信息、阅读书籍和观看纪录片开始，我意识到与自闭症儿童及其照顾者联系的需要。每个人都可以以自己的方式从个人的角度让我洞察他们的经验世界。

因此，我让三个自闭症男孩参与其中：喜欢数字和字母的比尔（Beer）、喜欢音乐的罗伯特（Robbert）以及喜欢色彩的雅各布（Jakob）。他们与父母和教师一起参加。这些参与者中的每一个都有不同的沟通方式，并且需要适合其特定方式的沟通工具。由于沟通技巧有限，让儿童参与标准的"制作和说"技巧是不可能的。作为一种解决办法，照顾他们的人提供了帮助。在儿童及其照顾者的家里、学校和治疗机构中进行观察，获得了对他们的理解和同理心。一开始，孩子们的行为是冲突的："通过互动，我体验了与这些孩子沟通的困难"。这一次接触帮助我准备了与看护他们的人的生成式会话，并为我修正了"正确"的问题。

供稿人

赫尔马·范·莱茵，理学硕士

荷兰代尔夫特理工大学工业设计工程学院

博士生

h.vanrijn@tudelft.nl

Helma's contribution was based on her

Master thesis: LINKX a language toy for

autistic toddlers, developed in co-creation

with parents and pedagogues,

Delft University of Technology, Industrial

Design Engineering, ID-Department.

Chair: Prof. Dr. P.J. Stappers Mentor:

Mrs. Dr. Ir. C.C.M. Hummels,

January 2007.

参考文献

[1]Van Rijn, H., Stappers, P.J. (2007) Codesigning LINKX: A case of getting insight in a difficult-to- reach user group. IASDR conference, Hong Kong, November 2007.

[2]Van Rijn, H., Stappers, P.J. (2008) The puzzling life of autistic toddlers: Design guidelines from the LINKX project. Advances in Human Computer Interaction, special issue child and play.

父母参与了一个关于孩子的偏好、技能以及他们与孩子一起生活的个人生成式活动。他们收到一本关于这个主题的小册子。在活动中，父母分享了很多关于他们的孩子及其个人生活，例如感情、日常模式和家庭日常规律。

四位教师参加了关于语言学习的生成式设计研究，以及他们如何与孩子们一起实现这一目标。与父母相比，教师保持专业距离，并帮助我用他们的故事理解理论。他们描述了孩子们的语言学习，而没有提到现实生活中的例子。因此，不同的人通过适合每个人的角色和沟通方式的工具和技术带来了不同的知识。

教师们参加了一个关于自闭症儿童语言学习的生成式设计研究，以及他们在这方面的成就。

LINKX：连接交互块，播放由其父母录制的单词。

父母填写了关于孩子技能和偏好的小册子。这些小册子后来进行了讨论。

在项目期间，设计师观察了孩子们的日常生活，并测试了早期原型。

6.12 虚拟3D空间中的协同设计：在通勤列车上安装自行车

Co-design in Virtual 3D Space:Fitting Bicycles on Commuter Trains

有些通勤列车上自行车无法进入，因为它们可能占用太多共用轻轨内部的行人空间。为了帮助解决这个问题，作者开发的虚拟空间协同设计（CoDeViS）工具寻找有效解决方案。

在确定理想的客户体验后，此工具可用于解决设计问题。设计师可以让其他人参与到设计过程中，帮助他们在特定的环境中产生想法和表达愿望。在这种情况下，探索了自行车和人们必须一起旅行的通勤列车的内部。该工具可以以低成本提供给世界各地的大量参与者。

在这项研究中，招聘了五名成年志愿者参加；一名女性和四名男性，他们是大学生，年龄为 20~23 岁。没有参与者具有任何实用的 3D 计算机建模技能。没有培训或指导，每个参与者都被给予一个带有三个文件的光盘。参与者在一周的时间内使用大约两小时的空闲时间来完成练习。三个文件如下。

（1）MS Word 文档，其中包含方向、可能的场景，以及可以写入思考和问题答案的空间，以帮助参与者沉浸在设计问题中。

（2）Google SketchUp 应用程序（免费提供 3D 建模应用程序，也可从 Google 下载）。

供稿人

詹姆斯·阿诺德（James Arnold）

美国俄勒冈州波特兰

工业设计学院艺术学院

jimarnolddesign@gmail.com

詹姆斯在写这篇供稿时他正在哥伦布市俄亥俄州立大学设计学院任职

参考文献

[1]Arnold, J. (2008) A Case Study of Applied Co-Design in 3D Virtual Space for Facilitating Bicycle Use on Light Rail Systems. Undisciplined!: Design Research Society Conference. Sheffield, UK.

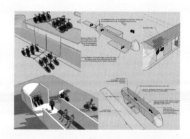

每个参与者通过移动和放置抽象形状来可视化他们的想法，这些抽象形状随后被赋予意义，并使用 SketchUp 中包含的文本工具进行标注。

（3）SketchUp 3D 模型文件，包含空的通勤列车内部和抽象形状的模型，这些抽象形状可以用作虚拟"魔术贴模型"部件。这些模型是使用"Rhino"NURBS 3D CAD 软件轻松创建的，并导出为 .3DS 模型文件（SketchUp 可以兼容此类型和其他类型文件）。

在编写和创建 3D 形状之后，参与者通过在线"下拉框"将文件返回给作者。之后，对书面和 3D 建模进行了分析，以发现重复的模式和可行的概念。然后，作者创建了一个概念，"可转换 / 多用途座位"，体现了参与者表达最多的主题 / 想法。

与参与者的后续访谈揭示了几件事。其中最重要的是演习 3D 模型有助于创造和表达想法。3D 模型体验似乎增强了参与者的空间和语境意识。其他几项研究证实了 CoDeViS 的这些优点。

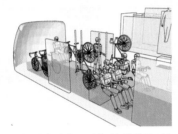

陈述和参与者的 3D 模型文件激发了这个概念。在这里，作者创作了一个包含大多数参与者表达的设计概念。

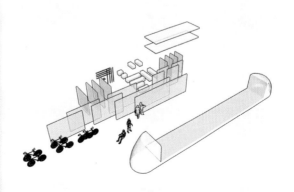

参与者被要求在他们自己的电脑上安装 Google SketchUp. 并且熟悉它们。这是当参与者打开文件后看到的内容。

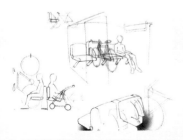

作者甚至创造了描述性的草图来进一步细化参与者激发的设计方向的结果。

6.13 第一印象非常重要——事先测试你的工具包

First Impressions Count Double-Pilot Test Your Toolkits

工具包需要适合参与者。工具包的第一个版本几乎永远不会完全正确，因此有必要对工具包进行事先的测试。这不仅使工具包更有效，而且你必须进行的更改已经提供了有价值的见解，看到更改的参与者会注意到你是在认真地对待它们。

工具包的正确与否涉及内容、视觉外观、感觉、语音，甚至小细节。以下是两个例子。在一个有温室园艺家的项目中，我们认为只是一个术语的一点拼写错误（缩写"WKK"被写成"WWK"），但是参与者却把它作为我们没有努力理解他们世界的标志。对他们来说，WKK 是参与者公司的核心技术，如果我们在那里留下了错误，那么可能会对他们造成困扰，以至于工作簿的目的会失败。我们立即对其进行了更改，并计划参观参与者公司的温室。这被证明对工作关系的促进，并且提供许多线索以便跟进研究都非常有价值。

所显示的图片是与家庭进行的情境研究使用的活化小册子。我们决定让老人、成年人和青少年使用一本小册子，因此我们可以对差异和相似性进行有效的概述。这本小册子由每一代的两个人，一个接一个地使用。当我们发现老人看不懂印刷品时，我们把这本小册子放大。成年人很愉快看到这种变化，但是年轻人认为这对他们来说太"老了"。根据这些反馈，我们使用了两个版本。

实例表明，试点测试是研究的一个组成部分，是对工具包的生产检查，也是你从中学习的来源，并提供可能导致你后续进行调整的见解。

供稿人

桑恩·基斯特梅克（Sanne Kistemaker）

荷兰海牙

穆祖斯

以用户为中心的设计师和创意总监

sanne@muzus.nl

准备用的工作手册，包括一次性相机、笔和贴纸。

不同的视觉风格被用来吸引成年人（更正式）参与和青年人（更有趣）参与。

供稿人

布鲁斯·M.哈宁顿（MBruce M. Hanington）

宾夕法尼亚州匹兹堡市

卡内基梅隆大学设计学院副教授兼项目主席，MMCH 110

邮编：15213-3890

hanington@cmu.edu

参考文献

[1]Hanington, B. (2007) Generative Research in Design Education, Proceedings of the International Association of Societies of Design Research, IASDR, International Conference, Hong Kong.

[2]Hanington, B. (2010) Relevant and Rigorous: Human-centered Research and Design Education, Design Issues, Vol XXVI, No 3, Summer.

信用

Luke Hagan

6.14 事先为活动测试仪器套件、时间和舒适度

Pilot Testing Gauges Kits, Timing, and Comfort for the Session

事先测试对于衡量设计元素的适当性、确定会议的时间安排和流程，以及确保协调人和参与者的舒适度至关重要。在一个案例中，一名设计背包的学生让参与者将露营物品的图像排序为基本背包形状的线条图。然而，简单的图形太有限了，因此该套件被转换成令人印象深刻的全尺寸3D魔术贴建模套件，具有令人信服的结果，允许参与者构建一个真正的背包，在背包中塞满物品并测试他们的想法。

在另一个案例中，设计了一个带有产品功能透视效果图的工具包，用来给参与者配置他们理想的清洁推车，但有些人无法直观地在2D中传达3D的想法，因此，迫使工具包和参与式会议进行修改。

6.15 让繁忙的专业人士参与新的医疗工作环境的开发

Involving Busy Professionals in Developing New Healthcare Work Environments

在医疗建筑行业，建造商和建筑师寻求客户和利益相关者的意见，但参与者通常会根据他们的等级或他们表达观点的能力进行选择。这就忽略了在工作场所的许多专业人员（最终用户）的基本专业知识（Beekman，2010;Kleinsmann 等，2010）。根据我们在开发新的医疗工作环境方面的经验，我们发现让这些专业人员参与进来是可能的，也是有价值的，但需要与繁忙的工作方式相匹配的工具和技术。

在我们的项目中，很快就可以清楚地看到，这些专业人员大量参与他们工作的主要过程，并且几乎没有机会或希望参加额外的会议。因为他们习惯于紧张的工作节奏、即兴创作和快速思考，并且高度关注患者护理，所以我们根据他们繁忙的日程调整了我们的研究和提问方式。我们必须为允许快速进出的会话提供便利。因此，我们还必须调整工具以适应他们的工作方式。

我们尝试了几种工具和访谈技巧，其中一些效果很好。例如，我们将数百页厚的项目文件翻译成几个清晰的图表，并要求康复医院的工作人员指出他们认识到、遗漏和（不同意）的内容。图1就形成了一个动态文件，当工作日有时间时，可以在短时间内查阅该文件。

我们也邀请他们参与分析；为了提高效率，我们使用了彩色的便利贴纸（粉红色表示机会，橙色表示约束）（见图2）。这些工具运行良好，对于这个用户

供稿人

奎尔·比克曼（Quiel Beekman）

荷兰，利恩萨特伍德

4Building BV

用户参与设计师

beekman@4building.nl

参考文献

[1] Beekman, Q, (2010). A hospital's main asset is its people: User participation in a healthcare environment. In: Stappers, P.J. (Ed) Designing for, with, and from user experiences. StudioLab Press: Delft, Netherlands, p. 58-61.

[2]Kleinsmann, M., Beekman, Q., Stappers P.J., (2010). Building hospitals using the experience of the stakeholders: How learning histories could enable the dialogue between architects and end users. In Product Academic Issues, No. 2, November 2010. Mybusinessmedia, Rotterdam, Netherlands, p.12-18.

图1 在康复医院的生成式用户会话之前，作为敏化剂使用的动态文档和卡片集的页面。

图2 比如使用不同颜色的便利贴有助于数据聚类和简化分析

图3 2010年11月，在荷兰霍恩的"Het Westfriesgasthuis" ICU部门进行病人需求的标注

组而言，可能比其他用户组更好，因为这些工具能够即兴创作并快速切换到新的视角。另一个分析工具是定期更新的在线网页。

看到他们的反馈体现在网页上时，激发了参与者的积极性，因为这表明我们正在利用他们的投入来开展工作。

在我们为未来的重症监护病房（ICU）搜集需求时，我们使用了大型的墙上海报，他们可以通过书写、绘图、粘贴便利贴或图片来添加修改这些海报；这些海报挂在ICU病房的走廊里（见图3）。

这些工具的优势不仅在于通过让未来建筑业中的专业人员（最终用户）积极参与到开发过程中来揭示隐藏的信息和知识，还在于参与者产生强烈的归属感和责任感。与会者感谢他们的发言和聆听。他们对这种方法非常热心。

一家康复医院儿童部门的团队经理说："事实证明，在梦中思考而不是在限制中思考是一件非常令人大开眼界的事情。我们的创造力得到了激发，我们发现自己比传统的用户咨询更有乐趣。"

"这些技术形成了一种生成式语言，因而可以相互理解。建筑开发项目的项目负责人熟悉了我们的医疗和组织术语，我们建筑的最终用户同时也更好地理解了建筑术语。"

6.16 分析社交行为：使用生成式技术来了解人们的角色、社区和社会价值观

Mapping the Social:Using Generative Techniques to Learn About People's Roles, Communities,and Social Values

人们使用产品和服务的经历与社会或人们如何处理彼此之间的关系密不可分。使用生成式技术了解人们的社会实践和经验的一种方法是让人们，包括夫妻、朋友、同事、亲戚等共同思考同一种情况。

婴儿护理是一项基础的社交活动。2008 年，我们进行了一项探索性研究，以了解父母关于婴儿护理的社会实践和经验，作为飞利浦欧洲研究院新产品开发项目的一部分。该项目的目的是在充分了解3到10 个月大的婴儿的父母生活的基础上，开发用于婴儿护理的新技术和产品概念。六对婴儿夫妇参加了我们的研究。首先，我们对这个研究制订了计划，并与项目团队一起开发了初步工作手册和生成式工具。该工作手册包含创造性练习，要求父母反思他们照顾孩子的日常生活和经历。例如，他们被要求在时间表上注明他们的宝宝的一天是什么样子，并解释如何让宝宝入睡。父母做了连续五天的任务。

然后，我们拜访了每对夫妇，在他们的家中进行了一次生成式活动。在这样的一次谈话中，一对夫妇解释了他们在探测中创造了什么，带我们参观了他们宝宝的卧室，并用各种抽象形状和标记将宝宝的就寝时间安排绘制在海报上。

供稿人

卡罗琳·波斯特玛（Carolien Postma）

荷兰埃因霍温

飞利浦消费者生活方式

产品研究

carolien.postma@philips.com

艾莉·兹瓦特克鲁伊斯－佩尔格里姆（Elly Zwartkruis-Pelgrim）

荷兰埃因霍温

飞利浦欧洲研究院

研究科学家

elly.zwartkruis-pelgrim@philips.com

This contribution was written when Carolien Postma was a Ph.D. candidate, ID-Studiolab, Delft University of Technology, Delft, The Netherlands Dissertation: Postma, C.E. (2012) Creating Socionas – Building creative understanding of users' social experiences in new product development practice, Delft University of Technology.

共同思考他们照顾婴儿的做法引发了关于他们在婴儿护理中的角色、社区和社会价值观的故事，以及他们对社交的感受。而且，这对夫妇会互相补充、反驳和纠正彼此的故事，让我们从两个不同的角度洞察他们的社会实践和经历。例如，当劳拉（一位母亲）指出她通常带着婴儿上床时，她的丈夫（马克）赶紧解释劳拉试图通过在就寝时间之前将婴儿领到楼上喂奶来建立睡前规律，同时他也表明他不相信在楼上喂奶有助于建立睡前规律。他认为在楼上喂奶太麻烦，于是决定把这件事交给劳拉，他去做一些家务活。

深入了解父母的社会实践和婴儿护理经验，有助于项目团队开发适合这些社会实践的婴儿护理概念，并满足父母双方的需求。

父母带我们参观了他们孩子的卧室，并解释了为什么这样布置房间的原因。

一对夫妇认为，睡前仪式是一个以母乳喂养婴儿开始和结束的循环。母亲喂孩子的时候，父亲和蹒跚学步的儿子一起玩耍。

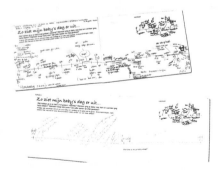

母亲的时间线（上图）填补了父亲时间线（下图）的空白：今天是母亲节回家，父亲白天上班。

6.17 7daysinmylife.com：在线日记研究工具

7daysinmylife.com:an Online Diary Research Tool

7daysinmylife.com 是一个在线空间。因为物理笔记本在设计研究中应用广泛，所以可以相当于自我记录的物理笔记本。开发该工具是为了将这些物理形式的真实性和直接性与在线研究工具的灵活性和易访问性结合起来。

自我记录工作簿是了解特定产品或服务的用户的好方法。然而，这些方法的缺点是，它们对研究团队来说很费力。它们必须精心制作，送给研究参与者，收集，然后进行分析。更重要的是，当受访者完成任务时，研究团队对开发内容没有任何了解。在完成了许多涉及物理工作簿的项目之后，我们的团队着手规避这些不利因素。我们决定构建一个封闭的在线环境，该环境具有与物理工作簿相同的基本功能，还具有以下这些优势：

> 我们可以使用相同的内容管理系统为不同的客户创建不同的工作簿。

> 研究团队（包括客户）可以跟踪工作簿的进度并添加注释和评论。（参与者不会看到这些评论，因为我们不想影响他们的进展）。任何提供登录代码的人都可以随时访问这些材料并进行研究。

> 研究参与者可以随时随地通过网络浏览器、电子邮件、短信或彩信上传图像和文本。

> 生成的工作簿可以导出为 PDF 格式，打印出来并在分析工作坊中多次使用。

供稿人

埃里克·罗斯坎·阿宾(Erik Roscam Abbing）

荷兰鹿特丹齐尔弗创新公司

创始人 / 所有者

Erik@zilverinnovation.com

参考文献

[1] www.7daysinmylife.com.

[2] Rowland,N. and Hagen,P.(2010) Mobile diaries,discovering daily life.

[3] http://bit.ly/mobilediaries.

[4] Bowmast,N.(2010) Critical reflection on digital versus 'old school' diaries: http://bit.ly/oldschooldiaries.

[5] Gaver,W.,Dunne,T. and Pacenti,E. (1999) Cultural Probes.ACM Interactions,6,pp. 21-29.

由参与者填写的 7 天页面的屏幕截图。彩色帖子是研究小组不同成员的评论。

我们已将 7daysinmylife.com 用于许多客户项目，从中学到了一些重要的东西。

> 这是一个非常有用的工具，对于参与者和研究团队来说非常有趣，并且能够让研究团队参与到用户和他们的生活中去。

> 我们失去了将工作簿交给受访者时的联系机会，所以良好的私人电话和电子邮件对于建立信任至关重要。我们投入大量时间确保参与者在线分享他/她的答案时感到舒适。

> 你必须以正确的方式提出问题，以便可以在数字环境中激发创造力和开放性。

> 对于某些研究主题（例如，非常私人的）或某些目标群体（例如，老年人），我们选择合并 7daysinmylife.com 与物理工作簿或替换为物理工作簿。

典型的 7 天记录的截屏。参与者有空间拼贴照片和笔记，右边可以选择使用的图标，底部是对问题的概览。

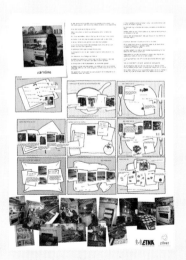

内容管理系统支持打印日记并将其格式化为海报，将日记结果和生成式结果汇总成一个概览。

daysinmulife.com 对于我们与客户举行的沉浸式和分析工作坊非常有用，也非常鼓舞人心。

6.18 共同设计：通过一起烹饪来建立联系

Co-design:Getting in Touch by Cooking Together

当与那些不愿意在纸上表达，或者在有组织的、有结构的讨论中表达自己的参与者一起工作时，必须改变你的方法。一起做一项活动可以创造一个有效的环境来谈论个人事务和讲故事（例如，在家庭活动中洗碗时的小谈话）。

在一个大城市市政当局的案例研究中，我们探讨了少数群体中无家可归者的需求。他们中的许多人酗酒，长期失业，我们决定和他们一起做一顿传统的饭菜。在这些活动中，我们谈到了他们的日常生活、梦想和需求。该活动还建立了一定程度的信任。之后，他们中的一些人引导我们穿过他们的区域，在此期间我们交换了故事。这些探索为与无家可归者的协同设计提供了洞察。

供稿人

桑恩·基斯特梅克（Sanne Kistemaker）

荷兰海牙

穆祖斯

以用户为中心的设计师和创意总监

sanne@muzus.nl

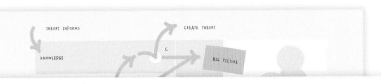

第7章 分析：如何处理你得到的

Chapter 7 Analysis: What to do with What You Got

7.1 介绍
Introduction

在分析通过生成式设计研究收集的定性数据时面临许多挑战。没有"固定"的，像你在定量数据分析时发现的程序或方法。你将要处理的数据是"混乱的"，并且通常存在相当多的来自不同媒介的混乱数据。关于通过探索性生成式研究收集的数据分析，有许多选择，我们将在本章中介绍三种选择。一种选择不是分析数据，而是让自己和团队沉浸在原始数据中。我们将此称为"沉浸于灵感"。另一个极端是使用计算机数据库进行的分析。第三种选择类似于使用计算机数据库进行分析，但它依赖于使用房间中的墙来组织和操纵数据。我们将这个选择称为"在墙上的分析"。

在某些情况下，分析数据可能比在现场收集数据花费更多的时间。你可能面临的最大挑战之一是，分析数据的人可能与使用结果的人不同，而且他们也没有参与收集数据的过程。

7.2 处理定性数据的挑战

The Challenges of Dealing with Qualitative Data

定性数据的分析始终是一种冒险探索，而生成式设计研究的定性数据的分析尤其如此。生成式研究过程同时借鉴了许多不同的方法和技术。来源可能包括以下任何或所有内容。

> 对之前已经发表的资料的二级研究。

> 人种学领域的研究，可以通过实地观察记录的数据，或者通过照片或音频和视频记录的数据。

> 可以以任何形式记录的访谈，包括现场笔记、录音、录像、录音的逐字转录等。

> 可以以任意形式记录的非正式谈话。

> 问卷调查结果（有些是开放式的，有些是封闭式的）。

> 参与者拍摄的照片，可能有注释，也可能没有注释。

> 敏感提升任务和工作簿数据（如日记）的结果，对开放式问题或工具包练习的回答（可注释）。

> 参与者在工作簿、会议或访谈中使用生成式工具包制作的物品。

> 参与者提供的这些物品的口头陈述。

> 会议期间与会者之间的讨论，由物品引发的讨论。

> 研究小组在项目日志中做的注释和进行的反思。

> 研究小组成员在早期项目规划阶段所做的思维导图和想法。

与"纯"数据相比，数据的形式是"杂乱的"，例如，7点量表上的标记或以毫秒为单位测量的响应时间。定性数据因以下这些方面而异。

> 数据收集方法；

> 内容；

> 主题；

> 格式或交付媒介；

> 细节程度；

> 解释程度（例如，解释过的与原始数据）；

> 视觉或口头；

> 通用与轶事；

> 主观与客观。

生成式数据的混乱意味着弄清楚数据不会简单或快速，也不容易在收集数据之前规定应如何进行。处理此类数据是一种技能，需要一定的培训、经验和反思。这不是一个固定的、僵化的程序。但是在我们许多人的经历中出现了一些模式，我们将分享这些模式，以帮助确定如何处理所拥有的内容。

生成式设计研究的数据分析与传统的以用户为中心的数据分析有何相同或不同？两者都依赖于定性分析，整个分析过程也遵循相同的原则（有关定性研究方法的概述，请参见 Miles & Huberman，1994；Lincoln & Guba，1989）。但是在生成式设计研究中收集的各种数据可能差别很大，如图 7.1 所示。特别是生成式工具包将引入新类型的数据。我们将花更多的时间来描述如何处理"人们制作什么"类别的数据，因为其他来源描述了"人们说什么"和"人们做什么"数据的分析。

人们	以用户为中心的设计研究	生成式设计研究
说什么	译稿、问卷数据、访谈笔记	译稿、问卷数据、访谈笔记
做什么	照片、录像、观察笔记	照片、录像、观察笔记
制作什么		想象拼图、认知地图、三维模型、各种类型的工作簿数据、关于人造物的故事译稿、参与者自己记录的照片、在工作坊期间的行为观察

图 7.1 传统的以用户为中心的设计研究和生成式设计研究的数据比较

7.3 获取：存储、分类和标签
Capturing: Storing, Ordering, and Labeling

无论你的分析计划如何，都要准备数据以供进一步使用，并确保你不会丢失任何信息，请在每条数据上标记以下信息。

> 谁发现 / 拍摄 / 观察 / 录制或听到的它？

> 它是在哪里找到 / 拍摄 / 观察 / 记录或听到的？

> 何时发现 / 拍摄 / 观察 / 记录或听到的？这包括时间和日期以及当时看似重要或有趣的其他上下文背景信息。

> 参与者姓名（如果不允许使用参与者姓名，则使用代码）。

提示： 如果在数据捕获阶段有了洞察或想法，请务必记录它们。

可能以后不需要所有这些信息，但如果确实需要，则可以方便找到这些信息。假设实地调查阶段结束，你能够记住这些细节，不是一个好主意。通常，在会话结束时，研究人员可能会对所观察到的或者说到的内容有启发和感动，但这种概述和意识将迅速消失，特别是在接下来的其他议程上。因此，重要的是，一旦产生信息，就捕获信息，并尽快记录下这些早期信息。

提示： 记录数据时，请检查你的工作。请其他人将你的笔记、译稿或数据输入并与原始数据进行比较。他们不需要仔细检查每个项目，但确实需要随机抽样检查。

当处理混乱的数据时，团队的所有成员都必须遵循相同的数据收集过程和文档编制方法，这一点很重要。数据收集和记录方式的一致性将使数据分析更易于管理。特殊文档的不一致性可能会在分析工作中增加额外的时间和压力。这可能会导致错误。相反，请准备好数据，以便轻松、有效和高效地使用。这可能涉及从视频录制、打印和复制照片材料、工作簿、现场笔记中找到适合你的分析方法（例如卡片、便利贴或电脑数据库）的转录成文字的方法。

7.4 分析的目的
The Aims of Analysis

从字面上分析意味着"分开"，通常包括解释数据、与理论和其他数据进行比较、搜索模式并确定它们的匹配程度、将发现概括到更广泛的范围内、寻找证据来支持你的结论。在解释分析过程和定位所有这些活动时，我们发现使用DIKW框架的变体（字母D、I、K、W分别代表数据、信息、知识和智慧）（Ackoff, 1989）来描述这些活动是有帮助的，该框架区分了感官创造的层次。理顺这些层次有助于避免数据、解释、理论等之间的常见混淆。理论通常包含原则和模式，有时包含规律，并且适用于多种情况。理论的目的是普遍有效，例如，人们通常有两条手臂的理论不仅适用于我或你，而且适用于世界上的所有人（除遭遇意外事故的不幸者）。然后是实验室实验或从现场收集的证据。这可能是一张五个人的照片，每个人都有两条手臂。但这也表明其中两个人留有胡子（这可能与双臂理论无关）。证据和理论如何联系在一起是一个属于辩论和科学哲学问题。

图 7.2 显示了一个基于阿科夫（Ackoff）的 DIKW 框架的简单模型。这个模型的价值在于它可以帮助我们构建和解释如何处理数据的收集和分析。它在"研究框"中显示了三个层，标记为数据、信息和知识。盒子下面有一层叫现象，上面有一层叫智慧。我们将按照典型的分析顺序（即从下到上）进行讨论。

现象是世界上经常发生的事情，例如，某人与同事通电话。理解这一现象是研究的对象，但这是我们无法真正理解的。我们可以捕获和保存的是数据。例如，数据可以采用照片、视频或音频记录的形式。

数据也可以是笔记，以及人们制造或留下的东西（剃须刀和头发）。数据不同于证据，因为数据是由研究人员选择和记录的，因此反映了他或她认为重要的内容（例如，我们不会对电话交谈的人进行 x 光检查，照片往往是从信息丰富的方向拍摄记录的）。研究人员可能刚刚收集了数据（如观察）；也可能是人们诱发了数据收集（通过询问访谈问题，或者让参与者在刮胡子时拍照）。数据通常位于物理载体（如照相机）上，并且可以被存储和检索。它可能是数字数据，这意味着它可以轻松复制。

数据和信息之间的重要区别在于，后者由研究人员或研究团队进行理解和解释。同一条数据可能会有不同的解释。一张照片可能被解释为"明亮灯光下的照片"、"清晨活动的照片"、"某人打电话的照片"或"我们的参与者为我们摆姿势的照片"或"我们的参与者展示她希望被专业人士看到的照片"。所有这些解释都可能有效，并且来自相同的数据。重要的是要认识到数据本身没有任何意义。

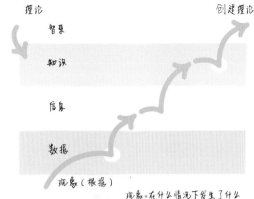

图 7.2 基于阿科夫的 DIKW 框架的简单模型，用于指导分析

意义是研究人员通过诠释主动选择的结果。虽然数据通常是物理的并且有很多方面，但诠释是符号化的（通常是口头的），通常在分类框架内选择。

虽然不同的数据片段不能完全相同，但作为符号的信息片段可以是相同的。因此，可以在解释中寻找模式，并且可以由人或计算机执行符号操作的方法，例如排序和计数等方法。（值得注意的是，虽然在分析中使用计算机通常被称为"数据处理"，但在 DIKW 框架中，实际上是"信息处理"。）

这些模式都是理论，也就是在知识层面上发生的事情。知识是广义的，是从个人数据和信息中抽象出来的。如果我们成功地建立一个理论，那么就可以预测进一步的事件，并从证据中提取进一步的数据。

研究活动包含两个方面：一个是收集数据，另一个是分析数据。分析涉及构建信息，然后在数据之上分层知识，希望这能让我们了解尚未看到的其他证据。研究人员的大部分正式培训都是为了让他们了解和掌握这一过程的技能：将可用数据输入研究系统，并将其转化为知识。

当我们想要利用这些知识做某事时，就涉及研究框架上方的一层。它的名字叫智慧（可能不是一个幸运的选择，因为它有许多内涵），它超越了知识，超出了理论层面。在智慧层面上，决定如何处理所获得的知识。必要的知识是一种抽象的、片面的观点。知识是对现实的还原，这是它的优势，也是它的局限。在智慧层面，我们必须意识到这些优势和局限。在智慧层面，我们可以选择使用理论或不使用理论，在这里，我们需要判断，如果一个理论与另外一个理论发生冲突该怎么办？

在图 7.2 中，我们描述了包含数据、信息和知识的"做研究"框架之外的智慧和现象（证据）。第一个原因是因为分析就在这个框架中，第二个原因是因为这个空间中的方法和技术定义良好。必要时，智慧和证据不属于这个范畴。

在分析定性数据的过程中，层次本身很容易识别：将数据解释为信息，并在信息中找到模式。但它们不仅仅是一些咖啡制作过程中的连续阶段，最终产品是被饮用，而中间步骤隐藏在黑匣子中。许多洞察是通过这些步骤获得的（同样，这里也有隐性知识起作用），而将这种洞察力明确化是一种挑战。深入理解包括能够在这些抽象知识、解释信息和具体数据的层次之间移动。

在传达调查结果（第 8 章）时，重要的是依赖 DIKW 计划中的所有级别（见图 7.3）。例如，你可以选择使用来自用户的引语（数据）和对引语（信息）的解释以及在给定情况下运行的一般规则（知识）来传达调查结果。

层次	内容	可以被	面向	通过
智慧				
知识	理论、模式		智慧	使用知识
信息	解释性符号、分类	比较，分类	知识	发现模式
数据	选择的东西	存储和检索	信息	选择诠释
现象（证据）	在世界上的东西或事件		数据	选择，记录

图 7.3 在 DIKW 层面的操作

分组或分层
Ordering in Groups or Hierarchies

原始数据可以使用不同的方式诠释为信息。有些方法取决于研究者研究的视角（例如在做关于沟通方法的研究中，将打电话的女士的照片理解为"光线明亮的照片"可能并不相关）。但是在解释中还有另一个与设计相关的自由度：抽象层次。同一张照片可以被解释为"持有电话"、"进行对话"、"推迟商务会议"、"维持业务关系"、"履行社会义务"、"在社会中发挥作用"。那么哪一个是正确的解释呢？答案是没有一个正确的解释。所有这些都是对同一事件的描述，并且指的是该现象的相同部分，但是抽象层次不同。哪个才是最好的抽象水平，只能根据研究目的来决定。

不只是选择一个层次的解释，而是组织不同的层次并查看它们之间的关系可能是有价值的。抽象层次结构中的层次是"阶梯式"的，通过询问"为什么"向上移动和通过询问"如何"向下移动。它们形成了"手段—结果层次结构"，如图 7.4 所示的"为什么她拿着电话"的答案可以是"谈话"、"她为什么要谈话"的答案可以是"推迟商务会议"，等等。反之，"她如何推动商务会议"的答案可以是"通过谈话"。

为什么 如何		
……	等等
推迟商务会议	社会价值
谈话	功能目标
手持电话	抽象功能
……	普遍功能
	物理功能
	物理形态和配置

图 7.4 一个对方式－结果关系层级进行阶梯化抽象的排列

抽象层次结构至少提供两种支持。首先，它可以帮助将不同数据片段的不同解释带到相同的抽象级别，从而更易于识别和描述模式（即为转移到知识级别做准备）。

其次，它可以指出导向结果的不同方式（以及可通过一种方式达到的不同结果）。图 7.4 中的列表邀请设计者考虑"有什么替代方式可以进行对话"，答案可能是"发送短信"或"亲自拜访"。类似地，在最底层，信件、信使或信鸽可以取代电话作为进行对话的手段。另一方面，"除了推迟会议之外，还有其他目的。"这些可能是"提出要求"，或者可能是"通知机会"。

通过这些方式，抽象层次结构有助于寻找不同的解决方案。抽象层次理论已经在复杂控制系统领域得到发展，例如，飞机驾驶舱和动力装置，但它也适用于底层应用。有关示例和更多背景信息，请参见第 230 页彼得·琼斯（Peter Jones）的供稿。另一方面，在设计研究中，我们的兴趣不仅仅停留在现状，因为我们希望利用洞察力的层次迈向未来，而新的解决方案（例如，产品、服务等）将被设计。

图 7.5 中的左侧表示收集数据并对其进行分析，右侧代表概念化。连接它们的是我们所说的"桥接"。如果研究和概念化是分开进行的，那么这种联系也可能涉及一个我们称为"沟通"的单独步骤。但这些步骤也可以在很大程度上混合在一起。在本书的流程中，我们描述了它们分开进行的情况，不仅因为这样分开进行的情况很多，而且在这种情况下可以引入一些术语和模型。我们将在第 10 章回到如何进行"桥接"的部分。

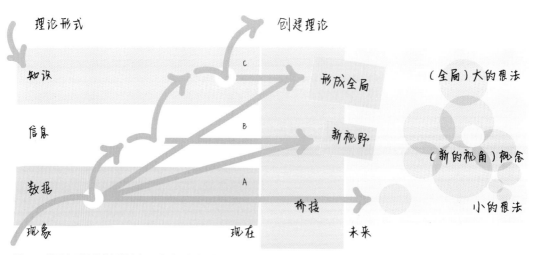

图 7.5 从研究到设计的桥接包括了从对现在的理解到对未来可能的想象

7.5 从研究走向设计
Moving from Research Toward Design

DIKW 数据分析框架是科学理论形成的典型模式，其重点是描述和解释当前发生的事情（或过去发生的事情）。现场研究的数据以"原始数据"的形式在左侧的最底层输入。在分析中，数据被提升到越来越高的抽象层次，首先通过解释数据（产生"信息"），然后通过将信息进行聚类，比如频率和其他模式、理论和模型（称为"知识"），最后指向可能的未来。

从数据收集到概念化的过程因项目而异。它可以非常简短，也可以涉及对模式和解释深入系统的搜索。当洞察的使用者与研究人员不是同一个人时，整个过程可能严重依赖于交流。这些桥梁有助于跨越研究和设计之间的"鸿沟"。许多人在这条鸿沟的一边或另一边更舒服。但是，当人们在自己不太舒服的环境中工作时，让人们与他人合作是非常有价值的。事实上，这种合作对于有效弥合研究（左侧）和设计（右侧）之间的差距是必要的。

桥接可以在不同的层次上进行。这可以直接从原始数据中完成，从而产生一些小想法，如图 7.6 右侧的小气泡所示。我们称之为跨越数据层面的桥梁。例如，这可以是用户针对所设计产品的直接建议。例如，向音乐播放设备添加静音按钮。另一方面，当桥梁在信息层面搭建时，通过解释和抽象产生的想法通常是更大、更深层的想法。例如，你可能会意识到，人们只在旅行时需要音乐播放设备。最后，当在知识层面跨越这座桥梁时，会形成一种理论，这可以产生一种"全局"，可以形成更激进、更基本和／或更实质的新思想的基础。一个例子可能是意识到最终需要的是一种服务而不是一种产品。

当分析更高的抽象层次时，洞察力可能更具普遍性（即在采样数据或参与者之外仍然有效），但同时更具抽象性（即与经验脱离）。这可能会导致研究人员与实际发生的事情失去联系。因此，最密集的分析形式也应该包含即较低层次的更全面的"触感"，以及更大的洞察力。总的来说，画面将如图 7.6 所示，转移不仅发生在其中一个层面，而且同时发生在所有层面，因此这些想法和见解既具有可推广性又具有经验性。

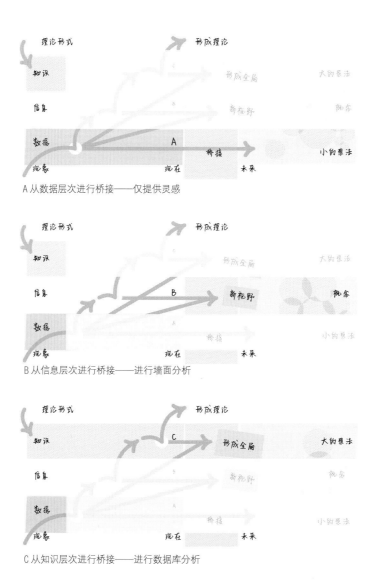

A 从数据层次进行桥接——仅提供灵感

B 从信息层次进行桥接——进行墙面分析

C 从知识层次进行桥接——进行数据库分析

图 7.6 在 DIKW 框架的不同层次进行桥接。A 在数据层次，B 在信息层次，C 在知识层次

7.6 选择路径
Choosing a Path

本章我们描述了三条进行分析的原型路径。路径 A：仅用于灵感的沉浸。路径 B：在墙上进行的轻量级分析。路径 C：在数据库中进行的重量级分析。

图 7.7 依据一些标准比较了三条路径。每条路径都会详细描述一下，但实际上在原型路径之间存在无数条路径，这些路径源于团队决定如何解决以下因素。

> 预期或承诺的最终可交付成果是什么？

> 在最终用户和客户之间建立同理心或共鸣？

> 让概念设计立即使用？

> 是设计概念还是只了解现象？

> 确定新产品和服务的机会？

> 思考 / 行动的新框架？

	路径 A 沉浸式获得灵感	路径 B 在墙面进行	路径 C 使用数据库进行分析
研究者所需的专业知识	适合初学者	适合初学者	非常成熟的研究团队
参与者数量	少于 10 人	少于 10 人	10 人以上
所需设备	可以处理原始数据的房间	汇总数据，然后用原始数据和汇总数据构建房间	可以把所有原始数据放到一个工作簿中
形式	沉浸在数据中	沉浸在数据中并且进行分析	数据隐藏在工作簿中
分析作用	仅产生灵感	有限的分析和灵感	进行完整、深入的分析
时间及费用	时间消耗最少	时间消耗较多，并且可能是低效的	时间消耗多但是高效
主要缺点	可能丢失关键洞察	可能丢失关键洞察	可能丢失灵感

图 7.7 三条分析路径的比较

谁在进行这项研究？谁在帮助进行研究以及谁会看？

> 设计师？

> 老师？

> 研究人员？

> 主管？

> 客户？

可以使用哪些资源并且有哪些限制？

> 时间；

> 人；

> 钱；

> 以前的研究结果；

> 客户的解决能力，如技术、销售渠道等。

团队成员之前的项目经历 / 经验是什么？每个团队成员的个人项目经历是什么？团队成员以前的相互关系是什么？他们是否是：

> 拥有多年经验的研究人员？

> 学习成为研究者的人？

> 第一次合作的陌生人？

> 前期合作团队的成员？

> 学生和教师 / 导师？

上面列出的考虑事项揭示了探究路径的多样性。所有这些因素都会影响你可以做什么、如何做，以及需要多长时间。显然，随着经验的积累，你可以面对越来越复杂的情况。

第二部分中的四个案例涵盖了所有三种路径类型。

> 案例 1：学生练习描述了分析路径 A 或沉浸式获得

灵感。

> 案例 2：高级项目描述了分析路径 B 或在墙上进行分析。

> 案例 3：是分析路径 B 的另一个例子，但这次是作为一个团队完成的。

> 案例 4：大规模国际化的项目使用了分析路径 B 和 C。

我们将从路径 A（沉浸只是为了获得灵感）开始详细描述每条路径。

7.6.1 路径 A：沉浸式获得灵感
Path A:Immersion for Inspiration Only

在路径 A 中，你可以向设计团队公开原始数据，而无需对其进行实质性的选择、解释或组织。灵感的沉浸仅以"灵感事件"的形式出现，这是一个事先准备好的会议环节，在会议期间，团队成员回顾数据、抽样并提出自己的结论。根据整个项目的规模，这样的活动可能需要半天时间，也可能需要几周时间计划一系列活动。

为什么要沉浸

当数据进行更系统的分析时，为什么还要将生成数据用于产生灵感的目的？至少有五种情况，灵感的沉浸是最好的答案。

第一，它是了解生成式设计研究的好方法。刚开始探索使用生成式设计研究的研究人员或团队可能希望在学习如何更彻底地分析此类数据之前，学习如何使用这些数据来激发设计过程。

第二，当项目主要目标是使用研究过程中的物品和数据来快速激励设计开发团队时，这条路径是有意义的。通过使用人种学实践提供的生成式工具，产生了极其丰富和令人回味的数据。当适当显示时，这些数据可以为创意团队富有启发性的设计提供丰富的情境。

第三，沉浸式路径已经证明是一种很好的方法，可以让初次接触的、可能持怀疑态度的客户相信生成式工具和方法的潜力。获取灵感会比完整的数据分析更加节省时间和金钱，因此这是一种以获得让客户第一次参与生成式设计研究过程机会的成本低、效益高的方式。

一旦数据的丰富性变得明显，客户可能会在进一步分析中看到价值。因此，在流程开始时进行全面的文档记录非常重要，以支持任何层次的分析。

第四，如果客户方的团队成员具有多年的经验，并且已经对所研究的领域有深入的理论理解，但希望将这些抽象的见解与特定目标群体的情境化经验联系起来，那么沉浸灵感的方式可能是合适的。

第五，仅仅让设计团队面对原始数据可能会是进行更广泛分析和沟通之前的第一步。这为经验丰富的研究人员提供了一个机会，让他们了解设计团队处于工作接收端所具有的敏感性和盲点。

预备参加灵感活动

在开始之前，请检查以确保已收集的每一条数据都已按前面所述进行了标记。找一个可以保留几天的房间或空间。理想情况下，空间足够大，整个团队可以立即工作。沉浸式灵感可以由最多 10~15 人的团队完成。房间应该有可移动的家具。自然光也是一个加分项。房间的墙壁也很重要，因为数据将在所有墙壁上公开。如果不能直接用针或胶带将材料固定在墙上，则需要将大片泡沫芯贴在墙上，以便将材料固定在上面。

提示： 你可能先要将大卷纸贴在墙壁上（或泡沫芯上）。通过这种方式，可以在纸上贴上胶带，这样拆卸或清理工作就容易多了。你只需把纸取下来，卷起随身携带即可。

将所有研究数据和材料挂在墙上。考虑如何最好地组织材料，并确保使用大的标签，以便新手能够快速了解正在发生的事情。例如，你可能希望按介质（例如，一面墙上贴照片，另一面墙上贴工作簿）组织材料，然后按参与者组织材料。你可能会想重新排列材料，因此在选择如何固定或粘贴材料时请记住这一点。你可以使用固体胶，这样就可以非常快速方便地移动物体。留出其他笔记和卡片的空间，以便团队成员可以在墙上添加注释和想法。提供鼓励人们进行注释的材料（如各种颜色和大小的便签）。最好设计一种特殊的彩色背景形状，用于记录和突出可能随着时间推移而跳出的想法或洞察。同时提供粗线条标记，以便可以从远处轻松阅读笔记。为了提高可读性，你可能希望让人们打印而不是使用草书来记录笔记。

邀请团队成员进入空间，以进行思考、梦想和构思。该空间最好提供一系列的座位和会议区域（与充满会议桌的办公室相反）。体力活动和食物也可能有助于创造性思维，所以带些零食和饮料。如果可能的话，提供一个人们可以一边思考一边四处走动的环境。

随着新内容和新材料的出现，每天拍照记录。如果房间长时间不使用，定期拍照这一点则尤为重要。如果记录良好的话，则可以在稍后的时间点与其他人共享沉浸式体验的照片或视频文档。这也有助于解释这些洞察是如何产生的。

进行一次灵感沉浸式活动

除了为团队成员提供工作空间外，还建议举办一次特别的活动，以确保激发、收集和维持灵感。在这些活动中，可以邀请所有需要了解研究结果的客户团队成员以及将在后续阶段使用这些结果的客户团队人员。沉浸式灵感活动依赖于四种类型的活动：沉浸、角色扮演、讲故事和制作。这些活动按照以下顺序应用时，可以取得更好的效果。

仅用于灵感的沉浸：四个步骤

（1）让团队沉浸在正在探索的主题中。最好是每个人都在活动前完成某种类型的"家庭作业"。例如，你可能会要求他们完成部分或全部由研究参与者填写的相同工作簿练习或生成式工具包练习。这将使他们熟悉研究方案，使他们对该主题变得敏感，并且还将帮助他们更清楚地了解自己与其他参与者的不同之处。

（2）使用数据讲述现场的故事。生成式设计研究过程的丰富（和杂乱）数据非常适合分享来自现场的故事。选定的视频片段可以是特别强大的交流形式，即使是带有旁白的照片也很好。

（3）鼓励通过角色扮演来增加同理心。要求研究团队成员从参与者的角度制定未来的方案。角色扮演参与者不太可能吸引研究团队的所有成员，因此最好邀请志愿者进行角色扮演。那些拒绝的人可以作为观众或观察者。你可以通过提供道具（如帽子或其他具有象征意义的可穿戴设备）来促进角色扮演。根据故事情节和团队角色扮演的能力，你也可以使用手偶来鼓励角色扮演。

（4）为他们提供可使用的生成式工具包。为团队成员提供生成式工具，用于制作地图、模型，或者分享关于未来体验的故事，这些故事的灵感来自分享故事和角色扮演活动。创建供小组使用的工具包，以激发集体创造力。其目的不是生成概念，而是以多种方式了解研究参与者。

仅用于获取灵感的沉浸：一个例子

角色扮演、讲述和制作是一种可以有效地为客户团队提供对参与者生活共情理解的手段。

本例中，在数据收集阶段发生了一个鼓舞人心的事件。客户团队的许多成员（从单向镜子后面）观察了 12 个包括他们客户的参与式工作坊。安排的时间表是这样的，即在 6 次客户工作坊结束后，由客户团队成员扮演客户角色，进行三个小时的工作坊。

对于沉浸式灵感工作坊，我们邀请客户团队成员自己使用生成式工具包（在工作坊室中）创建概念，表达他们认为从参与者那里听到的内容。在这个例子中，生成式工具包由一系列未定义的项组成，包括：

> 多种形状和尺寸的三维组件；

> 图片；

> 文字；

> 如果……会？假设卡片（这些是预先准备好的卡片，详细说明了未来的情况以供考虑）。

客户团队成员刚刚观看了 6 次客户工作坊，他们非常专注于客户如何看待体验领域。他们很快就嘲笑起自己的概念。他们通过刚刚花时间观察和倾听的客户视角，以未来故事的形式向彼此展示了他们的概念。他们在这个过程中获得了很多乐趣，研究团队对客户团队成员的心态有了一些不可思议的见解，特别是他们发现的"新"想法。整个三小时的客户沉浸 / 灵感工作坊都是录像的，以便以后对其进行分析。

记录灵感沉浸活动

务必通过摄影、录像和录音来记录活动。请记住，以后可能不会使用所有这些文档。事实上，你可能永远不会使用它。但以防万一——你需要时，可以得到它。例如，新的团队成员为了跟上项目的进度，可能会发现灵感沉浸活动的视频录制非常重要。当然，大多数人都喜欢回顾自己，并在以后的某个时间重新体验这个活动。

灵感沉浸活动会带来什么？在这种分析的道路上，许多洞察可能仍然是隐性的、藏在表面之下。一些见解可以明确，但通常这条路的结果不是明确的或一般性的结论，而是具有"现实检查"的意味。该活动为团队成员提供了一个机会，可以与参与者的研究主题相关的、丰富多彩的生活建立联系。也很有可能基于与研究主题相关的许多小想法形成灵感。

嘿，我以前没有读过吗

在阅读灵感沉浸活动的描述时，可能会从用户的生成式会话中看到许多相同的元素：有敏感的、充满灵感的工作空间和工具元素，以及人们可以自由地确定活动的方向。同时，他们使用工具包和技术，这些工具包和技术准备让他们通过过去的事件建立联系、创造、反思和可视化。灵感沉浸活动和生成式会话的主要区别在于设计团队开始使用的数据（从会议中生成）以及为会议设定的目标（针对设计团队的需求）。事实上，如前面一个例子所示，在某些情况下，生成式会话和灵感沉浸活动可能会出现合并。

7.6.2 路径 B：在墙上分析
Path B: Analysis on the Wall

真正的分析遵循两条路径：可以在墙上进行的轻量分析和需要使用数据库的繁重分析。本节介绍了路径 B：墙上的分析，即轻量分析。下一节将介绍繁重分析。

我们称之为轻量分析，是因为要分析的数据量有限，并且通过 DIKW 分析层次结构（参见第 200~202 页）的移动范围有限。对于轻量分析，你需要原始数据、纸张、便签和用来整理这些材料的墙壁。中型项目的轻量分析通常可以在一个或两个密集的会议上进行，每个会议持续大约一天。

为什么在墙上分析

如果你的客户正在寻找相关的创新和寻求新业务的机会，那么你需要分析数据以了解所得到的东西。这样做所需的额外资源通常会由收到的价值抵消。墙上分析的真正价值在于它可以同时提供信息和灵感。

当样本量很小时，例如 6 或 7 个参与者，墙上分析是最好的。或者，如果你要比较每组只有 4 或 5 个人的两个组，也可以有效地在墙上进行分析。

提示：对 10 个以上参与者的数据不要使用墙面进行分析。

墙上分析可以由一位独立的研究人员来处理，但是，当一组研究人员一起分析数据时，从数据集中获取信息的能力要高得多。

在墙上进行分析是了解如何分析在生成式设计研究过程中收集的"混乱"数据的最佳方式（见图 7.8）。通过将其置于墙上，所有研究团队成员都可以参与分析和识别。墙上的轻量分析也可以作为使用计算机数据库进行分析的准备工作。本节我们将介绍轻量分析，重点分析 6 名参与者拼贴练习的结果。实际上，可能还需要处理其他类型的数据。数据包括：

图 7.8 分析墙壁时使用的材料。自上而下：墙上有引用和解释的卡片、成串的卡片和其他注释。最后一张照片展示了团队在进行墙上分析。

> 6 本敏感化工作手册和 6 张拼贴画；

> 来自工作坊的拼贴演示和讨论记录；

> 工作坊的照片和视频。

为在墙上分析做准备

用于墙上分析现场数据的设置与上面描述获取灵感的设置类似。然而，还有一些额外的准备工作。例如，需要在工作坊之前转录所有演示和讨论的记录成文字稿。所有材料都准备好并张贴在墙上，并且需要准备好笔、马克笔、便利贴、大张纸和录音设备（例如拍摄视频和照片的设备）。

在工作坊之前，研究小组的所有成员都将阅读转录文稿并标记出有趣的引语。还要求他们将抄本中的 20 条左右最重要的引语，以及他们自己的解释复制到小卡片上。他们还会在每张卡片上标记自己的颜色，这样就很容易追踪哪张卡片是谁的。

如果已经为研究确定了特定的主题，那么请标记有"主题"的表，以便将相关的引用和观察张贴在对应主题的位置。最好有一个"备用停车场"来放置一些人们认为可能很重要但尚未放在主题表上的东西。因为在分析过程中可能会出现新主题，因此请务必提供一些备用的表格。

提示：墙上的分析需要勤奋和严谨。实际上，你正在使用墙就像是一个大型表格一样。在每个数据点贴到墙上之前，为其添加标签至关重要。

墙上数据分析工作坊

从几个方面来看，分析墙上数据的工作坊类似于生成式研究环节：理想情况下，团队成员已经被激活并准备好了一些东西，例如工作簿、一组带标记和解释的卡片等。

第一轮相互了解之后，工作坊首先由协调人进行简报，再描述工作坊期间要实现的目标。这一介绍集中了研究的目标，并帮助团队有效地利用他们的时间和活动。然后，每个成员简要地讨论他们在家庭作业中的主要发现，并提出一两个"最引人注目的洞察或主题"。

这些初步洞察可能激发出新的主题卡，所有成员都可以将他们的卡片添加到主题中，将剩余的卡片放在"停车场"表单上。然后，团队成员分成两组或三组。每个类别中的所有洞察都由一组成员组织。此外，由一个小组研究"停车场"的表单，看看是否需要更多的类别。当所有小组完成后，快速汇合，每个类别的结果由分析它的小组的一个成员进行汇总。重要的是，这些解释必须以书面形式清楚标明，因为一段时间后，这些洞察会从团队的记忆中逐渐消失。因此，建议始终对分析会话进行记录（音频和视频），以便检索关键洞察和相关数据。

然后，小组成员一起讨论他们对分类的感受，并查看参与者制作的材料（例如，工作簿和拼贴画）。以与主题相同的方式对每个参与者的洞察进行总结可能是值得的；这将有助于以后构建人物角色和场景。

当讨论结束时，最好拿出在研究开始时做出的先入为主的思维导图，并查看：（ⅰ）这些是否为制作卡片时遗漏的洞察提供了线索；（ⅱ）出现了哪些意想不到的新区域，或者比先前预期的更丰富或更重要的内容。

最后，尝试以图表或模型的形式构建一个完整的可视化摘要，并在小组中讨论。同样，在视频上对视觉摘要进行正式演示可能是会议文档的重要组成部分。在为期两天的墙上分析会议可以有两轮，第一天用于收集最有说服力的内容和确定主题，第二天用于创建关于每个主题的详细故事。

决定用墙面分析但是有太多数据时会发生什么

这是一场即将发生的分析灾难。在这种情况下，来自美国三个区域的24次家庭访问的生成式设计研究数据由18个人组成的团队在墙上进行了协作分析。一个足以容纳所有数据和整个分析团队的房间只能间歇性地使用，因此分析会议的地点每周都会发生变化。背景纸贴在墙上，以便可以在会话之间汇总和移动。分析团队是一个跨学科的团队，其中大多数人没有以前的现场研究经验。在每周会议之间，便利贴从卷纸上掉下来，由于缺乏经验，数据项没有适当标记，因此没有人知道谁收集了数据点，数据点去了哪里，数据点的含义是什么。这导致研究人员对于那些散落的便利贴感到很烦躁。分析花费的时间是预期的十倍，超过了预算。因此不可能得出地理区域之间差异的结论，也不可能从多个角度看待数据。最终得出了结论，但在此过程中丢失了想法和洞察。在这种情况下，数据库中的分析将是一种更好的方法。

墙上分析中的工具包

墙上分析时，工具包的分析通常是一个定性过程，团队成员对拼贴画或地图及其说明的转录文稿进行审查、讨论和记录。尽管如此，墙上还是可以使用一些定量方法。例如，在第 4.1 节介绍的案例中，研究小组制作了一个矩阵，将所有触发词和图像与使用它们的拼贴画进行比较。计数显示，几乎所有人都使用"禁止吸烟"标志，表明吸烟（或不吸烟）对参与者来说是一个重要问题。这种定量关注可以引导团队进一步分析。在向具有量化心态的客户报告调查结果时，定量分析也很有用，因为他们对有部分定量方面的分析让人感觉放心。

更正式的结构也有助于工具包材料的查看，并便于参与者之间的比较。更正式的结构化的一个例子是在第 233 页案例中的折叠工作簿。在这里，参与者的所有工作簿都以长条状一个接一个地放在墙上，因此"行"允许在参与者内部进行快速比较，而"列"有助于将答案与参与者进行比较。

最后，重要的是要跟踪哪些数据块常被提及，或者哪些经历最引人注目。这些可能是你之后交流结果时所需要的。

对墙上分析的报告

分析会议结束后，团队中的一到两名成员应对结果负责。这些报告包括一页的分析过程总结及一页的主题，例如，可能包括一般结论及其解释。对于每个主题，报告都描述了主题的含义、主要的观察结果和结论，以及一组主要引语及其解释。此外，还可以对参与者进行描述性总结。

7.6.3 路径 C：在数据库中分析
Path C: Analysis with a Database

当你的样本量大于 10 到 12 个参与者，并且你有兴趣在各组之间进行比较时，需要进行更彻底或"大量"（依托电脑数据库）的分析。当有大量数据需要分析时，建议进行"大量"（依托电脑数据库）分析。例如，如果原始数据不适合容纳 6 个人工作的房间墙壁，那么建议使用数据库进行分析。就像在墙上的分析一样，使用数据库进行分析可以由一名独立的研究人员来处理，但是，当一组研究人员一起工作时，从数据集中获得最大收益的能力要高得多。

为什么使用数据库进行分析

墙上分析是灵活的、富有启发的、有形的和社会性的。但由于人作为信息处理者所受的局限，其扩展性并不好。当对 6 个以上参与者的数据进行分析时，或者当选择参与者以改变多个人口统计数据时，或者当数据太多时，使用正式工具（例如，软件）作为一种划分、整理和重新连接的手段将发挥作用。像 Excel 这样的数据库一样，可以快速排序和使用不同类型的数据，通过从不同的角度分析数据，可以获得研究结果和洞察。数据库还可以作为一种高效的方式，以便于传送给客户端的形式进行数据的存储和组织。

使用数据库进行分析的一个缺点是，它隐藏了计算机内部丰富的数据。建议初学者先在墙上进行生成式数据分析，然后学习数据库方法。同样，团队中的每个人都将受益于把数据库中的内容打印出来并贴在墙上。

各种软件应用程序可用于此类分析。NVivo 和 ATLAS.ti 等定性数据分析软件包专为此类分析而设计。掌握这些应用程序需要一些时间，并且数据项的编码是非常密集和耗时的。对于那些花费大部分时间分析定性数据的人来说，这些应用程序是有意义的。但是，对于那些不花大部分时间分析数据的人来说，可以非常有效地使用 Excel。

图 7.9 比较了墙上分析和数据库分析。由于它们的优势各不相同，很明显，将墙上分析和数据库分析相结合是首选情况。这是 GDT 团队在案例 4.4 中描述的大型国际项目中所走的道路。

	路径B: 在墙上分析	路径C: 在数据库中分析
沉浸在丰富的数据中	★★★	★
进行分类排序的能力		★★★★
组织能力	★	★★★★
与他人共享的能力	★★★（仅限于当地）	★★★（包括远程分享）
分析速度	★★★	★★★
规模性		★★★★
开放性	★★★	★

图 7.9 路径 B 在墙上分析和路径 C 在数据库中分析的比较

准备使用数据库进行分析

使用数据库进行分析的第一步是建立团队，并且明确他们的角色和时间表。最好由3至4名分析人员组成的团队来完成数据库分析。这样每个分析人员都可以专注于数据的特定部分，例如工作簿数据、音频转录的文稿数据等。当他们输入并随后分析数据时，他们会熟悉部分的内容和细节。定期安排分析人员召开会议有助于确保在不同部分的数据之间建立连接。建立用于收集想法和见解的设备也很重要，这样在密集数据输入阶段出现的想法就不会丢失。

第二步是准备数据。你需要从每个会话录音中获得转录文档。如前所述，有外部公司提供这项服务，并且因为他们中的大多数现在都使用数字传输，所以无论你在什么地点都没有问题。转录数据的成本是值得你这么做的。你会获得一个会话文档，然后可以从多个不同的层面进行分析。为文件建立持续的文件命名规则。以便当你不在场时，你的客户可以在项目结束后访问数据。需要在文件名中提供什么样的信息，以确保他们能够找到正在查找的数据呢？拍摄生成式设计研究过程中的所有制品，例如拼贴画、地图、魔术贴模型，等等。然后使用文件命名规则命名所有现场照片、制品照片、视频文件和音频文件。

提示：确保引用语（像其他所有东西一样）标注了谁说的、何时何地说的，这样你就可以随时检索引用语的上下文。

第三步是建立数据库。你收集的大部分数据可以放入电子表格或数据库中。你需要为不同类型的信息设置单独的选项卡，例如文本、数字、结尾、工具包数据等。每个页面都应包含参与者信息，以便你可以按参与者的特点进行排序和/或过滤数据。

第四步是填写数据库。你将输入所有工作簿数据（照片除外）以及来自各种生成式工具包的数据。你可以决定输入转录文件或转录文件中的片段信息。

第五步是将整理好的数据进行打印和讨论。清理转录文件。重新整理数据库以便于阅读和注释。例如，制作标题以标记本节/练习的开始，更改并创建目录。将每个制品的照片与参与者描述制品含义的转录文件一同制作成文件。尤其是在协作工作的情况下，数据越直观可见，就越容易分析。

使用数据库进行分析

查看并注释所有数据，然后开始寻找模式。一旦数据被记录、整理并打印出来供审查，就可以进行分析了。不同形式的数据需要不同的分析类型。你需要阅读并对转录文件进行注释。在执行此操作时，请记录下可能的主题、想法和/或见解。注意可以使用数据集的其他部分回答问题。

回顾实地工作期间拍摄的照片。使用Picasa等照片数据库的分类功能，从多个不同的角度（如人口统计、主题等）来查看照片。

排序并打印工作簿中的文本数据。对文本进行高亮显示和标注注释，寻找可能变得明显的模式，你可以看到所有参与者如何回答每个问题。对数字类型的数据

进行统计并绘制图形。对生成式环节的结果进行直观总结，如图
7.10 所示。表格有许多选项可供选择，如条形图和蛛状图。请参见
Analyzing a toolkit with a database（使用数据库分析工具包）了
解更多详细信息。

每天开会讨论关于数据的初步见解和假设。与分析团队的其他成员
分享你的见解可能会导致对数据提出新的问题。你可能会发现需
要采用其他方式对数据进行排序，然后再次打印出来。你可能会发
现，以这种方式探索数据揭示了将参与者分组的其他方法，这些方
法对设计概念化的后期阶段更有用。

使用数据库进行分析并不能解决所有问题。使用数据库功能分析丰
富而混乱的数据是需要进一步研究和探索的领域。实际上，你可以
花几个月的时间进行大量的分析。但实际的时间框架无法适应这种
方式的探索和分析。在学术环境中可能有机会进行这样的长时间探
索。另一个机会领域是探索如何利用新的信息技术来促进或加快分
析过程。

使用数据库分析工具包

我们花大量时间来分析工具包，因为在其他地方不太可能涉及它。
本节中的描述仅涉及一个单独的工具包。实际上，该工具包将与以
下其他工具包和其他类型数据的分析相关。

图 7.11 显示了用于分析拼贴画数据的电子表格的一小部分。所有拼
贴项目的名称位于前几行标识信息后面的行上。所有参与者的名字
都在列上，包括文字和图片项。这些照片已命名，以方便参考。参
与者每次在他们的拼贴画上使用特定的单词或图像时，都会在相应
的单元格中进行标记。标记可以编码，以指示该项目是如何在拼贴
上使用的。例如，"1"表示已选中该项目并将其放置在行上方，而
"−1"表示所选项目位于该行下方。使用 Excel 中的"是否统计"
功能，可以轻松获得每个项目的计数频率。

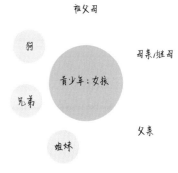

图 7.10　生成式练习的视觉总
结有助于揭示数据中的含义。
这里，可以很容易看出青少年
男孩和女孩的交流圈是如何不
同的

在 Excel 中包含潜在的排序变量（例如城市、细分市场等）以实现快速排序非常重要。在这个例子里，你需要在排序之前将把 Excel 转置，即转换 Excel，使行变为列。因为 Excel 里只能对列进行排序，不能对行进行排序。使用 Excel，很容易获得数据的汇总统计信息。

图7.11 使用数据库进行分析的优点是，你可以更轻松地引用和链接存储在一个位置的数据项；缺点是大多数计算机界面主要使用文字和符号，对视觉思维的支持较少

名字	ROXANNE	JAN	MICHELLE	BROOKE
城市	Col	Col	Col	Col
分段	MT	CL	CL	CL
目前的东西	AS	CH	CH	CHU
其他东西	?	AS	AS	AS
谁的团队	X	3	1	2
哪一天	X	M	T	M
吸收剂	1	0	0	1
芦荟	0	0	0	0
便宜	0	1	0	0
化学制剂	0	0	0	0
清洁	0	0	0	0
像布一样	0	-1	0	-1
舒服的	0	0	0	0
棉质的	0	0	0	-1
娇媚的	0	0	1	0
设计	0	0	0	0
脏的	0	0	0	0
持久的	0	0	-1	1
贵的	0	0	0	0

使用数据库分析的记录

使用计算机数据库进行分析的主要优点是，可以对数据进行严格而彻底的记录。这使得最终向客户端交付这些数据非常高效。你只需要简单地刻录包含所有数据文件的 CD 或 DVD 即可。如果你在命名和组织文件方面做得很好，客户端应该能够搜索和检索他们有兴趣进一步检查的数据。但是你可能还需要提供纸质文档。

提前了解你的客户组织（或者指导者）对数据记录类型的期待很重要，因为我们对数据、信息、知识和洞察有不同类型的数据记录。向客户索要最近完成的、成功的研究项目的文件，可以更好地满足这些期望的要求。

使用数据库进行分析的有用提示

不可能在一本书中描述清楚可以完全分析生成式研究数据的所有方式。我们希望能提供一些对你有所帮助的使用数据库来对丰富而杂乱的数据进行分析的提示。

单独的观察、解释、含义、结论和想法。分析可以是一个创造性的过程，在这个过程中，不同类型的见解涌现出来。其中一些将在它们生成时找到位置，其他则需要注意记录并保存。过早的结论可能误导数据分析，导致错失洞察和机会。尤其是那些有创造力的人，比如渴望进入概念化阶段的设计师，特别容易过早下结论。因此，要注意什么时候陈述是"原始数据"，什么时候是团队成员的解释，什么时候是随机的想法，或者是团队得出的一般结论。你可以使用颜色编码将这些想法分类。

鼓励直觉的飞跃，但是请稍后再进行验证。随着研究团队分析的提升，鼓励直觉飞跃，并在发生时记录下来。要阻止有创造力的人做出这样的飞跃是不可能。鼓励飞跃，但请相应地做好标记。然后伴随分析进度，将它们放在一边。稍后验证直觉的飞跃。

适用于所有分析层次的提示

三条分析路径都有一个共同的目标，即将有关体验的数据提升到 DIKW 层次结构，并建立设计桥梁。这是从实践中得出的可能会有所帮助的一些提示。

设计分析工具。与许多人的想法可能相反，分析数据可能是充满灵感的和愉快的。你可以采取一些措施来帮助别人做到这一点。正如你全神贯注制作工作簿或拼贴工具包一样，同样可以专注于研究材料。这些考虑因素在应用于工作簿和工具包（以及用于展示最终结果）时非常自然。对于我们进行分析的工具也同样有价值。例如，在沉浸中寻求灵感、悬挂主题便签和引文卡片的区域可以给出清晰可见的边界，以及大量的彩色标记或符号贴纸，可以邀请团队制作彩色注释。

在墙上进行分析时，可以在分析之前提高墙上文字材料和标签的可读性。例如，一份讨论的记录不一定是一份乏味的、像电传一样的打印件。文本可以格式化以增强可读性和同理心，后者包括出现的人和讨论对象的照片和姓名。应提供足够的空间，以鼓励在第一次阅读时进行注释。

在使用数据库进行分析时，你可以格式化电子表格，以便于查看和注释。请确保在每一页上提供每个参与者的背景信息，这样读者就不必在前面的页面上查阅参与者信息。

利用集体思维/行动。尽可能使用来自不同背景的团队进行分析。让人们专注于他们最熟悉的部分，但让他们两人一组讨论他们的发现。有一个可以交谈的伙伴可以帮助你形成丰富的见解，减少陷入熟悉思维模式的机会。

在数据库分析路径中，每天与其他团队成员至少见一次面，分享发现、惊喜和洞察。对问题空间的更多观点有助于确定洞察、产生可能性和发现机会。

两端同时工作。有些人渴望获得完美的细节，而有些人则希望看到大局。这可能需要一些时间和经验才能识别这些模式。鼓励同时使用这两种模式。

提示：鼓励研究小组成员使用带有个性和独特工作风格的方式。在协作式环境中，这种自我认知的方式非常有用。鼓励人们在彼此合作时发挥自己的优势。

使用三角剖分。三角剖分是指从多个角度观察现象。三角剖分有多种类型。例如，研究小组可以研究相同的数据，这称为调查员三角剖分。可以对多个来源进行检查，以获得相同发现的证据。这是数据三角剖分。例如，你可以查看转录文字，以证实讨论中的见解，或者可以使用几种方法来研究这一现象。这是一种三角剖分方法。这种方法在"人们说什么、做什么、制作什么"的研究方法中得到了体现。三角剖分通过确认（两个视角产生相同的结果）和对抗（当两种观点不一致时，结果被锐化或重新制定），提高了结果的可靠性。

同时使用定量分析技能。分析定性数据的关键是找到连接线索和相互矛盾的部分。定量分析方面的专业知识可能并不能为理解堆积如山的生成式数据提供大量的支持，但在生成数据摘要方面可能非常有帮助。

探索各种分类方法。在知识层面，你将对信息进行排序、分类和组织。这可以通过针对某一领域或研究现成的或定制的不同类型的方案来实现。一般来说，亚里士多德给作家的建议（询问"谁、在哪里、是什么、为什么、与谁在一起、何时……"）对于初学者和不进行直觉分类的用户非常适用。但是在分析过程中出现的特定方法往往更强大，并带来更深刻的见解。

注意你在分析层中的位置。弄清楚你在DIKW哪个层次：是选择的数据、解释的信息还是（确定的）知识？它是否适合所有参与者（甚至更大范围），还是只适合单个参与者？

随时随地捕捉想法、见解和关联。想法和见解往往从生成式设计研究项目的一开始就出现，但最好将对它们的关注推迟到分析完成之后。过早地沉迷于想法可能会导致过早形成数据分析结论。因此，最好准备一个存储库以捕获和保留想法、概念和见解。当它们写在卡片上时，可以像研究中的任何其他数据一样，在卡片上"标记"事件、时间、日期和作者。请务必同时提供短期和长期构想的存储库。例如，短期存储库可能是工作过程中的"停车场"。长期存储库可能是项目日记，在整个项目期间供研究人员保存所有的想法和见解。

准备好惊讶吧！ 不要试图预测分析的结果。除非你是第一次分析此类数据，否则不要使用规定的分类方案。如果你已很好地记录和整理了数据，那么请对数据自身出现的模式持开放态度。

分析结束时你将得到什么

在分析结束时，你已经开始通过产生和收集过程中出现的想法、概念和见解，弥合研究（关于当前情况）和设计（关于未来可能怎样）之间的差距。然而，这些想法的质量会有所不同，具体取决于它们的分析级别。如果很少或根本没有分析，这些想法可能会有些肤浅。在 DIKW 分析框架中，走得越远，就越有可能产生更多的想法，甚至更重要的想法。但全面分析的真正价值在于，在较高知识水平上跨越研究和设计的鸿沟，能够识别全景图和框架思想。全景图或框架向后连接到数据，并以一种揭示以前看不见的模式和结构来组织数据。全图景或框架也指向未来，并针对相关设计问题给出建议或激发新的思维方式。在"沟通交流"一章中，我们将讨论全景图的创建以及它如何激发新的思维方式。

供稿人

约翰·尤格（John Youger）

美国俄亥俄州都柏林

WD 合作伙伴

消费者洞察总监

john.youger@wdpartners.com

致谢

这项工作由约翰·尤格作为独立顾问与 Co-rona（客户——新花园工具线）和 Priority Designs（合作伙伴——设计和工程）共同完成。

7.7 新团队进行混乱数据分析的技巧
Tips for New Teams in Getting Started with Messy Data

当进入分析时，始终存在的模糊性是新团队面临的困难。决定从哪里开始通常是一项艰巨的任务。经验丰富的团队对这个问题更为熟悉，他们可以快速记录并收集想法和观察结果。

一个新的团队可以从围绕参与者或现场使用的工具获取调查结果开始。将参与者的照片或完成的生成式工具放置在墙上为团队提供了一个起点。它提供了一个让洞察和想法进行展示的位置并让分析顺利进行。将内容安排到参与者快照的开头或最终角色中，具体取决于可交付的内容。随着团队变得更加舒适，你可以开始过渡到捕获参与者和工具中呈现的主题。使用不同颜色的卡片识别主题或全部在另一面墙上放置新的类别。

分析的初始结构基于参与者及现场使用的工具

这是一个特写镜头，展示了一些参与者

在随后的分析过程中，出现了新的主题

7.8 声明卡有助于分析在DIKW框架内向上移动

Statement Cards Help to Move Up Levels in the DIKW Scheme

供稿人

彼得·扬·斯塔珀斯(Pieter Jan Stappers)

荷兰代尔夫特理工大学

工业设计工程学院

教授

p.j.stappers@tudelft.nl

从数据向信息及知识转移时，必须采取两个步骤：解释和查找模式。声明卡是我们为教这些步骤而开发的一种形式。它们使解释和查找模式的步骤变得明确。声明卡还帮助团队更有效地协作完成这些步骤。

声明卡包含三个字段：引文（小字体）、释义（大字体）和研究人员 ID（色带）。分析转录文档时，研究小组的每个成员都会选择感兴趣的段落，并将每个段落的文本复制到引文字段。然后，他们诠释这段引文，并以陈述的形式写一个释义（用他们自己的话），揭示这段话的相关性。最后，使用他们的签名颜色填充色带。

然后将这些卡片打印出来，并带到分析环节。在分析环节中，研究团队研究彼此的卡片，讨论解释，以及尝试将具有相关解释的卡片分组到相同的类别或主题。声明卡有助于提高这一过程的效率：因为有色带，所以很容易看出谁做了解释，并要求进一步解释；这也有助于了解谁对哪些类别贡献最大，有助于对出现的类别和主题进行一对一的讨论。因为释义是研究小组给出的，所以比较容易比较卡片和查找模式。学生通常很难将释义变成一个陈述，而不仅仅是一个表明主题的标签（"他每天早上刮胡子"与"频率"）。但是，由于原始引文保留在释义中，因此很容易通过引用源代码并在团队内部讨论释义来完善。

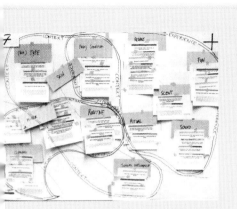

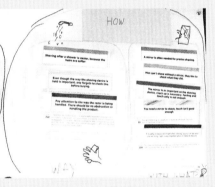

将卡片使用相同格式和大小的纸张打印出来，而不是手写，这使它们更容易阅读。此外，每个成员都通过明确阐述释义，致力于达到（DIKW的）信息层面。当然，这种解释可能会在讨论过程中发生变化，但它为团队进入分析提供了一个明确的起点。

这种形式化的方法可能会受到限制，但是作为初学者效果很好。我们发现，学生在继续学习生成式设计时，经常以这种形式或变体重复该方法（例如，添加带有物品的照片而非引用的文字）。

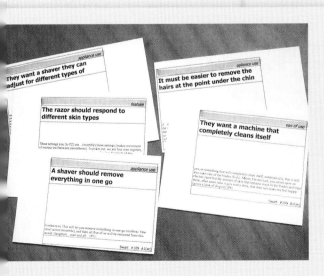

7.9 为分析做准备，通过报告进行项目规划

Preparing for Analysis,from Project Planning Through Reporting

为购房体验提供丰富的情境而开展了一项研究，背景信息确定如何重新设计客户网站可以更好地支持整个购房过程，从而加强客户的品牌定位以及客户服务。

本质上，购房过程是一个充满无数重要里程碑和实际步骤的复杂过程，并随着像任何重大的改变人生的决定一样的情感起伏。在前期规划阶段，仅利用我们自己的购房经验，研究团队仍然了解这种复杂的性质，并且知道如果不精心规划，项目数据集（就像许多定性数据集一样）将变得难以处理。

与当今商业环境中的许多项目一样，购房项目的时间紧迫。我们的数据集很大：3 个市场，27 次访谈，12 篇视觉日记，包括照片和数小时的录像带，分析时间仅两周。为应对这一瓶颈，我们实施了一个项目流程，将分析（或至少为分析做好准备）整合进项目的每个步骤中，从项目规划到撰写报告，而不是将分析计划作为只有在现场工作完成之后的谨慎步骤。这将在某种程度上延长两周的分析时间，并允许我们带着已经组织好的见解进入为期两周的分析阶段。

项目规划始于一个假设的购房过程，这个过程模型描述了人们在购房时采取的步骤。这个过程模型有助于构建一个完整的框架，这个框架包括从关键领域的调查，到开发讨论指南模板和可视化日记，再到数据库开发以汇总现场工作数据，最后以帮助组织为期两周的分析会议的所有内容。

供稿人

凯伦·斯坎兰（Karen Scanlan）

美国伊利诺伊州

芝加哥

独立顾问

karenscanlan@gmail.com

在线性项目过程中，分析可以成为过程中每个步骤的一部分，从而产生更丰富、更具时效性的结果，而不是将分析规划为一个谨慎的时刻。

在初始流程模型中，做好查询区域有助于组织和准备相关数据，以便后续可以快速进入数据库。

尽管我们允许在项目进行过程中，必要时对我们的工具进行"重组"，但是有了一个有凝聚力的工具包，就可以根据质量、速度和深度进行有组织的分析和预测。

与任何大型定性数据集一样，数据的搜索和恢复至关重要。为此，数据库工具允许我们在项目进行过程中组织、比较、检索和输出数据，尤其是在我们引导分析会议，以确定可行的洞察和建议时。

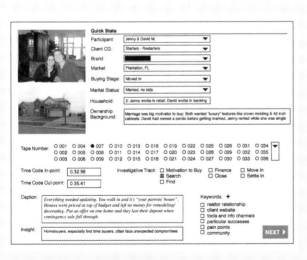

数据库可以用来存储、组织、检索、比较、分析数据，并帮助将数据转换为有意义的、可操作的信息，供开发人员使用。

7.10 对你的分析材料也进行设计
Design Your Analysis Materials Too

尽管设计师渴望将自己的技能投入到为参与者制作
工作手册中，或者为赋予研究结果以生命而创造有
吸引力的交流。令人惊讶的是，分析材料也能从吸引
力和高效中获益。研究不需要平淡、客观和枯燥！
例如，当转录文档不再是匿名的，而是以吸引人的
形式提供，并为参与者命名（可能是虚构的），分
析就会变得更加有趣、富有同情心并且充满灵感。
对你的分析工具和材料进行投资是值得的，而且它
在分析工具和材料上的使用与在生成式工具或传播
媒介上的使用一样多。照片中显示了相同转录的普
通排版和个性化排版本之间的区别。

供稿人

彼得·扬·斯塔珀斯(Pieter Jan Stappers)

荷兰代尔夫特理工大学

工业设计工程学院

教授

p.j.stappers@tudelft.nl

Ernesto　　Sasja　　George　　Leon

23Leon: Yes, you have to do that right away, and if you leave it, it sticks tightly...

24Sasja: ...and then it's difficult to get rid of it again. I agree.

25Ernesto: I look intensely at that vortex, to make sure that all is carried out.

26Sasja: Yes..

27Lili: That's important for you too, of course, even though you shave electric. Well, of course you also have hairs.

28George: That's right, but I'm just a bit lazy in that respect, so I just leave the tap running.

29Lili: ...while you are shaving, so it is rinsed out by itself...

30George: Exactly. And when I forget, I get to hear it in the evening.

31Lili: Then you get a reprimand...

32George: My wife gets up much later than I do, so she's also much more awake (laughs) and, yes, then I get to hear that in the evening, like when we go to bed, and use the bathroom, like,... "this morning, you probably were too... " or "you didn't wear your glasses, this morning, what?" I think it's quite normal that you clean up. To me it's just normal if (mumbles).

33Lili: Are there any reactions or additions anyone got to the story that he (George) just told?

34Leon: Well, that mirror..... Yeah, you can't do without one.

35Lili: Does that hold for all of you?

36Leon: Just quick in the shower, but afterwards I STILL go to the mirror and check to make sure.

32P2: Yes. My wife gets up much later than I do, so she's also much more awake (laughs) and, yes, then I get to hear that in the evening, like when we go to bed, and use the bathroom, like,... "this morning, you probably were too... " or "you didn't wear your glasses, this morning, what?" I think it's quite normal that you clean up. To me it's just normal if (mumbles).

33F1: Are there any reactions or additions anyone got to the story that he (P2) just told?

34P3: Well, that mirror..... Yeah, you can't do without one.

35F1: Does that hold for all of you?

36P3: Just quick in the shower, but afterwards I STILL go to the mirror and check to make sure.

37P4: In the shower...I don't do that (mumbles). But for shaving dry I use a magnifying mirror.

38F1: Also...

39P4: It's just that I find that when shaving wet you always get out of the shower and the hairs are still nice and wet, and then I shave wet, but then the mirror is also clouded up, so ...

40F1: Yeah, yeah, ...

41P3: You have to spray shaving foam on it.

42F1: But then you don't see anything through it?

43P3: No, just add a little bit, it lowers the surface tension.

44F1: You also do that with swimming specs [spectacles], not? (mumbles, spit, wipe it with a newspaper) yeh yeh.

45P2: You just have to ventilate the bathroom, so it won't ...

46P4: Yes, well, just a nice hot shower, I like, I always put it really hot.

47P2: Just open the window

48P4: ...so it's really steaming in there with me

如果参与者以有姓名和照片的人的身份出现（即使这些不是真实的人，左侧图片），
将比参与者匿名或非个性化（右侧图片）出现更容易使人带着同理心阅读。

供稿人

约翰·尤格（John Youger）

美国俄亥俄州都柏林

WD 合作伙伴

消费者洞察总监

john.youger@wdpartners.com

致谢

这项工作由约翰·尤格作为独立顾问与 Co-rona（客户——新花园工具线）和 Priority Designs（合作伙伴——设计和工程）共同完成。

7.11 团队不能见面时数据管理的技巧
Tips for Managing Data When Teams Can't Meet

分析数据时，面临的真正挑战是在分析过程中保持团队在一起。协调团队成员一起工作的时间表可能会非常困难。

如果管理不善，缺乏物理上的邻近性则会大大增加完成分析的时间和成本。无法在团队成员之间有效地分享想法可能会影响对所收集信息的全面性和理解深度。

创建和维护演示文档、可见的"工作"、高级大纲对解决这个问题非常有帮助。突出每个部分的工作人员，让每个人都专注于自己的具体贡献。当团队成员审核大纲时，其他主题和发现可以快速、轻松地添加到大纲里。随着分析进入归档阶段，维护已完成或缺失页面的最新打印输出可让团队评估演示的进度并理顺演示的流程。通过参考原始大纲，可以很容易地发现缺少的内容并添加。缺少的内容可以通过参考最初的大纲，轻松的发现并添加。

（在墙上）高层次地呈现大纲会帮助所有团队成员在分析混乱数据时保持在状态。

大纲在审查和使用时会发生变化。

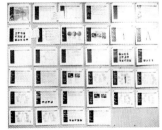

在随后的分析过程中，随着最终汇报，大纲会逐渐清晰。

7.12 设计研究中的抽象层次
Abstraction Hierarchy in Design Research

抽象层次是系统组件和功能的矩阵，根据社会技术系统中必要的功能揭示它们之间的关系。它是一种分析方法，用来理解系统或工作过程中的认知和过程结构以及机会。该方法以认知工程(Rasmussen,1986)为基础，并通过维森特（Vicente）的认知工作分析(Vicente,1998)进行扩展，为设计者提供了一种快速理解系统目的、优先级和功能的方法。虽然该方法起源于工程和系统科学，但从方法学中获得的一种更简单的技术在设计研究中具有价值，可作为识别不同设计和解决问题选项的分析工具。

创建抽象层次结构的过程是对问题空间中的功能进行分析和逐步识别，并将系统分解为多个部分。认知工程方法需要经过两个分析过程。

1. 创建函数矩阵

这里显示了一个抽象层次结构，其中抽象级别以列为单位，整体组件以行为单位。在显示的示例中，整个医疗保健系统在最左边的列中进行了简化(抽象)。

> 在一列中，每一层表示一种平均值关系，即从目的(上)到物理功能(下)，是更高一级的功能。

> 均值－端耦合可以通过确定每一层的函数是否为其下均值函数的"端"状态来进行测试。如果一个健康的社会是功能（"是什么"），那么医疗服务是实现功能的"方式"或方法。

供稿人

彼得·琼斯（Peter Jones）

Redesign, Inc. 和 OCADU

创新研究员和再设计研究创新者

facultyTorontopeter@redesignresearch.com

参考文献

[1]Lintern, G. (2009). The Foundations and pragmatics of cognitive work analysis: A systematic approach to design of large-scale information systems. Victoria, AU: Cognitive Systems Design.

www. cognitivesystemsdesign.net

[2]Rasmussen, J. (1986). Information processing and human-machine interaction: An approach to cognitive engineering. New York: North-Holland.

[3]Vicente, K. (1999). Cognitive Work Analysis: Towards safe, productive, and healthy computer-based work. Mahwah, NJ: Lawrence Erlbaum Associates.

What functions does the healthcare system provide?

Whole-Part MEANS · END	Total System	Subsystem	Functional Unit	Sub-Unit	Component
Functional Purpose	Healthy Society	Regional Healthcare System	Community Health	Patient Community Health	Individual Health
Abstract Function	Healthcare Provision	Capacity to Coordinate Healthcare Resources	Complete Patient Treatment	Provision of Clinical Procedures	Self-Care for Maintaining Health
Generalized Function	Healthcare System Policies	Community Resources for Acute & Critical Care	Provide Full Care Services	Primary Health Services	Health Seeking Behaviors
Physical Function / Form	Healthcare Organizations	Hospital Networks	Local Clinics	Primary Care Physician	Health Awareness

> 向上测试是询问"为什么"在系统中执行此功能。为什么我们需要地方诊所？提供全面的护理服务。为什么？提供完整的患者治疗。

2. 创建本地示例

虽然完整的矩阵有助于分析，但是通过创建局部示例，将重点放在活动的子集上，而不是整个画面上，可以增强解决设计问题的综合能力。左边的图显示了一个类似的矩阵，专门用于理解当前医疗系统中的问题空间和动机。

这里的示例显示了设计团队感兴趣的抽象函数。价值和优先级被添加为目的和功能域之间的抽象层。分解不是一组完整的组件，大多数函数都是空的。正在分析的函数以粗体显示。活动关系通过指示从A到E功能的路径来显示。社会系统的特定参与者通过功能从健康意识（症状）到寻求健康，再到治疗周期，再到自我保健。显示了一个反馈循环（不是大多数抽象层次结构的典型），因为这里我们展示了如何完成活动周期增强健康意识并导致更好的自我保健。

抽象层次结构是数据分析过程中分析和综合的有力辅助工具，特别是在 DIKW 周期中将信息转换为知识的过程中。虽然该方法在大型系统的工程设计中得到了长期的应用，但人们发现该方法在系统和服务设计中很有价值。在系统和服务设计中，人类活动被重新设想为组织和系统级的重新设计（Lintern, 2009）。

What are the Functions of Primary Care in the Healthcare System?

Whole-Part MEANS · END	Total System	Functional Unit	Component	Part "Patient"
Functional Purpose	Healthy Society	Community Health		Individual Health
Values & Priorities		Complete Patient Treatment **D**		Self-Care for Maintaining Health **E**
Domain Functions		Provide Immediate Care Services	Primary Health Services **C**	Health Seeking Behaviors **B** · Feedback to Awareness
Physical Functions			Primary Care Physician	Health Awareness **A** · Manifested Illness
Physical Objects			Office / Exam Room Equipment / Informatics	Physical Symptoms

7.13 访谈的艺术
The Art of the Interview

所有定性研究的基础是访谈。完成访谈需要技巧。它不是一次简单的谈话，而是一个精心组织的环节，在这个环节中，采访者巧妙地引导参与者——而不是提出引导性的问题——揭示与研究主题相关的隐性问题。

我们制作了一个专家访谈的演示视频，要求学生分析访谈者所做的一切，以从参与者那里获得有意义的答案。我们还向学生提供了相同的访谈日程和材料，并要求他们自己复制访谈。这样，学生既能从旁观者的角度，也能从访谈者的角度来理解访谈。

供稿人

凯瑟琳·贝内特·艾德社（Katherine Bennett），IDSA

美国加利福尼亚州

帕萨迪纳艺术中心设计学院

副教授

kbennett@artcenter.edu

供稿人

许康宁（Kang-Ning Hsu）

台湾，台北

R.O.C 糖尿病协会

秘书

hiopie@gmail.com

许康宁的供稿是基于她在代尔夫特理工大学的硕士论文。

Hsu, K-N. (2007) Contextmapping in Taiwan

代尔夫特理工大学工业设计工程学院交互设计硕士。

导师团队：P.J.Stappers、O.A.van Nierop 和 H.van Rijn。

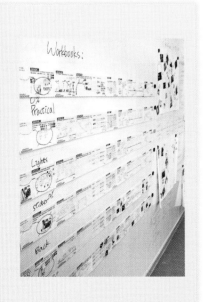

7.14 使用折叠式工作簿展开思维
Unfolding Thinking with Foldout Workbooks

当在生成式设计研究中使用多种不同的方法或工具时，会产生大量的原始数据。在分析过程中，将各种不同的材料分散开来是很有帮助的。然而，如果材料是工作簿的形式，则需要拆开并复制，这将花费大量时间。如果从一开始将分析的简便性考虑在内，则可以节省分析的时间。

折叠式工作簿可以让大量的原始数据更容易展开，便于在墙上进行分析。通过展开工作簿并将它们贴在墙上，可以快速、轻松地获得所有数据的概览，不需要复印或翻页。通过使用折叠式的工作簿，研究人员可以更容易地进行比较和联系，从而展开他们的思考。

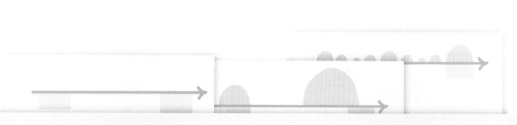

第8章 沟通
Chapter 8 Communication

8.1 介绍
Introduction

本章将讨论如何传达生成式设计研究过程产生结果的信息。我们将这些沟通活动描述为在分析阶段之后和设计概念化之前进行的，因为这是典型的过程。然而，这三个阶段（即分析、沟通和设计概念化）并不总是按照这种顺序作为单独的步骤出现。例如，分析和设计概念化可能会在时间非常紧迫的项目上并行运行，并在整个过程中进行"沟通"。但是，活动的这种分离有助于描述过程中发生了什么以及完成过程的各种方式。

根据研究的目标、受众及其在设计项目中的角色，沟通可以采取多种不同的形式。下面的每一个因素都会影响最终选择的沟通形式。

> 研究的目的是什么？

> 在设计开发过程中，沟通发生在哪里？

> 谁是观众？他们对整体项目有什么责任？

> 是否有多个受众？你是与所有人同时沟通还是在会议中单独沟通？

> 你的听众在这个过程中有多投入？当听众参与整个过程时，你需要采用不同的沟通方式，而不是与他们只是参加最后的展示汇报的沟通方式一样。当然，所有这些因素都会在项目开始时的规划阶段考虑到。

8.2 沟通的目的是什么
What Is the Purpose of Communication

在计划沟通的内容和方式之前，你需要考虑是做一个演讲还是考虑做一个参与性的会议，或者两者兼而有之。你需要决定留下哪些物理形式的文档以供将来参考。

演讲是研究成果的传统沟通方式，也是当今最常用的沟通方式。演示文稿通常采用 PowerPoint 的形式呈现给观众，然后邀请他们在演示期间或演示结束之后提问。

与传统的沟通 / 演讲形式相比，参与性会议通常更长、更具互动性、更直观。演讲者和观众的角色转变为协调人和参与者的角色。在过去几年中，已经引入一些基于参与性原则的替代型的沟通方式，并在今天的商业环境中得到应用。随着设计挑战的范围和复杂性不断增加，我们可以期待看到更多的参与式和互动式会议的替代形式，将来自各种背景的人们聚集在一起共同工作。

8.3 演讲和参与
Presentation and Participation

决定是否在项目结果的交流中使用演讲或参与的方式时，需要权衡考虑一些因素。演示是一种更熟悉的方法，通常比参与式方法成本更低。另一方面，参与通常会更好地利用研究结果，更好地对洞察和想法拥有归属感。图 8.1 描述了演讲和参与作为交流形式的一些不同之处。

	演讲	参与
交流目标	以研究结果打动观众,并希望说服他们遵循建议	让观众沉浸在对发现和洞察的理解中,以便他们能够成为设计构思和/或概念化的合作伙伴
时长	通常一到两个小时	可能需要几个小时到一天或几天时间
形式	更加正式和结构化	非正式的环境,有利于亲自参与
内容过程	单向流动:从研究团队到观众	一旦客户沉浸在研究成果中,就会形成一个开放式协作和双向内容流的空间
结束	这次演讲标志着研究阶段的结束	参与性会议标志着设计概念化下一阶段的开始

图 8.1 演讲和参与作为沟通方式的不同

什么时候最适合使用演讲的沟通形式

如果客户或听众明确表示了他们对演讲的期望,那么最好满足他们的期望,特别是如果这是第一次参与的话。其他表明应该使用演讲的迹象包括以下几个:

> 当客户并没有参与研究过程时;

> 当客户的心态以专家的心态为特征时;

> 当客户可用于会议的时间非常有限时。以上任何或所有这些因素的存在表明,做演讲可能是最合适的。

什么时候参与最合适?有几个条件需要考虑将参与作为沟通手段:

> 当客户端团队参与整个研究过程时;

> 当客户端团队以参与式的心态进行设计时;

> 当客户端团队愿意投入所需时间以确保成功参与活动时。

提示: 在制定提案的时候,一定要提前决定你是否是通过演讲和/或参与来交流,因为这个决定会影响你的计划和项目的可交付成果。

也可能有机会混合两种形式的沟通，先做一个演讲（通常是针对更大的人群），然后进行一次参与性活动。参与式活动可能是为较小的群体设计的，这些人将在组织中引导生成式设计研究结果的发展。这种混合的沟通方式在很多方面都是理想的，要成功地做到它，必须花费大量的时间、精力和成本。然而，它也会产生最大的回报。

8.4 三种沟通方式
Three Approaches to Communication

演讲和参与适应了不同的沟通目的或目标的变化。我们将在本节中讨论的三种方法解决了沟通轨迹中的变化。前两种方法侧重于在设计过程结束时沟通。第三种方法侧重于在整个过程中的沟通。你还可以组合这三种方法的所有元素。但由于这只是一个介绍，所以最好将这些方法视为典型案例。

高总结性的最终演讲

在高总结性的最终演讲方法中，几乎所有的沟通都发生在过程的开始和结束阶段。使用研究团队演示和客户聆听的演示格式。在过程的开始阶段，可能会呈现目标、流程和预期可交付成果，在过程的结束阶段，可能会呈现更多的调查结果和洞察（即末尾的大块内容），如图 8.2 所示。

当客户/客户团队没有时间参与整个流程时，此方法非常有用。或者可能有很多人对研究结果感兴趣，但他们倾听的时间有限。

提示：留出时间与客户团队的核心成员一起预览演示文稿。在最终演讲之前，留出时间进行修改。

PPT（或其他一些基于幻灯片的程序）可以用于传达主要发现。下面给出了一些进行演示的基本指导。

总结性演讲指南

> 从执行摘要开始。听众最感兴趣的是你发现了什么，而不一定是你如何发现的。

> 简要描述研究过程，但一定要提供对研究结果的应用至关重要的信息，如样本大小总结。

> 使用一个可视化的模型来传达"大局"，并显示研究结果中不同视角之间的关系。

> 一定要计划好回答问题的时间。

> 将 PPT 分发给所有参加会议的人是很有用的，这样他们就可以跟着一起听，而不是试图通过做笔记来记录所有内容。

提示：如果你提供带语音注释的 PowerPoint，那么客户团队成员可以更轻松地在你不在的情况下与组织中的其他人共享演示文稿。与每张幻灯片相关的脚注也有助于确保其他人很好地传达研究的意图。

你可能需要提供两个级别的文档。例如，你可能需要准备高总结性的演讲，但也需要提供更完整、更详细的文档，为客户团队成员掌握研究结果提供足够的信息。

最后的沉浸式活动

在过程结束通过沉浸式活动来完成结果的交流时，通常在过程的两端同时使用演示和参与式方式，如图 8.3 所示。

在过程的开始，展示目标、拟定流程和预期的可交付成果，以及让客户参与过程的亲身体验活动（即线上的小圆圈）。例如，将所有研究材料的大致原型带到第一次会议上，并让客户先试用这些材料，然后再对其进行改进，是非常有效的。在过程结束时，将展示结果和洞察，并计划一个更详细、更具沉浸感的活动（即线上方的大圆圈），以便客户能够在没有参与研究的情况下体验现场工作。在演示之前进行沉浸式体验最为有效。

编辑过的录像带可以非常有效地用于这种沉浸式活动。生成式设计过程中的人工制品，如图像拼贴或"生活中的一天"时间表，也可以非常有效地设置沉浸式活动。重要的是，如果要以这种方式沟通，那么参与者对生成式工具的解释就会与工具本身一起呈现。

对于沉浸式活动的建议

> 如果可能，活动应该在场外举行。这样，听众就会对新思想持更开放的态度。

> 所有通信设备都应该关闭。

> 为了使这种通信最有效，工作坊的参与者需要提前做好准备。应该给参与者布置"家庭作业"，以帮助他们为活动做好准备，并确保他们带着合适的心态来参与。

> 通过初步活动，工作坊参与者可以在沉浸式活动开始之前，揭示他们期望学习的内容，会非常有效。

> 使沉浸式活动尽可能地具有交互性和实践性。

> 通过邀请人们穿"游戏服"和提供美食来营造轻松愉快的氛围。

图 8.2 在高总结性的最终演示方法中，以演讲形式进行的沟通分布在过程的开始和结束时

图 8.3 在沉浸式活动结束时，沟通发生在过程的开始和结束。可以同时使用演示（线下）和参与（线下）

工作坊可能会开一整天。把时间分成两个半天是很有效的。例如，从第一天下午开始沉浸在数据中。中间的晚上是参与者相互了解的好时机。工作坊可以在第二天早上重新开始，并就大局、洞察和下一步进行交付和讨论。两天之间的间隔时间也有利于孵化过程的发生。第二天的早晨可以非常有效地基于洞察来集体产生想法。

这是另一个我们用来让参与者沉浸在研究数据中的想法。如果你要向终端用户展示一些生成式会议的结果，则可以邀请客户团队来预测他们认为最终用户输入的结果会是什么。这是很有启发性的，因为它往往显示出客户团队成员对参与生成式设计研究人员的理解和同理心有很大差距。

沉浸式将比最后的大型演讲花费更多的时间和资源来准备。但是，客户团队成员在实地体验中的沉浸感，以及基于这种沉浸感而产生的集体洞察是非常宝贵的。如果你的客户 / 客户团队需要拥有这些数据，并能够根据发现自行采取行动，但是他们没有时间参与这个研究过程，那么这是最佳选择。

关于规划和举办参与性活动的更多信息，强烈推荐 *Open Space Technology* (Owen,1997a 和 1997b) 和 *World Café* (Brown、Isaacs 和 World Café Community, 2005)。

持续的沟通

在沟通过程中，客户团队始终参与项目的每一步。（参见图 8.4）演讲是在关键阶段（即线下的方框）进行的,参与过程（即线上的圆圈）发生在任何或所有 以下阶段中。

> 项目计划和准备材料；

> 筛选和招募参与者；

> 数据收集与记录；

> 分析并生成全局 / 模型；

> 洞察的识别和发展；

> 最终可交付成果的编制。

在采用"持续沟通"方法之前，与客户一起工作会有所帮助。如果你是第一次和客户打交道，最好在一开始就安排一次面对面的会面，这样所有参与者都能相互了解。

如果客户不能作为团队的专职成员参与整个过程，那么什么时候才是让他们参与过程的最佳时机呢？如果你只有一次机会让客户沉浸在过程中，那么最好是在分析开始的时候把他们带进来。也就是说，当你制作一个全局计划的模型时。通过这种方式，他们可以将其内部视角添加到模型的创建中，然后添加到洞察的识别中。这可能使客户团队的其他成员更容易理解结果并继续前进。第二个让时间有限的客户参与的最佳时间是在数据收集阶段，因为这个阶段是处在情境访问中，可以对参与者产生真正的同理心。

共情是一种理解的形式，共情者试图理解别人的处境或观点，并试图预测那个人将如何经历和应对事件或条件的变化。共情理解的理论及其实现方式最初是在心理治疗领域发展起来的，即治疗师与患者共情。在共情设计中，设计师是与用户共情，试图

"站在他们的立场上"为用户设计。获得同理心需要一个过程（Kouprie和Sleeswijk Visser，2009），在这个过程中，共情者首先让自己沉浸在对他人生活的理解中，进入并探索这个视角，然后从这个视角回到自己的视角。设计师通过这个过程来思考想法、概念或解决方案。这种介入和后退的过程区分了与某人的同理心（即后退）对某人的同理心（即进入）。无论是在设计中还是在治疗中，共情过程对行动能力很重要。

沟通始终是一种有用的学徒形式，可以为客户团队成员提供非常有效的学习体验。在分析步骤中，人物角色模型是另一种让客户参与过程并与参与者产生共鸣的方式。

如果你的客户想要参与这个过程，但又没有时间和费用到另一个城市或世界的另一个地方去旅行，你会怎么做？许多新的通信技术已经或正在成为帮助远距离通信的技术。随着这些新技术的出现，人们利用这些技术的功能，交流的机会一直在扩大。随着 Twitter 和社交网络等新通信技术的流行，"即时在线联系"所产生的环境意识是一种正在被研究的现象（Thompson，2008）。环境意识是"持续交流"的线上版。

提示：Dropbox 和共享文档，如谷歌文档，对远程工作很有帮助。

即使你与客户密切合作，记录好流程和数据的文档仍然非常重要。实际上，如果需要的话，最好以这样的方式记录过程，以便你能够在最后创建完整的过程文档。

图 8.4 在"全程沟通"方法中，演示（线下）和参与（线上）在整个过程的各个点上进行

8.5 沟通工具

Tools for Communicating

从生成式设计研究中传达观点本身可以被视为一个设计项目。根据设计团队的需要，可以选择和使用不同的通道。在抽象层次（抽象概括与具体细节）和对事实、客观陈述的需求，与对主题和用户体验的感受（理解与共鸣）之间总是存在着一种张力。斯里斯威克·维瑟（Sleeswjk Visser）(2009) 开发了一个框架，使用灵感、同理心和参与度的因素来指导研究人员利用传播媒介将研究结果传递给设计团队。

特别是在单次演讲会议之外的交流领域，可以使用一系列选项来提高对项目及其进展的认识。

（1）每周与客户团队和／或其他利益相关者举办电话会议（或 Webex 电话会议），分享进度。

（2）经常发邮件或短信来分享进度。

（3）常驻客户：客户团队成员以实践指导的方式加入研究团队。这在实地工作阶段和分析阶段特别有效。

（4）通过博客或其他形式的交流，不断收获和分享在实地工作和分析过程中产生的想法，并允许视觉化的输入。

（5）关于特定主题的高密度工作坊。

（6）有趣的传达或提醒，如放在办公室（咖啡机附近、电梯里、打印在咖啡杯上等）的"用户信息"。

设计和制作交流工具

在交流研究结果时，可以产生各种各样的可交付成果，可以使用各种表达风格。书中的一些供稿（特别是第 245~251 页）显示了其多样性。在每一种情况下，无论是人物角色、故事板、概览图还是传达品，都应该考虑谁是受众，希望使用通信工具实现什么，以及如何查看、阅读或以其他方式使用它。这里给出指导方针超出了本书的范围，但是本书的供稿提供了一些例子供参考。更多的指导可以在关于沟通的书籍中找到，比如 Pruitt & Adlin（2006）关于人物角色模型的书籍。

处理参与者的隐私问题

使用参与者的图片和引语来制造一种张力。一方面，你想让他们尽可能地真实和完整。另一方面，隐私规则通常要求你隐藏他们的身份。这意味着要从抄本和人工制品（如拼贴画和工作簿）中删除他们的名字和其他可以锁定他们的信息，并将照片匿名化。无论是人名还是人脸，都要注意匿名化技术也会影响交流内容，如图 8.5 所示（我们在本书中使用了右下角的形式，例如第 114、193、196 页）。

8.6 分析和沟通方法之间的关系
Relationships Between Approaches to Analysis
and Communication

本章我们讨论了三种沟通方式（高总结性的最终演讲、最后的沉浸式活动和自始至终的沟通）。第 7 章我们讨论了三种分析方法（为获得灵感的分析、墙上分析和数据库分析）。这些方法之间的关系是什么？当我们交叉沟通和分析方法形成矩阵时，如图 8.6 所示，我们得到了 9 种可能的组合。仔细研究这 9 种组合中的每一种，就会发现有些组合比其他的更兼容。橙色的单元显示理想的组合。蓝色的单元表示其他相关情况。绿色的单元表示不推荐单独使用的条件。

第二部分的案例在分析 / 沟通矩阵中处于什么位置

选择本书第二部分中的案例来描述分析 / 沟通矩阵中的不同部分。第一个案例讲述了一个设计学生团队在为期一周的工作坊上学习生成式设计工具的故事。他们面临的挑战是学会使用这些工具，收集和分析数据，并在周末之前提交他们的发现。他们在墙上分析了数据，准备了两份不同的高总结性的演讲。

第二个案例讲述了一个学生的毕业设计。她进行了墙上分析，大部分分析都是她自己完成的。她在使用这些数据设计解决方案之前，曾多次向她的公司和大学导师介绍研究结果（包括墙上的数据总结）。最后，她做了一个高总结性的演讲，并展示了她的设计。

第三个案例讲述了一个完全依赖数据库分析的大型项目。然而，在这种情况下，由于客户和合作研究团队之间的工作关系在整个项目期间非常密切且互动，所以使用了三种沟通方式。

佩特拉·威尔逊：我早上第一件事总是喝杯咖啡。

P3：我早上第一件事总是喝杯咖啡。

玛丽：我早上第一件事总是喝杯咖啡。

图 8.5 匿名化姓名和面孔会影响消息。例如，遮住眼睛，或者用数字代替名字，会让人想起犯罪的含义，或者说说话者变成一个物体而不是一个人。（图片来源于 Sleeswijk Visser 等人，2007）

第四个案例讲述了一个关于大型研究项目的故事，该项目主要依靠数据库分析，但也利用墙上的分析来对数据进行拍摄。在这种情况下，沟通是一种沉浸式的结合（但主要从第一天开始），然后是高总结性的演讲。

	获得灵感的分析	墙上分析	数据库分析
全程沟通		4.2	4.3
沉浸式活动		4.4	4.3、4.4
高总结性演讲		4.1、4.2、4.4	4.3、4.4

图 8.6 沟通和分析方法的比较。橙色单元格显示了理想的组合。蓝色单元格表示其他有用的机会，而绿色单元格表示不建议单独使用的条件。这些数字请参考第 4 章中的案例

8.7 最终的想法

Final Thoughts

生成式设计研究成果的沟通并不遵循既定的计划或公式。沟通计划的制订取决于相关人员、要交付的内容、时间安排、预算等。最好每次都以开放的心态进入这一阶段，以便根据过去的经验、当前的环境和未来的愿望做出选择。

确保随时了解新的在线交流工具和网络，并讨论在未来改进交流的方法。例如，现在价格越来越合理的手势界面和大型显示器可以为沟通提供一种身临其境的交互式媒介。

最好在你还在计划阶段的时候就决定如何汇报调查结果，因为这有助于为最终演示收集材料。例如，如果你计划在最后放映一部电影，那么你可以让参与者拍摄视频作为提升敏感性练习的一部分。

供稿人

马可·德·波罗（Marco C. De Polo）

美国加利福尼亚州南旧金山

Roche Incubator, a division of Roche Diagnostics

创新主管

marco.de_polo@roche.com

参考文献

[1]Bolt, M. (2004) Pursuing Human Strength: A Positive Psychology Guide, Chapter 2 Empathy: Worth Publishers, New York.

[2]Merholz, P., Schauer, B., Wilkens, T., and Verba, D. (2008) Subject to Change: Creating Great Products and Services for an Uncertain World. O' Reilly Media.

8.8 通过持续深入研究培养学生的同理心
Foster Empathy Through Continuous Research Immersion

在深入生成式设计研究的丰富内容之后，挑战之一是培养已经获得的同理心，从而确保研究不断地为想法和概念提供信息。研究越深入，个人经验和偏好越有可能影响设计。为了避免设计出我们想要的（相对于人们需要的），通过持续的沉浸来培养同理心可以成为一条有效的指导原则。

> 创建可见性：使用海报以便获得研究信息，从而在团队和研究之间保持公开对话。

> 成为用户：通过使用产品和服务来体验用户的观点，让自己沉浸其中。

> 永远不要停止观察：偶尔进行实地考察，观察人们的行为、环境和交互。

> 忠于人们的需要，总是问：我们是为谁设计的？人们试图实现 / 避免什么？

通过提供对研究信息的便捷访问，来打开设计团队和研究之间的对话，创造可视性。

通过使用用户将要使用的产品和服务来体验用户的观点。记录并分享这些经验。

8.9 推动变革的策略和工具
A Strategy and Tools for Driving Change

南卡罗莱纳医科大学医学中心 (MUSC) 的领导者使用了以人为中心的工具，以确定实践和过程中所需的改变，并确定优先次序，为新机构的成功启动做准备。举行了为期一天的务虚会，以关注未来和制订行动计划。从最初的规划工作到现在已经有几年了，新医院的建设进展比预期的要快。该团队需要沉浸在之前的计划和概念中，以更新他们的记忆，并准备一个明确的战略，以快速和成功地为新建筑转移员工和制定开发流程。MUSC 的领导聚集在一起，制定有助于他们降低组织和运营变革复杂性的结构。

在会议之前，制定了一项行动战略和互动材料，以方便这一天的活动。问题列表、角色模型和未来场景是专门为 MUSC 编制的，反映了其员工、患者、期望的文化和未来的运营意图。

向该团队宣读文化和临床相关的故事，反映患者、家属和工作人员的旅程。这些场景刺激了对话和想法的产生。团队很快开始识别新机构成功运营的障碍和变革的机会。如果各部门单独讨论其未来规划，则不太可能发现这些改进。

供稿人

卡罗尔·科斯勒，工商管理硕士
（Carol Cosler, MBA）
美国俄亥俄州哥伦布 43205
RH Transition & Occupancy Planning
at Nationwide Children's Hospital
700 Children's Drive
项目管理团队
carol.cosler@nationwidechildrens.org

珍妮特·贝克，工商管理硕士
（Janet L. Beck RN, MBA）
美国俄亥俄州哥伦布
卡梅尔山卫生系统
门诊企业联络员
jbeck3@mchs.com

卡罗尔和珍妮特的供稿是在美国俄亥俄州哥伦布市的米托夫医疗咨询公司工作时写的。

来自 MUSC 所有临床和操作学科的富有创造力和创新精神的领导者们聚集在一起，为他们的未来进行设想和制定战略。

团队通过回顾和讨论图形、文档和图片，沉浸在以前的工作中。

人物角色的开发是为了反映典型的患者、医生、护士和家庭。这些人物角色随后被用作跨越医疗保健故事中的角色。

团队合作在逐渐了解他们需求的同时，对问题进行分类和优先级排序。

简单的卡片和标记工具被用来捕捉产生的想法。这些卡片立即被贴在墙上，按"桶装"的类别排列，便于管理上千个问题的详尽清单。对这些问题进行了审查，并对多选项投票进行了优先排序，以便为团队提供一个开始的地方，作为前进的起点。

通过使用简单的工具，团队能够清楚地识别复杂的问题，对它们进行分类，然后将这些分类分解为可管理的步骤。MUSC 采纳了所使用的策略和工具，并由许多内部部门独立地加以利用，以审查其他的想法，并帮助克服不可避免的障碍。

"这种方法快速地将员工与现实生活中的患者场景联系起来，从而推动我们在新医院提供护理服务的变革。"

Marilyn J. Schaffner，博士，注册护士，CGRN，
Marilyn J.Schaffner，博士，注册护士，CGRN，临床管理服务和首席护理执行官，查尔斯顿医学中心。

通过一次简单的投票活动，1000 多张有问题和需求的卡片被优先排序。每张卡片上的圆点数反映了对优先事项的共识，并确定了工作的重点和起点。

8.10 沟通工具
Communication Tools

生成式研究会议的成果丰富多样。它们的特点是个别故事零碎、不完整、充满轶事和各种材料。经过分析之后，信息中还有抽象的、不断出现的主题和解释层，如情感、日常模式、价值、意义，甚至潜在的需求和梦想。

在交流生成式设计研究会议的结果时，需要支持多学科设计团队探索、理解参与者并从结果中获得灵感的工具。如果只显示原始数据，就会太多、太多样化且缺乏结构化。

但当只显示结论（即抽象结论）时，数据的丰富性就丢失了。新的沟通工具正在被开发，以便将情境研究的结果传达给多学科团队，例如个人卡片集和行动海报。

个人卡片集可以交互式的使用。设计团队可以通过多种方式使用卡片集。他们可以组织、选择和阅读每个参与者的详细内容。参与者被呈现为真实的人，这会激发参与者的同理心。

行动海报的互动性不如个人卡片。该工具由一个多学科团队(8名成员)在创意生成式工作坊上使用。海报未完成，由塑料制作。在工作坊期间，这些海报由团队自己完成诠释和初步洞察。通过这种方式，最终结果由团队创建。共享所有权的意识会激励团队成员参与其中。

供稿人

弗鲁基·斯里斯威克·维瑟

（Froukje Sleeswijk Visser）

助理教授

荷兰代尔夫特理工大学

工业设计工程学院教师

f.sleeswijkvisser@tudelft.nl

和

荷兰鹿特丹

ContextQueen 总监

弗鲁基的供稿基于她的博士学位。Sleeswijk Visser, F（2009）将人们的日常生活代入设计。博士学位论文，代尔夫特理工大学工业设计工程学院。

参考文献

[1]Sleeswijk Visser, F., Stappers, P.J. (2007) Who includes user experiences in large companies? International Conference on Inclusive Design, Royal College of Art, London, UK, April 2007, 1–5.

[2]Sleeswijk Visser, F., van der Lugt, R., Stappers, P.J. (2007) Sharing user experiences in the product innovation process: Participatory design needs participatory communication. Journal of Creativity and Innovation Management, 16(1), 2007, 35–45.

这张个人卡片代表8个参与者,每张卡片上有他们的名字和照片。正面显示了一些典型的引用和一些解释,背面写有每个参与者的完整描述。

不同的设计团队使用的卡片集。一些设计师倾向于寻找宏观描述,而另一些设计师则更喜欢探索一些卡片的细节。

8.11 制作与讲述：人们如何在多学科团队中使用视觉手段进行沟通和协作

Making and Telling:How People Use Visual Means for Communication and Collaboration in Multidisciplinary Teams

我探索和分析了设计、工程和商业领域的人们如何在设计项目的初始阶段创建和使用可视化手段进行协作。这项研究揭示了在视觉手段使用中出现的两个同样重要的基本维度：用于生成视觉表现（制作）的视觉手段和用于生成讨论和反馈（讲述）的视觉手段。我分析了18个多学科的设计项目场景，从最初分配团队处理设计问题到设计团队准备向客户提供初始解决方案或建议。总的来说，所有的利益相关者通过三种常见的沟通活动进行交互：定义可感知的需求、产生想法/机会和提出解决方案。我还确定了各学科和沟通活动所使用的沟通和协作的视觉手段。在任何情况下，视觉手段都被证明是有价值的思考和沟通资产。

总之，制作和讲述是嵌入在同一视觉手段中的两个同样重要的沟通维度，这取决于观察者的眼睛和/或他们所支持的活动。例如，硬纸板上的标识方案是由设计师"制作"的，通常由营销专业人员向客户"传达"一个想法。标识方案是相同的视觉手段，可以由不同的人以不同的方式"书写"（制作）和"阅读"（讲述）。

供稿人

默斯·格雷尔（Mercè Graell）

西班牙, 巴塞罗那

dnx | 设计

创造战略顾问和Visualteamwork的所有者

merce@visualteamwork.com

默斯的供稿是基于她在俄亥俄州立大学设计学院的硕士论文。

Graell-Colas,M.(2009)"Exploring visual means for communication and colloboration in multidisciplinary teams:an interpretation and implementation for design education"Department of Design.

委员会成员: Caralina Gill、Elizabeth B. N. Sanders 和 Wayne Carlson。

参考文献

[1]Graell-Colas, M. and Gill, C. (2008). "Multidisciplinary Team Communications through Visual Representations". Proceedings of the 10th International Conference on Engineering and Product Design Education, Barcelona, Spain, pp. 555-560

[2]Graell-Colas, M. (2010). "Visual Means for Collaboration Across Disciplines." 2010 Design Research Society (DRS) International Conference Design & Complexity, Montreal July 2010

另一个例子是草图，它不仅支持手与心的互动，还用于传达反馈的想法，并激发想法生成过程。此外，草图中呈现的想法将随着每个"讲述者"和每次"讲述"而改变。

例如，设计师和工程师制作草图和模型。他们使用它们来支持想法生成过程，并作为个人和集体分析洞察的辅助工具。这个过程产生的视觉表现有助于团队成员之间以及彼此之间的沟通。另一方面，业务经理会利用前一过程的产品来支持他们的口头沟通，并产生讨论、反馈和额外的对话。因此，了解不同学科如何进行视觉表现，以及他们如何解释这些视觉表现，成为与各方相关的综合技能。

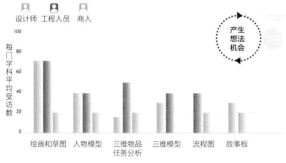

在定义、感知、需求的交流活动中的视觉方式

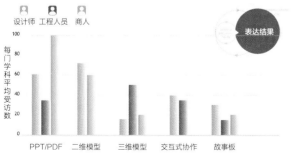

在产生、想法、机会的交流活动中的视觉方式

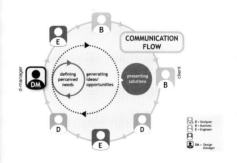

在设计、工程和商业学科的 18 个多学科设计项目场景的沟通过程中确定的三个一般沟通活动。

在表达结果的交流活动中的视觉方式

8.12 对话式设计与社会设计实践
Dialogic Design and Social Design Practice

对话式设计是一种构建集体语言和非言语话语从而推动设计过程的实践。它既是一种将集体演讲和草图融入设计话语的实践，也是一种集体解决问题的方法论。

设计实践者已经将参与式工作坊应用到设计项目从构思到定义再到交付设计结果的整个范围中。在设计实践中，沟通和论证占了很大比例，而大多工作坊方法都涉及一定程度的有计划的促进。随着共同创造实践的发展，以及被越来越多的人接受，其过程明确地促进了对话式方法，以阐明设计的基本原理，并使构思和论证得到更多的集体创意表达。这一趋势见证了基于非指导性方法（开放空间（Open Space）、世界咖啡馆（World Cafe））的增长，以及更结构化的方法的发展，如欣赏性探究（Appreciate Inquiry）。

对话和集体智慧在设计研究中的作用仍然没有得到充分的发挥，因为研究被视为数据收集和参与到用户世界的过程。然而，在研究领域（与现场用户的工作坊）以及演讲和知识传递的领域（让客户团队了解研究成果）中，都可以使用一系列对话式方法。

第一幅图展示了在设计实践中广泛使用的定义良好的对话式方法。从最开放、最具创造力的（使用数十种技术的头脑风暴）到最结构化、最具战略性的（基于通用设计科学的结构化对话式设计）。解决方案基于针对某一情况选择适当的方法。选择基于参与的类型、创建的设计输出，以及方法之间的关系。所有这些的参考文献都可以在网络上找到，也可以在引文中找到。

供稿人

彼得·琼斯（Peter Jones）

多伦多

Redesign, Inc. 创新研究员、研究创新者

奥卡杜学院教师

peter@redesignresearch.com

参考文献

[1]Basadur, M. (1995), The power of innovation. Financial Times/ Prentice Hall.

[2]Christakis, A.N. & Bausch, K.C. (2006). How people harness their collective wisdom and power to construct the future in co-laboratories of democracy. Greenwich, CN: Information Age.

[3]Cooperrider, DL and Whitney, D. (2005). Appreciative Inquiry: A positive revolution in change. Berrett-Koehler Publishers.

[4]Harrison, O. (2008). Open Space Technology: A user's guide. Berrett-Koehler Publishers.

[5]Weisbord, M and Janoff, S. (2010). Future Search: Getting the whole system in the room for vision, commitment, and action. Berrett-Koehler Publishers

对话式实践在设计中的范围

地图中的每个方法都将遵循不同的过程，但是可以从它们的过程逻辑中归纳出通用的设计语言。许多方法所遵循的一个常见过程是发散 > 出现 > 收敛的设计语言。第二幅图说明了主要的社会设计语言遵循在欣赏性探究、结构化对话设计和 Basadur's Simplex 方法中找到的一般模式是发散 > 收敛。

在设计的对话实践中可以看到一种通用的设计语言。语言模式的基本原理是基于对一个可能选择（生成）领域的探索，首先是不断出现或桥接的过程，随后是一个减少、决策、做出选择（评估）的阶段。这种模式已经在一些过程中被编码，特别是在 Basadur Simplex 中，一个完整过程中的 8 个阶段都至少有一个发散 – 收敛循环。社会设计实践是通过促进对话来实现的，结构化的对话确保了公平和公开的贡献，又促使一群利益相关者产生设计结果。

DIALOGIC PRACTICES IN DESIGN

	Open	Guided	Structured
Strategic	Charettes	Strategic Dialogue / Future Search	
Democratic	Town Halls / Open Space	Appreciative Inquiry / Basadur *Simplex* / Team Design / Art of Hosting / World Café	Structured Dialogic Design / Nominal Group Technique
Generative	Brainstorming	Socratic inquiry / Visual Reflection	

DIVERGENCE CONVERGENCE

? Generating Possibilities EMERGENCE Selecting Actions !

GENERATIVE EVALUATIVE

供稿人

安妮特·亨宁（Annet Hennink）

荷兰阿珀尔多伦

Centraal Beheer Achmea

概念和命题开发者

annethennink@gmail.com

8.13 结果如何通过工作文化影响组织
How the Results Have Affected Organizations Through Work Culture

荷兰最大的保险公司之一Centraal Beheer Achmea，采用生成式技术来了解客户的真实想法，因为他们意识到保险产品并非是客户的真实想法。

为了找出是什么驱使着他们，又是什么让他们夜不能寐，研究人员对一个客户群体——小型企业家进行了一系列的情境研究。公司内部的一系列利益相关者参与了研究，以便更好地了解研究结果。结果在组织发展计划中通过演讲、报告和一系列设计好的人物角色（也在墙上进行显示）传达，带给目标群体一些感受。该项目涉及改变通过电话为客户提供服务的销售人员和行政人员的工作文化。

通常这些人不会亲自去见他们的客户。研究中生动的轶事、引语和图片有助于员工与客户产生共鸣。因此，从销售人员和客户的角度来看，他们之间的对话都有了改善。

第9章 概念化
Chapter 9 Conceptualization

9.1 介绍
Introduction

本章中，我们将概念化(想法、概念和解决方案的产生与发展)与研究数据和结果的分析分开，这样就可以关注概念化的过程。我们将在最后一章重新把它们组合在一起，因为在实践中，它们受益于彼此的影响，而且可以相互交织。

概念化是产生新想法、概念和解决方案的方式，长期以来一直被认为是设计的核心部分。在设计学科中，已经开发了各种概念化工具和技术，例如创意方法、产生和过滤想法、在元素之间进行组合以及找到适合的元素。此外，不同的设计学科也开发出了自己的方式来描述和可视化想法。在过去的十年里，尤其是在交互设计和服务设计中，概念化的技术不断发展，不仅是将想法作为一种产品，而且出现了一系列技术来概念化人们的生活可能受到设计影响的方式，例如，拟定一个人如何生活的故事，并利用这个故事作为开发新产品和服务的愿景。这些新技术以未来场景故事的形式聚焦于体验上，旨在适应可通过生成式设计工具和技术获得的丰富多样的洞察。

本章中，我们不提供完整的概念化技术列表，有关于概念化和创造力的书籍(例如，Buxton，2007)，以及数十种可以使用的技术。在这里，我们关注与数据收集中说/做/制作活动相关的技术，旨在通过讲述、制作和实施来勾勒未来的使用场景。我们讨论的中心是"全局"的开发，这是一个框架，用于将设计机会空间与原始数据联系起来，并将想法推进未来的场景中。

9.2 概念化在分析空间的另一边
Conceptualization Is on the Other Side of the
Analysis Space

我们使用第 7 章分析空间模型的左侧来描述和讨论生成式设计研究中
收集数据的过程。我们使用相同的模型来描述和讨论概念化过程，但是
现在的重点将放在模型的右侧，如图 9.1 所示。正如前面章节中所描述
的，在数据收集或分析过程中，随时都可能出现一些想法和见解。即使
是原始的数据，也能产生小的想法。事实上，较低层次的分析更容易为
思想提供灵感，而较高层次的分析更有可能提供信息、知识和洞察。正
如我们在第 8 章中所讨论的，这就是为什么需要在交流生成式设计研究
的结果时，同时提供原始数据和全局。为了在设计开发过程中前进，你
需要立足于当前的情况，并在人们的日常生活中与他们产生共鸣。你需
要这种基础来有效地与他人分享你的理解，这些人将在他们的理解中使
用它来推进设计开发过程。

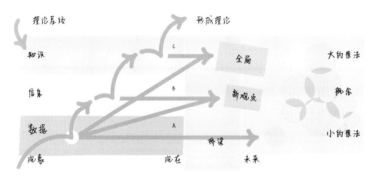

图 9.1 分析与概念化的空间模型

9.3 为什么要进行概念化
What Is Conceptualization for

概念化的目标是最终得到一个或多个相关概念（即未来产品、交互或
使用场景的提案），这些概念符合研究的洞察以及其他可能存在的约束
（例如，适合客户在市场中位置的解决方案）。在这个过程中，我们同

时利用了小的和大的想法。想法可以是小而零碎的，比如"用户在移动时想做这件事"，"太阳能就足够了"，或者"这在下午 5 点钟合适"。概念是一个更大的想法，是一个"整体"的提议。但是概念不一定是完整的 (例如，尚未进行精确的成本或制造计算)，因为该过程中的其他利益相关者可能会进一步开发该概念。

可以概念化的输入包括以下几个。

> 来自数据的想法；

> 来自实地的照片；

> 来自分析的洞察；

> 关于可能的解决方案的限制，等等。

在概念化过程中，它有助于使事物可见，这样团队中的每个人都可以看到正在发生的事情，并能够一起工作。可视化的语言应该是这样的：团队中的每个人 (可能包括具有不同背景的人) 都可以遵循、反思并为概念化过程做出贡献。可视化的一种形式是简单地使用墙上的便利贴来捕捉、收集和组织想法。这些便利贴可以描述想法、机会和 / 或解决方案。便利贴很有用，因为它们可以很容易移动和重新安排。概念化是在讨论和决定将最初的想法移动并放置到更大的"容器"中时，出现新想法的地方。将想法贴在墙上有助于团队了解进度，并指出想法和想法组合。有时，墙上的便利贴支持这个过程，它可以跟踪决策和复杂性，但少有关于想法的内容。后来，随着想法、概念和解决方案具体化，就有可能将内容张贴到墙上并一起在墙上进行处理。

9.4 在设计机会空间中玩耍
Playing in the Design Opp Ortunity Space

一旦建立了概念化空间 (至少是初步形式)，就应该进一步探索设计机会空间。生成式工具在这个概念化过程中非常有效。例如，设计团队可能会使用三维的尼龙建模来探索非常粗糙的产品概念，这些概念将在以后形成未来的产品或场景。或者他们可能采用即兴创作来测试一些关于未来体验的最初想法。为了进一步勾勒出在概念化空间中使用生成式设计思维的潜力，参考第 1 章中介绍的图很有用，该图描述了设计领域是如何处于根本性转变之中的。

图 9.2 显示，直到最近，设计主要关注"东西"的制作。事实上，如今许多大学仍然依赖这些传统的设计边界组织课程。设计教育的传统领域中以设计师学习制作的东西为特征进行分类（例如，产品设计、室内空间设计、平面设计、建筑设计等）。在设计过程中，原型以未来可能的产品、空间或建筑的形式出现。设计师在学校学习的语言是多种多样的，专门用于创造形式。例如，用于制造产品的传统技能包括用于表示产品的草图、手绘、原型和制作模型。而且很多时候，这些东西在没有人或没有使用环境的情况下展示。

旧的>传统的设计学科	新的>新出现的设计学科				
视觉化沟通设计					
工业设计	为了体验的设计	为了服务的设计	为了创新的设计	为了转型的设计	为了可持续的设计
室内空间设计					
建筑设计					
交互设计					

图 9.2 表明设计教育正在发生变化

设计师的教育现在正从专注于制造产品向专注于为人们的生活环境设计产品进行转变。因此，随着图表右侧较新的设计领域的出现，除了内容之外，还需要采用其他形式进行概念化。使用诸如故事板、未来场景描述、叙述、表演艺术、纪录片、体验时间表和体验原型等工具来描述和实施体验都需要其他的概念化方式。在新的设计领域，有必要讲述人们如何生活，以及他们希望未来如何生活的故事。故事可以为想象提供背景。每个人都可以创造、讲述和理解故事。而可以讲故事的可视化技术，如道具、故事板或视频，可以帮助创造一个共享的和整体的层级，以便来自不同背景的人可以交流。

在使用人物角色模型和未来场境故事进行设计开发的过程中，我们看到了使用故事的趋势。这种设计工具起源于交互设计领域，后被工业设计师所采用，目前也应用于室内空间设计。人物角色模型和未来场景的开发可以采用传统的方式，也可以采用参与性思维的方式。例如，产品设计师可以编造这些故事，并利用它们来激发他们的设计灵感。这符合更传统的设计方法。或者故事可以直接来自那些将通过设计得到服务的人。这是使用这种设计工具的一种更具参与性的方式。

图 9.3 显示了一个模型，该模型可用于在设计机会空间中产生想法、概念和解决方案。它是一个表演、制作和讲述的迭代模型，描述了在设计机会空间中的概念化活动。这是一种协同创造模式，邀请所有利益相关者参与概念化过程，无论他们是否是设计师。例如，利益相关者可能包括来自营销、工程和制造业的代表，他们与设计师一起工作。利益相关者还可能包括以前称为最终用户的人。在接下来的讨论中，我们将把利益相关者作为研究和设计团队的成员。

读者可能已经注意到，这个模型看起来与第 3 章介绍的人们说什么、人们做什么和人们制作什么的模型类似。

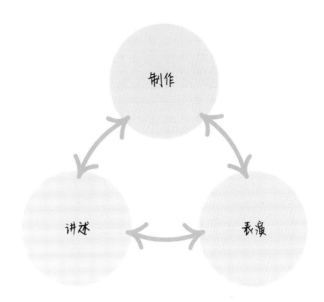

图 9.3 在设计机会空间中的基础行动分类

然而，说 / 做 / 制作模型描述了设计 / 研究团队可以用来探索和理解将在协同设计过程中被服务的人的经验 (过去、现在和未来) 的活动。因此，前面介绍的模型的重点是研究，说、做和制作用于表示收集数据和组织研究结果的 "篮子"。另一方面，角色扮演 / 制作 / 讲述模型描述了在概念化过程中以及设计开发过程后期阶段所发生的活动。这里的重点是产生和发展关于未来的想法、概念和解决方案。现在的重点是使用角色扮演、制作和讲述工具来进行设计。这种模式结合了制作、讲述和角色扮演，并使用每种模式为下一种模式提供动力。

在制作过程中，我们用手将想法以实物的形式表现出来。在设计过程中，工件的性质从早期阶段到后期阶段都会发生变化。在设计过程早期制作的工件可能描述经验，然而在过程后期制作的工件更可能类似于对象和 / 或空间的重组。

通过讲述，我们使用口头语言来描述未来的使用场景。我们可能会讲一个关于未来的故事，或者描述一个未来的人工制品。对于那些无法通过语言接触到自己的隐性知识的人来说，独自讲述是很困难的。一般来说，讲述某个具体实例化的故事，要比表述一个抽象或通用的论断容易。

表演是指在环境中使用身体来表达关于未来体验的想法。我们也称这种行为为假装或演戏。扮演、即兴表演和表演也可以被认为是在设计过程中有用的形式。

你可以在任何时间进入表演 / 制作 / 讲述模式，例如，通过制作道具或原型，或者通过讲述关于未来的故事，或者通过将想法付诸行动。从每个入口点，你可以向任何方向移动，如以下这些例子所示。

> 先制作一个原型，再讲述它如何适应人们未来的生活方式。

> 先讲一个关于未来的故事，再制作一些能帮助你更有效地讲故事的东西。

> 讲述或写一个关于未来的故事，然后以实际的使用环境为舞台进行表演。

> 先制定一个未来的场景，再制作道具以帮助制定更真实的场景。

> 设定一个未来场景，然后将其转化为故事。

你可能会发现自己四处走动了好几次。例如，你可以写或讲一个关于未来的故事，并将其表演出来。然后你可以制作一些人们需要在故事中使用的东西，再表演一遍。其次你可能会发现你需要回去重写这个故事。基于此，你可以细化原型，等等。

今天，在设计实践中，用于制作、讲述和表演的替代形式正在不断出现。它们用来与其他人分享想法，也就是那些与想法相关但是无法使用专门的设计语言进行沟通的人。随着设计师处理的问题变得越来越复杂，显然需要一种人人都能使用的新设计语言。制作 / 讲述 / 表演模型为设计过程中的所有利益相关者提供了可选的表达形式。通过将制作、讲述和表演结合起来，你可以让那些不擅长制作的人以其他方式将其可视化过程具体化。有些人对故事反应最

好，有些人对剧本反应最好，有些人对道具和原型反应最好。通过在这三者之间进行利用和迭代，每个与体验领域有关的人都可以为概念化过程和设计机会空间的细化做出贡献。

9.5 全局
The Big Picture

当你作为一个团队通过制作、讲述和表演在设计机会空间中"玩"了一段时间后，你需要识别和描述全局。全局总结了通过研究、分析和对设计机会空间的初步探索所获得的经验。全局传达了对当前环境和未来使用情况的理解，它勾画了未来的愿景，并与过去的经验相联系。

全局 (在分析方面) 比数据 / 信息更抽象，(在概念化方面) 比想法 / 概念更抽象。(参见图 9.1) 它向后连接到数据，并以一种揭示以前看不见的模式和结构的方式来容纳和组织数据。有时候，当你往里看 (或往外看) 的时候，全局会根据你所站的位置显示出不同的东西。全局或框架也指向未来，并有助于提出或激发对设计情况或体验机会的新的思考方式。

你可以利用大局来激发新想法和解决方案。你需要有一个大局来解决创新和未来转型的问题。转型需要大空间的长远眼光。

全局可以采取许多不同的形式。全局的形式可以是地图、平面图、矩阵、图表等。也可以使用混合形式。例如，信息图可能显示一个中心图像和几个其他透视图。

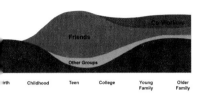

The ontogeny of communication

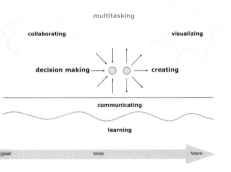

Inspirational Framework: Working

Communication Experience Framework

图 9.4 由行业合作伙伴支持的项目中全局的例子

一旦设计/研究团队充分探索了设计机会空间，他们就可以通过使用绘图工具包来鼓励思考，从而促进全局的创建和表达。生成式工具可以帮助设计团队探索连接和关系，并以抽象的视觉形式表达他们对全局的直觉感受。

如果你在分析过程中已经达到了洞察力/知识水平，那么你应该能够为内容及其内部关系创建一个简单的可视化表达（全局）。如果你发现无法以全局的形式总结和可视化设计机会空间，则可能无法分析数据或探索设计机会空间（见图9.4）。然而，需要注意的是，能够看到并描绘出大局的能力可能需要一些时间和经验才能掌握。

提示： 高度协作的设计和研究合作伙伴可以促进学习如何看待和表达全局。

你怎么知道全局正在起作用？一个有效的全局具有以下品质。

> 它是简单的。顶层表达了整个想法，它应该可以在一个页面内进行可视化。

> 它令人难忘。其他人不用记笔记就能抓住要点。

> 它是可以扩展的。详细程度不断提高的其他层次的内容可以附加在顶层上。

> 它包含来自所有数据的部分。任何数据项都包含在全局中，并通过中间层连接到顶层。

> 它唤起了新的思考方向。通过简化，它揭示了新的观察方式。

全局之后是什么？全局是对设计机会空间的抽象总结，与通过研究揭示的当前经验背景相联系。全局还连接到未来，并提供一个框架来容纳最有前途和最相关的想法、概念和解决方案。全局应该始终得到概念和解决方案更具体、更直观的应用的支持。

每个设计学科都有自己的传统方法来表达概念和解决方案，在许多优秀设计文本中都可以找到。因此，我们不打算在这里讨论这些问题。但我们建议，无论这些概念最终是否会以产品、系统、空间或服务的形式生成，体现这些概念的体验方式也应被交付。例如，这可以通过使用故事板和显示元素背后原理的注释来完成。

供稿人

艾伦·莫泽（Alan Moser）

美国俄亥俄州哥伦布

Frame360

负责人

amoser@frame360.com

9.6 通过参与介入
Buy-in Through Participation

当一个组织寻求自我变革时，参与是确保从上到下接受的最可靠方式。

初级和次级研究都表明，一家传统的第三代建筑公司需要进行改造才能持久。在一个全天的工作坊中，管理团队首先介绍了研究的发现和意义，然后参加了一个"阴阳"会议，以揭示公司的核心是什么、不是什么，以及希望它成为什么。

整个下午，团队都在努力将这种自我实现转化为一个品牌的宗旨，以便很好地推动未来的运营决策。这一参与导致在办公室外进行了一次全公司范围的演示，期间对办公室进行了精彩的品牌重塑，以进一步加强管理层对其新方向的承诺。然后，由跨职能员工组成的项目工作组进一步推动了公司的参与度。

在这个实验中，向参与者展示了一系列成对的属性，这些属性代表了研究所揭示的公司的各个方面，然后要求讨论每对属性中哪一个最能代表公司的"灵魂"。

9.7 玩游戏和设定场景
Playing Games and Enacting Scenarios

协同设计既可以包括未来设计概念的原型设计，也可以包括新设计中所遵循的新角色、新关系和新实践。在这时，玩各种设计游戏、开展"假设情境"的实验，以及现场表演情境会非常有益。

在丹麦的一个废物回收和减少浪费的项目中，客户是来自丹麦的由19个城市拥有的大型焚烧厂 Vest-forbrænding（译者注：做前期探索的项目）。这是一个典型的带有开放设计议程的模糊前期项目。许多设计咨询公司与来自大学、公共和私有企业的研究人员合作，进行概念开发，探索涉及许多不同利益相关者的协同设计过程的工具和方法。在这种情况下，利益相关者既来自废物处理系统的各个部分，也来自废物处理系统的用户，例如市民和店主。

这一过程被组织成一系列探索性的、有趣的协同设计活动。为了找到一种有价值的工作坊形式，克服寻找共同语言的困难，并创造未来愿景，我们使用了棋盘游戏隐喻，因为每个人都有玩棋盘游戏的经历。在"新关系"设计游戏中，使用了一个简单的星形图来识别不同的利益相关者，并探究可能的新角色和新关系。

供稿人

伊娃·勃兰特（Eva Brandt）

丹麦设计学院

设计研究中心

副教授

ebr@dkds.dk

参考文献

[1]Halse, J., Brandt, E., Clark, B. and Binder, T. (Ed) (2010). Rehearsing the Future. The Danish Design School Press.

[2] Brandt, E. Messeter, J. and Binder, T. (2008). Formatting Design Dialogues – Games and Participation. CoDesign. vol 4(1), March 2008. pp. 51–64. Taylor & Francis.

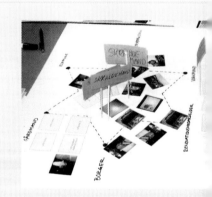

不同的利益相关者通过使用星形关系标识在游戏板上。他们的关系是通过使用来自调研现场的图片和手写的评论来阐述的。

以下常规活动使用新关系游戏的结果作为编写故事的起点。通过想象和阐述试探性的"假设情境"，对新角色和新关系的例子进行了非常具体的探讨。例如，我们探讨了"如果废物收集者是回收利用的英雄呢？"这些故事通过创造成小玩偶场景，参与者在摄像机前用玩偶表演出来。从设计工作室的环境开始，接下来的协同设计活动在不同的环境下进行，在这些环境中，新的尝试性的设计和关系将在想象的未来进行。这一次，参与者在完整的视频场景中扮演自己，他们用简单的道具来即兴表演，以说明和探索未来的可能性。

使用设计游戏、故事和场景都是非常有趣和实验性的工具，让参与者参与到协同设计活动中。这些方法使想法、概念和愿景具体化，因此在设计过程中，相关人员可以讨论和协商。通过这种方式，协同设计正在预演未来。

开发和说明作为玩偶场景的设计概念是一种强有力的从"谈论可能性"到"深入并探索各种假设情境"的推动。

当在现场制定完整的场景时，人们都完全沉浸在即兴创作中，从而尝试着排练未来的情况。

9.8 三种对价值观、演员、在大学场景中活动和空间安排进行协商的游戏

Three Games for Negotiating the Values, Actors, Activities and Spatial Arrangements at a University Setting

为了探讨阿尔托大学设计工厂这样一个新的教育和研究中心的愿景和原型，我们组织了三个富有创造力的、有趣的协同设计工作坊。工作坊也为不同的利益相关者，例如来自三所合作院校的教授、学生及研究人员，提供一个互相协作的平台。

2010 年初，赫尔辛基经济学院、赫尔辛基科技大学和赫尔辛基艺术与设计大学合并为阿尔托大学。合并的目标是为强大的多学科教育和研究建立一个创新环境。阿尔托大学的重点项目之一是设计工厂（Design Factory，DF），旨在将新大学不同部门的人员和活动结合起来。DF 专注于产品开发教育和研究，包括团队合作和会议场所、原型工作坊以及与公司的各种形式的合作。由于规划仍在进行中，学生和其他潜在用户渴望为发展作出贡献，所以组织了工作坊。

第一次工作坊的重点是确定 DF 核心精神和价值观的共同愿景，第二次工作坊的重点是人员与实践，即合作式的明确关键参与者、活动和工作文化。第三次工作坊侧重于对空间解决方案进行集思广益。它的目的是在 DF 的实际环境中规划、具体化和优先化上一次工作坊中确定的活动。

当具有不同背景和兴趣的人参与设计过程时，动态的支持系统是必不可少的。这三个工作坊是基于事件驱动的游戏设计方法。

供稿人

图利·马特尔姆（Tuuli Mattelm）

芬兰，赫尔辛基

阿尔托大学艺术与设计学院

学术社区主任

高级研究员

Tuuli.mattelmaki@aalto.fi

珂西卡·瓦亚卡利奥（Kirsikka Vaajakallio），MA

芬兰，赫尔辛基

阿尔托大学艺术与设计学院

研究生和博士生

kirsikka.vaajakallio@aalto.fi

参考文献

[1] Brandt, E. (2006) Designing Exploratory Design Games: A Framework for Participation in Participatory Design? In Proceedings of The Participatory Design Conference 2006, ACM Press, Italy.

游戏工具被用来协商设计工厂中参与者的需求和特点。与研究人员相比，参与创造性团队合作的学生表达了不同的观点。

工作坊结合了棋盘游戏的元素，比如游戏规则、回合制、游戏板和游戏牌。每一次工作坊都是一次反思活动，通过定制的游戏材料等方式将结果传递给下一次活动。例如，我们开发了一个"价值游戏"来分享不同的观点，并支持达成设计工厂核心价值的共识。玩家通过在游戏板上放置从唐老鸭到达赖喇嘛等不同角色的卡片来定义自己的观点。

在我们的干预之后，我们注意到许多学习和构思也发生在为每次设计材料的过程中。因此，让关键利益相关者(如决策者)参与到协同设计活动过程中可能是有益的。

玩家将代表他们对设计工厂价值观和精神期望的卡片放在游戏板上。最后，他们必须选择并重新表述三个核心价值观。

空间安排是通过前一次工作坊确定的主题来进行的。这栋建筑物的蓝图被用作游戏板。

9.9　与秘鲁卡哈马卡的艺术家一起设计"店面网站"

Co-designing a 'Storefront Web Site' with Artists in Cajamarca,Peru

这项研究探究了与秘鲁卡哈马卡的一群土著艺术家合作创建网站的过程。其主要目标是让艺术家们将他们的手工艺品卖到秘鲁以外的国际市场。这些调查结果用于指导非政府组织、决策者和基层开发商如何自下而上地开展工作，提出可持续的文化、社会和经济发展倡议。

计划是在14周内与秘鲁的北安第斯山脉的9位艺术家进行15次会议。在研究人员前往秘鲁之前，每一次会议都经过了精心策划。15个会议主题分别涉及体验和社区、网站分析、色彩、客户教育、合作使命或愿景等，这些主题在共同学习过程中起到了促进作用，艺术家们学习了网络技术和互联网，而研究人员则从艺术家那里收集了关于他们的传统、文化、产品和艺术制作过程的信息。我们的目标是了解艺术家们希望或不希望在他们的网站上出现，以及他们对这个网站的设想。最后，艺术家们将通过接收一个网站而获益，他们可以在这个网站上销售他们的产品，并向消费者传递他们是谁。

会议包括观察、访谈和调查，以及"制作"图像。艺术家们得到了白色的可擦板、记号笔、彩纸、胶水、双面胶带、剪刀、尺子、他们自己和他们产品的图片，以及诸如按钮、工具栏、徽标和标题等。这些工具包在每次会议中都提供给艺术家，这样他们就可以"制作"网页模型。

供稿人

阿曼达·S. 亚历山大（Amanda S. Alexander）

美国宾夕法尼亚埃丁伯勒

宾夕法尼亚埃丁伯勒大学

艺术教育副教授

aalexander@edinboro.edu

撰写本文时，阿曼达是美国哥伦布俄亥俄州立大学艺术教育部门的一个博士生。

参考文献

[1] Alexander, A. (2010). Collaboratively Developing a Web site with Artists in Cajamarca, Peru: A Participatory Action Research Study, The Ohio State University, Department of Art Education. Committee members included Dr. James Sanders, Dr. Patricia Stuhr, Dr. Karen Hutzel and Maria Palazzi.

准备好工具包后，Gaspar（秘鲁艺术家）和我等待其他参与者的到来。上次会议的海报挂在我们身后的墙上。

当天会议的海报被制作出来，并在随后的每次会议上挂在墙上，作为一种向艺术家们展示他们进程的方式，并激励他们实现自己的最终目标——一个合作设计创建的销售网站。

在整个数据收集期间，计划更改了几次。不可预见的情况，如艺术家的日程安排、秘鲁的假期和意外的新主题，在这个过程中出现了三次额外的会议，并将先前计划的三次会议与其他会议合并。最后，15 次会议变成了 14 次。

收集数据后，创建一个网站原型，并将其发送回艺术家，以获得建议、评论或更改。此外，该原型还与在线调查一起发送给网络用户，要求他们对网站的设计和可用性提供反馈意见。在根据艺术家和网络用户的反馈对网站进行调整后，网站的最终版本被创建：www.cajamarcacyc.com。

所有 9 名参与者都使用他们的白色的可擦板和材料来讨论和"制作"与其经验和社区相关的网络模型。

秘鲁艺术家参与者制作的网页模型示例。

Andrea 制作了关于历史、传统和文化的网页模型。

秘鲁艺术家们制作的精彩产品。

9.10 重新定义品牌，改变文化
Redefining a Brand,Shifting a Culture

一家通过在六个州的 300 多家银行办事处提供零售和商业服务的地区性银行聘请了一位新的首席执行官，以重新调整业务重点，并在员工和客户心中激发业务活力。第一步是重新定义、清晰表达，并将新品牌定位形象化。为此举办了一系列参与式工作坊，邀请不同的员工 (包括管理人员、合作人员及一线工作的员工) 参与，以确定未来的优势和劣势、抱负和展望。

通过拼贴和讲故事，团队成员逐渐将品牌重新定位。设计团队对结果进行了解释，同事对结果进行了审查和完善，最终将其转化为一个单一品牌的"外观拼贴"，该拼贴作为传播策略、品牌指南和应用 (包括营销材料、网站和零售环境等) 发展的基石。创造过程中的参与者成为企业所有领域变革的倡导者——定义并支持使新愿景成为现实的行为变革。

供稿人

杰米·亚历山大 (Jaimie Alexander)

美国俄亥俄州哥伦布

Frame360

负责人

jalexander@frame360.com

第10章 过渡
Chapter 10 Bridging

10.1 简介
Introduction

前面章节中，我们讨论了分析、沟通和概念化作为设计研究过程中的独立步骤，其中沟通被视为研究结果和设计团队之间的接口。将这些步骤分开有助于我们描绘出一个更简单、更清晰的画面，并指出每一步中要做的事情。但生活并不总是那么简单，在实践中，这些步骤往往以各种方式融合在一起。

在最后一章中，我们将分析和概念化结合起来。首先，讨论为什么跨越研究和设计（以及分析和概念化）之间的鸿沟如此困难。然后，我们就如何以及何时修建桥梁与如何维护提出建议。最后，我们描述了当以共同创造的心态在生成式设计空间中工作时即将发生的未来转变。

10.2 鸿沟在哪里
Where Are the Gaps

第7章我们讨论了研究数据的分析。第9章我们讨论了设计过程中的概念化。在第8章中，沟通作为两者之间的接口出现，将研究的最终结论引入设计作为出发点。现在，我们将分析和概念化结合起来（即连接它们），看看在我们试图弥合它们的时候可能出现的脱节或缺口。在最后一章有许多不同的但又有联系的缺口需要讨论。

> 用户和设计师之间的差距。

> 研究人员和设计师之间的差距。

> 研究和设计之间的差距可能会导致分析和概念化之间的差距。

设计师很清楚，用户和设计师之间是有差距的。设计师为别人设计，但他们无法事先知道"用户"会怎么想、怎么说或怎么做。应用社会科学家和其他类型的研究人员已经开始进入提供关于人类的信息和见解。他们可以作为"用户"的代表或倡导者。这在一定程度上缩小了用户和设计师之间的差距。例如，应用民族志被认为提供了可以被用在设计中关于人、情境和体验的知识。应用认知心理学有助于理解人们的认知能力和局限性。

因此，随着研究人员进入设计领域，设计师和用户之间的差距缩小了。但是现在有更多关于研究和设计之间（以及研究人员和设计师之间）的差距的讨论。这种差距常常是冲突、误解甚至缺乏尊重的根源。这种差距可能是由于研究人员和设计师在以下方面的差异造成的。

> 学科或专业领域之间的技能差异；

> 文化和价值观的差异；

> 角色和责任（感知）的差异；

> 部分流程（感知）的所有权差异；

> 专业语言的差异；

> 独特的学科边界、边缘和域的差异；

> 心态和参与者的自我认知差异。

在某种程度上，研究（研究人员）和设计（设计师）之间的差距是由于训练有素的设计师和训练有素的研究人员在教育和思维方式上的差异造成的。这在图 10.1（来自 Sanders，2005）中得到了体现，该图描述了设计开发过程模糊前期中用于探索活动的两种不同方法，例如，为了识别出相关想法的活动。左侧是信息驱动的方法，这是那些从研究视角出发的人所喜欢的方法，比如受过社会科学训练的研究人员。

右侧是灵感驱动的方法，这是那些从设计导向的角度出发的人所喜欢的方法，其中包括那些接受过设计培训或拥有设计专业知识的人。显然，两种观点都有各自的优点。然而，不同之处往往会引发不同的观点和争论，争论的焦点是哪一种才是创新的"最佳方式"，而不是将其视为有待探索的更大领域的重要组成部分。最近，随着《商业设计》(Martin, R. 2009)等书的出版，这种情况开始发生变化。

	为了信息	想法	为了灵感

为了信息	为了灵感
由研究人员和应用社会科学家提出和应用	由设计师探索和应用
从科学方法中借用	从自己认为什么是好的设计中发现
重视信度、效度和严谨性	重视相关性、创造性和感染力
建立在调查、分析和计划的基础上	通过预测、模糊性和出其不意建立
依靠对过去的推断，将其视为是走向未来	主要来自未来，使用想象力作为表达的基础

图 10.1 获取信息的研究和获取灵感的研究之间的不同

但是，研究（研究人员）和设计（设计人员）之间的差距也被组织化的趋势所加剧，即将研究人员和设计人员安置在不同的小组，而且往往是在公司的不同部门。随着前端设计和创新团队变得更加跨学科，不同学科人员之间的微小差距变得明显。所有这些差距，在很大程度上都是各学科所赋予其成员的专家心态的症状。人们觉得有必要为自己的专业知识辩护，因为在跨学科环境中，他们可能会被误解，甚至听不到别人的意见。

生成式设计工具和方法有助于弥补所有这三种类型的差距。它们是一种提供信息和洞察力的强大方式，因为它们使"用户"和其他利益相关者成为设计过程中不可或缺的参与者。这些工具通过一个共享的媒介促进相互理解，在这个媒介中，每个人都可以带来自己的经验和专业知识。生成式设计思维的思维方式为研究和设计（以及分析和概念化）之间的差距提供了新的桥梁。事实上，当我们谈论未来体验设计时，生成式设计思维揭示了谁才是真正的专家。真正的专家是我们试图通过设计过程为之服务的人。随着这种思维方式的转变，我们可以邀请未来的"用户"进入设计过程的前端，并与他们一起进行设计，而不仅仅是为他们设计。

参与式思维可以打破其他学科和 / 或文化界限。生成式设计工具和方法将每个人放在同一个平台上，并支持共享语言。这使得如研究人员、设计师、工程师和业务人员能够在创新与设计过程的前端进行协作和共同创造。

10.3 链接在何时何地发生
Where And When Does Bridging Happen

图 10.2 上半部分显示了从研究 / 分析到设计 / 概念化的非常简单的路径。请注意，路径从具体层（如数据）移动到越来越多的抽象层（如信息、知识和洞察），然后再回到更具体的层。但这

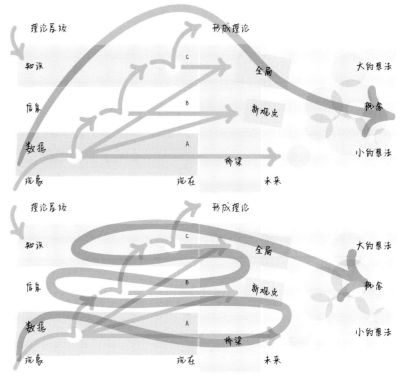

图 10.2 上半部分显示了研究和设计之间的概念路径。在实践中，研究和设计之间的路径在下半部分显示

个观点太简单了。

事实上，分析和概念化之间的相互作用对设计过程是非常有益的，甚至是必要的。简单的想法可能直接从数据层产生，然后这些想法可能在信息层揭示新的想法。图的下半部分显示了更迂回的路径。

研究和设计之间的迂回路径有很大的优势。在研究和设计之间构建桥梁最有效的方法是从研究过程的开始，而不是研究过程的结束。这样，分析过程可以在概念方面影响思想的形成。同样，概念方面的想法的产生和探索也会影响分析过程。例如，一个新的想法可能会导致提问（即分析）数据的新方法。生成式设计研究产生了非常丰富的数据集，这些数据集可以从多个层次的分析中获益。

10.4 谁在弥合差距
Who Is Bridging the Gaps

至少有三种情况描述了正在发生的事情以及谁参与了弥合差距的过程。

（1）研究人员和设计师在各自的学科领域都很专业，并在不同的团队中工作。他们使用各种形式的沟通来弥补差距。

（2）研究人员和设计师在各自的学科领域都很专业，并且是独立的团队，但是有一个或多个"弥补差距"人员，他们的职责是在研究和设计之间建立有效的联系。

（3）一个人或一小群人同时负责研究和设计。这种情况在小公司和学生项目中经常出现，如案例1和案例2所述。

在弥合差距方面，最具挑战性的情况是前两种情况，这两种情况由不同的人员分别从事设计和研究。然而，如果双方相互尊重，差距就会缩小。如果我们回顾第 4 章中的 4 个案例，就会发现，随着我们从较小的案例转向最大的案例，研究和设计之间的差距越来越大。例如，在学生组的练习（案例 4.1）中，没有真正的设计阶段。该案例仅包含旨在发现设计相关见解的研究活动。在一个学期的毕业设计（案例 4.2）中有一个更长的过程，同时包括研究和设计，参与者在多次迭代中重新参与。在这个项目中，研究人员和设计师是同一批人。在中型的 BlueBoat 案例（案例 4.3）中，该公司的设计团队直接参与了整个研究过程。只有在大型的国际案例（案例 4.4）中，研究和设计以及参与其中的团队之间才存在着很强的分离。在那里，我们看到了在沟通方面有更大的投入来弥补这一差距。

10.5 我们有什么办法来弥补这些差距
What Are the Ways We Can Bridge the Gaps

桥梁建设的时间和精力可能会因采用何种沟通方式而大不相同（请参见第 8 章）。

（1）始终沟通：在这种方法中，桥梁是通过整个过程中团队成员和其他利益相关者之间的沟通来构建的。就桥梁建设而言，这是首选情况，但也可能是最耗费成本和时间的。

（2）最终丰富的沉浸式活动：在这种情况下，桥梁是在过程的最后由许多人参与的一个短暂的、密集的努力中搭建起来的。有些人可能无法跨越这一鸿沟，但对于那些跨越鸿沟的人来说，这可能是最具成本和时间效益的方法。这是我们在实践中经常看到的方法。

（3）最终的高总结性演讲：在这种方法中，桥梁可能只对那些已经在调查的经验领域有坚实基础的人开放。这无疑是三种情况中最具挑战性的，也是最有可能用于第一次接触客户的方法。很难说服客户在深入的研究过程结束时需要进行丰富的沉浸式活动，除非客户有体验过生成式设计过程。

如果客户团队成员没有沉浸在通过设计服务的客户的日常体验中，那么他们就有可能存在不理解所交付的机会和解决方案的风险。这种情况可能发生在所有三种方法中。因此，有必要给他们机会，让他们沉浸在数据中，以便他们以一种同理心的方式理解使用环境和潜在用户的情况。其中一些方法包括以下几个。

> 分享选定的视频片段作为一种产生同理心的练习非常有用。

> 人物角色的开发是一种很好的方式，可以提供对"用户"的理解和同理心。

> 扩展人物角色概念并基于人物角色开发未来场景也是一种很好的沉浸式技术。

> 通过让客户团队成员自己使用生成式工具，让客户预测与潜在用户一起使用生成式工具会带来什么样的结果，这一点尤其有效。当预测与结果不符时，这种技术会产生很大的影响，因为客户将面临他们需要了解更多关于他们试图服务的人的需求。

你可能已经注意到，在研究方面（人们说什么、做什么、制作什么）和设计方面（讲述、制作、表演），都在使用相同的生成式设计语言。在研究方面，我们调查人们说什么、做什么、制作什么，以了解他们的过去、现在和未来的体验。在设计方面，我们使用相同的工具和方法，即制作道具和原型，讲述未来的故事和制定未来场景，同时以"故事"和"素材"来播种和填充设计空间。

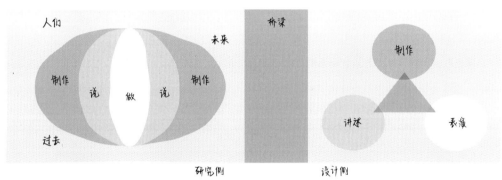

图 10.3　生成式工具和方法是研究与设计之间的桥梁

因此，我们有一种可以被设计师和非设计师用来记住、构思和交流经验的共同语言。生成式工具和方法所构成的共同语言是研究和设计之间的桥梁（见图 10.3）。它是一种在设计过程的模糊前期使用的设计语言。在这个阶段，我们试图理解和感受那些最终将受益于这些努力的人。同时它也是一种用来概念化未来事物和故事的语言。

10.6　转型与文化变迁
Transformation and Cultural Change

在某种程度上，我们学会了如何弥补差距，将设计和研究更紧密地联系在一起，我们可以看到在设计开发过程中为所有利益相关者提供空间和工具的协同创造文化的出现。图 10.4 显示了生成式工具与更大的文化变革背景之间的关系。它表明，要使"工具"有效，还需要其他的上下文背景层。"工具"只是向协同创造文化转型的第一步。工具需要通过相关方法应用，这些方法通常嵌套在更具包容性的方法论中。应用这些工具的心态至关重要。在协同创造中，你需要带着这样的心态工作：所有人都是有创造力的，只要给他们工具和舞台，让他们练习或表演，他们就能创造出有创造力的东西。例如，我们看到好的工具 / 方法在一个人手中失败，而这个人实际上并不相信提供这些工具的人会有创造性。为了让协同创造的文化发挥作用，社区或组织内的许多人需要通过方法并以正确的心态应用这些工具。

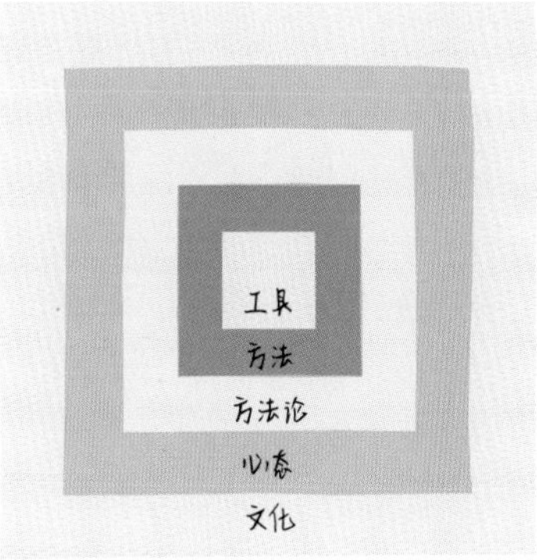

图 10.4 文化变迁涉及许多语境层面

新兴的共同创造的思维模式，连同生成式工具和应用，将在设计师和用户之间、研究人员和设计师之间、设计和研究之间架起桥梁，缩小差距。

10.7 生成式设计的研究过程到底是怎样的
So What Does the Generative Design Research Process Really Look Like

在第三部分中，我们介绍了生成式设计研究过程中所涉及的所有步骤。
> 制订计划；
> 在现场收集数据；
> 分析；
> 沟通；
> 概念化；
> 链接。

我们将其描述为一个线性有序的过程，以便以一种初学者可以理解的方式解释它的意义，并提供一条可以遵循的道路。但在实际操作中，情况可能并非如此。为了向你展示它在实际中是如何工作的，我们将以这一系列的图表来解释，这些图表展示了从简单的线性过程（基本序列，见图 10.5）到在生成式设计研究的共同创造过程中看到的更混乱现实的转变。

图 10.5 基本序列

在基本序列中，活动是单向流动的，就像火车上的货车。每项活动都在下一次活动开始之前完成，并且在每个阶段都有明确的交付物。大多数步骤都与研究过程有关，而设计是作为最后一节车厢添加进来的。为了给我们更多的空间来添加关系，让我们将线性流程倾斜成阶梯状级联，如图 10.6 所示。

阶梯状级联中显示的顺序主要是活动的时间顺序，但是在活动的逻辑中，已经有几个链接指向后面，如图 10.7 所示。

在准备阶段，制订计划，制订计划需要知道所有后续步骤彼此需要什么。为了制订一个好的计划，你需要在计划之前知道你在计划什么。显然，你需要一些时间和经验才能制订一个全面的计划，包括活动、交付物、角色、时间、成本等。

但是，正如我们在本章中所讨论的，一个步骤中的活动可以在更早的步骤中扎根，而在后面的步骤中获得的见解可以激发新的迭代。图 10.8 显示了一些可能相关的关系。

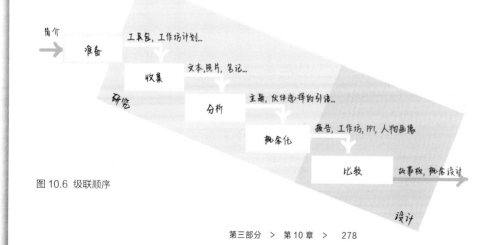

图 10.6 级联顺序

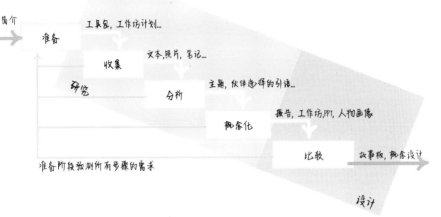

图 10.7 在实际中，准备阶段需要知道所有后续步骤

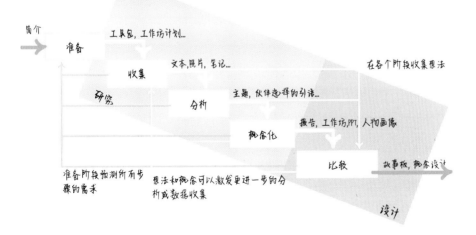

图 10.8 在实际中，链接可以向前和向后，并且相互依赖关系是复杂的

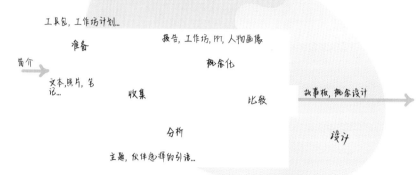

图 10.9 生成式设计研究过程的实际执行可能如下所示（比较图 10.5）

最后，如图 10.9 所示，在协同设计中，不同的步骤变得不那么分离，收集、分析、构思、交流和链接活动可以快速地连续进行或以混合的顺序进行。它可能会变得非常混乱，并不是真正的线性。

因此，生成式设计的研究过程是动态的，在实践中是非常复杂的。如何为你以前没有执行过的模糊过程写一个有明确工时估算的提案？当你的任务在模糊前期探索时，如何知道你的可交付成果是什么，或者项目将花费多长时间？你如何计划一个高度波动的过程，以及如何确保，例如洞察发展到足够的深度，团队不会专注于第一个肤浅的想法？

这个问题的答案很简单，但似乎很难回答：实践、经验，并从中感受它。对于初学者来说，最好是通过分离的方式和预先确定的顺序进行练习，以便掌握所涉及的各种活动、角色、职责等内容。随着经验的增长，你将学习如何调整线性模型，以最大限度地利用你所面临的情况和挑战。作为生成式设计研究者，我们建议通过实践学习来提高你的专业技能。我们在本书中介绍的案例和来自世界各地的供稿者，希望能为你提供推动你前进的信息，并为你的旅程提供动力。

供稿人

阿诺德·瓦瑟曼（Arnold Wasserman）

美国加利福尼亚州旧金山

Collective Invention 伙伴

新加坡 The Idea Factory 主席

http://arnoldwasserman.com

http://www.collectiveinvention.com

建立一个临时的专家工作坊空间

在专家工作坊空间的一个隔间里工作

10.8 视觉思考和专家工作坊文化：专家工作坊空间

Visual Thinking and the Culture of the Charrette:the Charrette Space

在我们作为创新顾问的客户工作中，我们将专家工作坊的物理空间视为一个可生成的人工制品。我们将其组织为端到端工作流程的查走地图；作为过程步骤的完整模板，以及项目主题的视觉隐喻。

专家工作坊在整个项目期间专门用于一个特定的项目。走进专家工作坊空间，你会立即被整个项目未压缩的历史所包围并沉浸其中。整洁在这里并不占主导地位。论证的连续性、信息的持久性、意义的共享、可见性、创造性的刺激以及不同部分之间令人惊讶的相互关系，都是至关重要的。这些是创新思维的生命线。

空间的装修级别和类型根据项目的主题和目的不同而不同。在一种情况下，参与者可能会走进一个非常详细的主题剧院环境中。在另一种情况下，空间可能全是白色，等待参与者工作时在这个空间中"打扮"营造。

（在标准会议室内）你永远不会有太多的墙壁空间。提供属于自己的垂直表面可以解决标准会议室限制的问题。此外，与任何表演空间一样，即使是经过最小程度改造的房间，也会改变参与者的心理立场；它像是在说："这里发生的事情将与你所习惯的不同。"专家工作坊变成一个迷你剧场，参与者在其中表演项目的叙事。

我们发现，不完全预先完成"舞台设置"是一个好主意。"当我们招募参与者帮助构建最终的工作环境时，他们会体验到团队的凝聚力，成为"他们的"专家工作坊的专有用户，并在构建空间时迅速将未来几天活动的结构和流程内部化。

10.9 视觉化思考和专家工作坊文化
Visual Thinking and the Culture of the Charrette

专家工作坊文化的两个主要特征是视觉思维和物理空间的生成性。有许多不同形式的可视化可以用来支持和刺激想法的产生以及跨越边界的思考。

在专家工作坊中，视觉创意的产生是在快速迭代中完成的，从最粗糙的早期概念到后续更精细的版本。所有工作材料都挂在墙上，让每个人在内容出现时都有相同的观点，在集体思想成长时也有相同的历史轨迹。每个人都可以自由地注释、重新安排、聚集和重新组织材料。其效果就像查看项目团队集体思维的视觉神经网络地图。这刺激了先前不相关的想法和更大范围内识别模式的自发性的"突触交联"。

可视化并不局限于具象的绘画。它包括图表、地图、流程图、图标、头脑风暴短语和关键词。重要的是生成尽可能丰富的数据项字段，并始终保持它们的可视化显示。可视化还包括三维物理模型的构建。

最后，可视化可以包括表演，即将正在开发的想法的潜在用户带到现实中来。这可以通过扮演一个假设的潜在用户的角色或想象一个场景故事来实现。

在专家工作坊的密集和沉浸式环境中，视觉表现激发了创造性的、突破性的思考。设计师不认为视觉创意是在一个想法已经完成之后的记录，而是由可视化行为产生的想法。

设计师通常会习惯性地"画一些东西来看看我在想什么"。"一些视觉或触觉图像——一个涂鸦、一个标记，甚至只是随机处理一个物体——会产生一

供稿人

阿诺德·瓦瑟曼（Arnold Wasserman）

美国加利福尼亚州旧金山

Collective Invention 伙伴

新加坡 The Idea Factory 主席

http://arnoldwasserman.com

http://www.collectiveinvention.com

用于协作的临时可视化空间

种新的思维，这种思维会导致下一个图像，然后是下一个思维，等等。一系列图像原型和思维假设不断地向前链接。

创造力神经科学(neuroscience of creativity)的最新研究证实了设计师的经验，即可视化是思维的棘轮加速器。因为它是从原始的初步探索到更高的高保真的迭代过程，一些设计师称这个过程为"渐进近似"。设计师快速迭代、并行处理、视觉中介的工作方式与传统的组织话语模式形成鲜明对比，传统的组织话语模式往往是线性的、顺序性的、以语言为中介的。

一个更持久、高度灵活的团队协作空间，可以快速地从处理各种生成式任务的小型团队转变为处理演示文稿的大型团队。

作为一种体验可视化的形式，可以通过沙盘游戏来完成，这是一种借用了荣格治疗法的技术。

10.10 在协同设计的情况下，材料扮演不同的"角色"

Materials are Performing Different 'Roles' in Situations of Co-Designing

自从十年前我开始使用以用户为中心，后来又采用参与式 / 协同式设计方法以来，MakeTools 的概念一直启发着我的工作。然而，我的观点略有不同：在整个合作设计项目中，与不同的人或利益相关者打交道，也意味着不断地融入不同的材料。打个比方，在共同设计的情况下，材料扮演着不同的"角色"。

本书的重点主要放在工具包的有形工作材料上。例如，工具包的"激活材料"（我称之为"设计材料"）和"背景或基础"（我称之为物理"格式"）是由不同的有形材料组成的，它们显然在协同设计中扮演着非常重要且不同的"角色"。然而，受各种"社会材料"观点的启发，我也鼓励在协同设计工作坊上拓宽对"材料"的看法。将各种材料视为在特定情况下参与者使用的"社会材料"。

活动的材料设置（如墙壁空间和桌子的大小与流动性）在如何协同探索有形工作材料方面起着重要作用。除了参与启动的材料外，工作坊的（非）材料邀请，例如，包括主题的描述和人们打算如何参与的描述，可以让人们准备好心情（或我称之为框架）进行创造性的探索。除了所说的，（非）材料的视觉指南幻灯片或打印出来的材料会在热身阶段和在探索协同设计情况如何参与触发设计材料和基本格式中发挥作用。最后，（非）材料议程——通常也会事先通过电子邮件发送，并在活动中以书面形式呈现——在规划探索和接触有形材料的时间方面发挥作用。

供稿人

梅特·阿格·埃里克森（Mette Agger Er-iksen）

瑞典，马尔姆

艺术与传播（K3）

马尔姆大学

交互设计师

国际交互设计硕士项目协调员

mette.agger@mah.se

和

丹麦，哥本哈根

丹麦设计学院

丹麦设计研究中心

梅特的供稿是基于他在瑞士马尔默大学交互设计学院的博士论文。

Eriksen, M.A. (2011) Material Matters in Co-designing. Malm University, Dept. of Culture and Society, Field of Interaction Design, K3, Malm University, Sweden. Tutors: Pelle Ehn & Thomas Binder.

参考文献

[1] Eriksen, Mette Agger (2009) Engaging Design Materials, Formats and Framings in Specific, Situated Co-Designing – A Micro-Material Perspective. NORDES 2009. www.nordes.org

在准备和参与协同设计时，我建议不仅要考虑单元工具包中重要的有形工作材料（激活设计材料和基本模板）。此外，我建议将其他各种材料视为在协同设计工作坊和情境中扮演不同的重要"角色"。

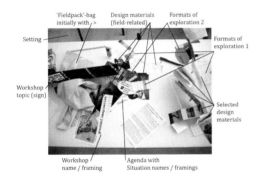

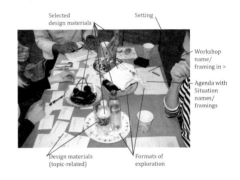

协同设计师将在为期一天的会议 – 工作坊上进行自己的快速实地考察，探讨与旅游记忆（2002年6月在圣托里尼）相关的"接地想象"。为了让协同设计师沉浸在这个主题中，并为他们走出去做好准备，我们引入了新材料——扮演不同的"角色"。首先，将工作坊的名称标签、主题标志和打印的议程放到了工作坊的现场。其次，"现场包"展示了以前收集的丰富的现场相关设计材料。最后，不同的形式探索（1和2）用设计材料扮演规划、激发选择、组织、命名重要旅游内容的角色。

"路上的东西"（例如，旧塑料瓶、T恤、电子产品等，用于再循环或废物处理）由不同的利益相关者带来。他们在合作烹饪的同时触发故事，并用由组织者提供的富有诗意的、与主题相关的板块形式的卡片组织故事。所有材料都同时进入了桌子。后来，这些盘子和其他小组的工件一起，摆出了一个更大的烛光"蛋糕桌"，上面摆满了与废物有关的问题。这发生在一个为期两年的以废物处理为案例的用户驱动设计人类学创新项目启动工作坊期间（2008年4月在哥本哈根）。

10.11　在人机交互和协同工作中的参与式设计方法

Participatory Design Methods in CHI and CSCW

在人机交互 (CHI) 和计算机支持的协同工作 (CSCW) 中，有许多参与式设计方法。这里有一种可以帮你理解它们的方法。

参与式设计方法增强了用户 (专业人员、非专业人员、业余爱好者、儿童、娱乐主义者、唯心主义者等) 和为他们创建系统的软件专业人员 (设计师、开发人员、分析师、市场营销人员、测试人员等) 之间的沟通。

通过使用 "第三空间" 或 "混合性" 概念，可以使这种交流更加丰富 (Bhabha，1994)。简言之，第三空间是两个已知领域之间的未定义领域——不属于任何一个领域，开放给每个把各自领域称为 "家" 的人 (Muller 和 Druin，出版社) 进行诠释和对话。第三空间的使用可以成为不同背景的人之间的一个重要均衡器 , 特别是如果他们来自权力不平等的领域 , 因为中立和模棱两可的混合空间并不能反映现有的权力差异 , 并为意义协商和创造强大的新思想提供了一个空间 (Krupat，1992)。

供稿人

迈克尔·穆勒 (Michael Muller)

美国, 马萨诸塞州, 剑桥

IBM 研究院

研究员和 IBM 发明人员

michael_muller@us.ibm.com

艾莉森·德鲁因 (Allison Druin)

美国, 学院公园, MD 20742

马里兰大学

霍恩巴克南翼 2117

人机交互实验室主任

信息学院

研究副院长

allisond@umiacs.umd.edu

参考文献

[1] Bhabha, H.K. (1994). The location of culture. London: Routledge.

[2] Krupat, A. (1992). Ethnocriticism: Ethnography, history, literature. Berkeley: University of California Press.

[3] Muller, M.J., & Druin, A. (in press). Participatory design: The third space in HCI. In J. Jacko (ed.), The Human-Computer Interaction Handbook 3rd Edition. Mahway NJ USA: Erlbaum. (For an earlier version of this chapter, see the Handbook 2nd edition, edited by J. Jacko and A. Sears, 2007)

利用第三空间理论的概念，我们将参与式设计方法分为以下四大类。

> 空间和场所。在这些空间和场所中，用户被带离工作场所或家庭环境，软件专业人员被带离实验室和办公室。这些空间和场所包括，例如，未来工作坊、启动（或搜索）会议和战略设计工作坊。

> 叙事结构。用户在其中创作自己的工作和/或生活的纪录片。例如，故事和故事讲述、与工人和/或儿童一起的卡片和其他故事板方法、协作式摄影记录、协作式视频记录和工作场所戏剧表演。

> 游戏。用户和软件人员在游戏的氛围中创造新的方式来描述工作和其他活动，以及新技术。例如木偶、布局工具包、卡片、图标设计游戏和多媒体拼贴类协作（如 User Game 和 Landscape Game）。

> 结构。在这种结构中，用户和软件人员协同设计和构建新技术的概念，通常使用低技术材料来促进用户和专业人员表达和评论想法。例如，创建新的语言概念来捕获用户的观点、共同创建唤起性的描述性物品（如战略设计工作坊）、共同创建特殊的物品（如 PICTIVE 和其他纸质原型方法），以及协作性软件原型。

有关详细信息和其他形式的参与性工作（如参与性分析、参与性评价）的扩展，请参见 Muller 和 Druin(出版中)。

后记
Epilogue

简介
Introduction

在写这本书的七年里，即我们利用业余时间，跨越两个大陆，世界已经发生了变化。最后一章描述了生成式设计思维的开始、现状，并提出了生成式设计思维对未来产生的可能性和影响。

开始的情况
The Starting Situation

在 2000 年早期，特别是在美国，生成式设计思维的思维方式、工具和技巧主要应用于产品设计和开发领域。这是一个消费主义盛行的时代，野心勃勃的公司渴望将自己和自己的产品与竞争对手区分开来。生成式设计思维被视为相关创新的一种手段，比如微软 (Microsoft)、摩托罗拉 (Motorola) 和宝洁 (Procter & Gamble) 等公司都愿意尝试。在同一时期，情境调查的方法被引入代尔夫特（TUDelft）的学生中，并在接下来的几年里迅速发展。例如，2003 年针对 30 名学生举办了第一次情境调查课程。五年后，学生人数已经超过 200 人。世界各地的人们对这本书的各种供稿也揭示了生成式设计思维的传播。

今天
Today

从那以后，猖獗的消费主义达到了临界点，2008—2009 年冬季爆发了严重的金融危机。公司发现自己需要对新产品开发做出更相关、更可持续的决策。他们意识到产品只是他们提供给客户服务设计中的一个组成部分。因此，组织面临着更大规模和更复杂的挑战。它不再只是关于创新和下一个新事物。理解什么是不应该做的最终变得比"创造"欲望和需求更重要。现在风险更高，挑战更大。

共同创造已经成为一个家喻户晓的词，而参与式思维的出现也随之而来。人们现在希望对市场提供什么以及如何与他们沟通拥有发言权。新的交流工具使他们能够参与到对话中来，并在全球范围内与其他有相同兴趣和 / 或爱好的人实时联系。

设计思维的应用正在从新产品的设计和开发向体验与服务的设计发展。这一举措也体现在设计思维在更大范围内应用于更复杂的社会问题上，比如学龄儿童的肥胖问题。聪明的组织正在适应这种变化。以前的产品设计和开发咨询公司现在使用设计思维来解决诸如改善医疗体验、保险、公共交通、未来教育等问题。

每个人都想成为设计师。商界人士终于意识到，他们缺乏新世界所需的技能。领先的商学院现在也开设设计思维课程。在其他商学院，MBA学生要求学习设计思维，而教员们正忙于应对新的需求。

未来
The Future

设计思维的价值才刚刚开始被探索，其后果可以感受到的。生成式设计思维的潜力更为显著，它邀请所有利益相关者进入模糊的设计前期共同想象和表达未来的体验。生成式设计思维需要一种不同的思维方式，一种参与式思维方式，以确保所有的利益相关者在他们的未来拥有平等的发言权。视觉驱动工具包是生成式设计思维的标志，它将导致所有人都可以使用的新形式的视觉素养的出现。生成式设计思维将沟通和创造的工具交到人们手中，他们将直接从这个过程的结果中受益。这种设计方式最终将为人们带来更有用、更可取、更可持续的生活、工作和娱乐方式。生成式设计思维将导致对未来人类状况的共同责任和所有权。现在，这种新层次的欢乐和文化可持续性的影响才刚刚开始探索。

外部供稿者
External Contributors

Amanda Alexander（阿曼达·亚历山大）是爱丁堡宾夕法尼亚大学艺术教育系的副教授，她在那里继续与秘鲁卡哈马卡的艺术家们进行研究，教授艺术教育的本科生和研究生课程，并致力于为秘鲁艺术家们在美国建立一个非营利组织。她期待开设和教授文化政策与艺术管理方面的课程，在那里，她将与秘鲁艺术家交流经验，了解如何建设可持续的文化、社会和经济发展、新产品原型和人的因素。
aalexander@boro.edu，asalexan@hotmail.com，**第 268 页**

Jaimie Alexander（杰米·亚历山大）是 Frame 360 的负责人和联合创始人，负责战略发展、客户关系管理和创意表达。杰米在传播设计方面的培训及她多年领导品牌战略项目的经验，使她了解如何从消费者的角度接收和理解信息。她的职责包括带领由战略家、表现主义者和研究人员组成的团队，通过 Frame 360 的业务和市场分析流程 MAP （市场调整流程）。在过去 25 年中，杰米参与的许多项目为品牌定位、重振企业文化和建立清晰的市场沟通树立了标准，从而提高了产品 / 品牌忠诚度和有形业务增长。
jalexander@frame360.com，**第 270 页**

Jim Arnold（吉姆·阿诺德）曾在休闲船和医疗保健行业担任专业的工业设计师，并管理过从概念到生产的众多成功产品的设计活动。他作为设计人员和设计管理人员参与了这些公司的设计过程，促进了销售的快速增长和行业的领先地位。专业领域包括新产品创新、设计可视化、虚拟产品开发、新产品原型设计和人为因素。他目前在美国俄勒冈州波特兰艺术学院从事工业设计教学工作。
jimarnolddesign@gmail.com，**第 186 页**

Janet Beck（珍妮特·贝克）在医疗保健领域担任不同的角色，拥有 35 年的经验。她之前的经验主要集中在工作流程的重新设计和患者护理服务的规划上。她喜欢挑战"跳出盒子"的思维和推广团队解决方案，以继续提供高质量的护理。Janet Beck 女士运用她强大的沟通技巧和团队协作精神为客户创造积极的结果。
jbeck3@mchs.com，**第 246 页**

Quiel Beekman（奎尔·比克曼）曾在荷兰代尔夫特理工大学学习战略产品设计。在她的毕业设计中，她研究了用于让最终用户参与设计过程的工具和技术，如代尔夫特理工大学所教授的，是否也适用于医疗保健住房行业。她开发了一种基于情境调查的方法。自 2009 年以来，她一直在一家房屋咨询公司 4Building 担任项目负责人。她擅长于房屋开发过程中的用户参与。
beekman@4building。nl,a.q.beekman@gmail.com，**第 190 页**

Katherine Bennett（凯瑟琳·班尼特）自 1988 年以来一直是艺术中心的一员，从事研究、战略、信息架构、设计开发和设计 / 技术历史方面的工作，专门研究用户体验以发现设计机会。她是美国工业设计师协会 (IDSA) 的活跃成员，曾担任教育副会长、董事会成员、西区教育代表和分会主席。Katherine Bennett 曾与 Henry Dreyfuss Associates、Hauser、Mega/Erg 智库、Saul Bass Associates 和 Don Chadwick 合作，设计实验室和商业设备、餐具、加油站、家具和消费品。客户包括 Herman Miller、Avery Dennison、WMF AG 和 Johnson Controls。
kbennett@artcenter.edu，**第 94、137、232 页**

Boris Bezirtzis（鲍里斯·柏泽瑞兹）正在设计和实施定性研究方法，以激发创新软件应用程序的开发过程。他所使用的研究和设计工具包括参与式设计方法、人种学研究方法以及利用故事板、纸质原型或交互式原型的视觉验证方法。这些方法推动了一种设计思维方法，这种方法通过平衡人类的愿望、技术可行性和业务可行性来阐明可能性并激发了潜力。他也在 SAP 教授设计思维。
sap.borisbez@gmail.com，**第 84 页**

Eva Brandt（伊娃·勃兰特）博士是丹麦设计学院的副教授。作为一名研究人员，Eva Brandt 努力对设计过程有更深入的了解。设计师在设计时会做什么？设计方法的发展如何促进设计工作？等等。她的研究与实践密切相关，通常与公司、设计机构和 / 或公共部门的合作伙伴合作进行。
ebr@dkds.dk，**第 264 页**

Trudy Cherok（特鲁迪·彻柔克）有15年多的学科设计师工作经验，在视觉传达设计、产品设计、环境平面设计、室内设计与环境的实践中，我的培训和经验融合了设计、研究和写作。我的方法是全面的。方法需要深入研究：深入挖掘；研究得到：挖掘更深。我的理念是以人为本，我的目标是成为变革性设计的思想、行动和协调的一部分；设计时要有更大的目标。
trudy.cherok@earthlink.net, **第140页**

Catey Corl（凯特·科尔）在过去的9年里，一直在进行生成式研究，并制定创造性的策略来收集有关人们经历的相关信息。在这段时间里，她一直忙于周游世界，进行采访和工作坊，话题从医疗保健到薯片无所不包。Catey Corl拥有俄亥俄州立大学视觉传达设计学位。她利用自己的设计技能创造性地收集信息、组织复杂的数据、解释结果，然后以一种设计和业务团队可以轻松内化并采取行动的方式共享信息。Catey Corl目前是俄亥俄州哥伦布市全国范围内的用户体验团队的一员，在那里，她利用自己在参与式、生成式方面的经验来为相关设计提供信息和灵感。
catey.corl@gmail.com, **第13页**

Carol Cossler（卡罗尔·科斯勒）是一位项目经理，负责俄亥俄州哥伦布市全美儿童医院（Nationwide Children's Hospital）目前正在建设的293张床位置换医院的过渡和入住规划工作占用计划。这座新的患者塔楼，加上已完成的回填策略，将使2012年的扩建总床位达到465张床位。这项为期18个月的工作涉及项目监督和管理、项目计划和详细的进度／工作计划的制订、未来运营计划的制订和跨服务的整合，以及过渡支持，包括视觉未来状态和性能指标，资源战略和人力资源计划，培训策略和方向安排，沟通、计划与营销策略的集成，过渡预算以及患者与员工调动的总体策略相结合。
carol.cosler@nationwidechildrens.org, **第246页**

Christine De Lille（克里斯汀·德·里尔）是荷兰代尔夫特理工大学的博士生。她的博士研究方向是中小企业（SME）中以用户为中心的设计。她的经验在于用户参与模糊前端的方法，尤其是在有时间压力和预算驱动的项目中，例如在中小企业中。2007年，Christine获得了代尔夫特理工大学交互设计硕士学位。2012年，Christine希望完成她的博士学位，并于2012年4月开始攻读设计思维博士后学位，以此推动组织变革。
c.s.h.delille@tudelft.nl www.christinedelille.be, **第138页**

Marco De Polo（马可·德·波罗）领导着Roche Incubator的用户体验设计团队。随着在瑞士成功推出Roche糖尿病护理的全球产品后，他在产品开发过程的各个阶段积累了多年的专业知识，并成为加州Roche Incubator在前端创新领域的专家。他通过探索性的、迭代的、以人为中心的设计过程，在自然环境中利用真实的人来发现机会、设计和评估原型，从而推动创新。通过将应用行为心理学整合到设计过程中，Marco和他的团队正在实施和评估解决方案，这些方案将最终改变人们采用可持续方式的健康行为。
depolo@me.com, marco.de_polo@roche.com, **第245页**

Dr. Allison Druin（艾利森·德鲁因）博士是马里兰大学信息研究学院的副院长。她也是人机交互实验室（Human-Computer Interaction Lab, HCIL）的主任。在那里，她领导儿童和成人参与设计研究团队，为儿童创造新的教育技术。她是1996—2009年出版的四本书的作者或编辑。她是国家公共广播电台WAMU的月度科技电台记者。
allisond@umiacs.umd.edu, **第286页**

Mette Agger Eriksen（梅特·阿格·埃里克森）通过实践性、实验性的设计研究，正在探索共同设计过程以及这些过程与传统设计实践之间的联系和区别，例如物质上的——我将物质文化研究、性能研究和行动网络理论观点整合应用在我分析的五个不同的参与式、技术和方法论导向的设计研究项目的案例中。其目的是通过材料生态来理解和分析共同设计的情况。目前，这些经验结合了我作为一名建筑学院工业设计师的背景、我对可持续服务设计观点的兴趣，以及我对交互设计硕士研究生的协调和教学。
mette.agger@mah.se, **第284页**

Erik A. Evensen（埃里克·A.文森）是一名设计师、插画家和平面小说家。他拥有俄亥俄州立大学（Ohio State University）的设计艺术硕士学位，新罕布什尔大学（University of New Hampshire）的学士学位，并曾就读于波士顿美术博物馆（School of The Museum of Fine Arts）。他是美国明尼苏达州贝米吉（Bemidji）的创意工作室和咨询公司Evensen Creative的所有者和负责人。他曾在俄亥俄州立大学、明尼苏达州立大学、匹兹堡艺术学院及缅因州社区学院系统任教。你可以在www.Erik-evensen上找到Erik。
www.erik-evensen.com 或 www.evensencreative.com, **第80页**

Lois Frankel（洛伊斯·弗兰克尔）是加拿大渥太华卡尔顿大学工业设计学院的副教授和前任院长。她也是康卡迪亚大学（Concordia University）的一名博士生，获得了社会科学与人文研究理事会(Social Sciences and Humanities Research Council, SSHRC)的慷慨资助。她的工作重点是简化人与可穿戴计算产品之间的关系。特别是，她对可穿戴计算设备和/或服装设计的生成式方法很感兴趣，这些可穿戴计算设备和/或服装在设计过程的早期阶段将老年人和设计师结合在一起。

Lois_frankel@carleton.ca，**第92页**

Jen Gellis（詹·盖利斯）拥有职业治疗的背景和设计的研究生学位。作为阳光山丘（Sunny Hill）儿童健康中心的职业治疗师，我与儿童、家庭、技术人员、工程师和医疗服务提供者合作，设计并实现定位和移动的解决方案。我也参与独立设计项目，并且是设计促进发展协会的志愿者委员会成员。我对包容性设计和以人为中心的设计、全球健康、为社会影响的设计以及与儿童一起使用创造性的设计方法充满热情。

Jengellis@gmail.com，**第82页**

Merce Graell（梅西·格瑞尔）目前正在探索使用二维和三维产品的集成语言，通过生成式设计思维和共同创造的思维方式来增强人们的创造力。美国俄亥俄州立大学设计教育专业硕士，她的专业领域是参与式设计研究和与用户的共同创造策略，在多学科团队中进行有效沟通和协作的创造性思维，以及跨学科课程开发。目前，她在西班牙巴塞罗那加泰罗尼亚理工大学的高等设计工程学院和西班牙马德里的以人为本的创新研究所h2i任教。她是visualteamwork公司的老板，也是dnx/Designit公司的联合创作战略顾问。

merce@visualteamwork.com，**第250页**

Bruce Hanington（布鲁斯·亨廷顿）是卡内基梅隆大学设计学院的副教授和工业设计项目主席。他的研究和教学内容包括产品设计和理解的个人、社会和文化背景、形式的意义、人为因素以及人种学和参与式研究方法。他曾为通用电气公司和强生公司的设计项目提供咨询。他的作品发表在《设计问题》（Design Issues）、《设计杂志》（The Design Journal）和《交互》（Interactions）上，其中包括"设计包容性未来"（Designing Inclusive Futures）、"设计与情感：日常事物的体验"（Design and Emotion:The Experience of Everyday Things）等章节。他和Bella Martin（贝拉·马丁）合著的书是《设计的通用方法：研究复杂问题、开发创新想法和设计有效解决方案的100种方法》（Universal Methods of Design:100 Ways to Research Complex Problems、Develop Innovative Ideas and Design Effective Solutions）。

hanington@cmu.edu，**第34、189页**

Annet Hennink（阿内特·亨宁克）：作为一家大型保险公司Centraal Beheer Achmea的概念和命题开发人员，我将该公司的战略、市场趋势和用户需求转化为创新和独特的概念或主张。在整个开发过程中，客户是中心。我使用并测试最新的用户驱动方法，如角色模型、服务设计和共同创造。"概念与命题开发部"是商业部门与业务线之间的纽带。我管理概念或命题开发项目，这些项目都是多学科的（例如，包括销售、IT、法律、营销等）。

annethennink@gmail.com，**第254页**

Kang-Ning Hsu（徐康宁）：我现在住在中国台北，全职工作。在我的业余时间，当我有能力的时候，我会参加与设计相关的活动。TientienCircle是由我的一群朋友组成的团队，试图讨论我们的生活、我们的土地和我们自己。和一群朋友讨论这些问题是很感人的。毕业三年后，我仍然在努力平衡我的工作、爱好和时间。

hiopie@gmail.com，**第233页**

Sofia Hussain（索菲亚·侯赛因）是挪威科技大学工程设计与材料系（NTNU）的博士生。她有工业设计的硕士学位。她的硕士论文是关于尼泊尔儿童假肢的设计。她目前的研究项目是为国际红十字委员会进行的，涉及柬埔寨儿童使用假肢的参与式设计。她重点展示了如何考虑情感、文化和社会需求，以及功能和经济需求，从而为发展中国家的残疾人开发更好的辅助设备。

sofia@ntnu.no，**第90页**

Alena Iouguina（阿莱娜·伊乌吉纳）：是一名对可持续人类行为感兴趣的工业设计师。特别是，我的研究在于将协同设计方法应用于解决环境问题。揭示未被满足的需求，发现新的机会，激发创造性思维，对于减少社会对资源的依赖，以及用户对专家理解和修改现有技术的依赖，可以产生重大影响。

alyona.iouguina@gmail.com，**第92页**

Marlene Ivey（玛琳·艾维）是一名设计师，致力于开发创新设计方法、技术和基础设施，以支持环境、经济和文化的可持续性。她的设计实践研究参与式设计方法，利用创意游戏、视觉思维和体验场景，将来自不同背景的人聚集在一起，分享知识并产生设计愿景。她目前的研究立足于盖尔语环境，她正在与 Nova Scotia Gaelic 社区合作，创建了一个用于盖尔语更新和文化恢复互动的在线社会空间：Drochaid Eadarainn(我们之间的桥梁)。同时也是一个虚拟的同乐会。她目前是加拿大新斯科舍省哈利法克斯市 NSCAD 大学的副教授，曾在英国、亚洲、欧洲、加拿大和美国出版过著作。

mivey@nscad.ca，**第 33 页**

Peter Jones (彼得·琼斯) 博士是创新研究公司的总经理。这是一家通过以人为中心的研究和组织能力建设来协调服务与系统设计的价值及策略的创新研究公司。重新设计研究组织、智力和工作实践，并设计领先的信息资源作为思考的背景。作为 Agoras 研究所的董事会成员，Peter Jones 推动了针对环结构的、社会性复杂问题的合作行动的对话式设计实践和科学的发展。Peter Jones 博士住在多伦多，在 OCAD 大学的战略远见和创新项目中任教。他是《团队设计》(Team Design)和《为关爱而设计》(Design for care)(2011) 的作者。他的论文和在线作品可以在 designdialoguest 网站上找到。**第 230、252 页**

Lindsay Kenzig (林赛·肯奇格)：通过我们所有人内心的童真，不断地问"为什么"，努力弄清什么事情是最重要的。从跟踪顾客，到观察诊所的等候行为，再到促进合作，她总是从别人的角度看待世界。Lindsay Kenzig 拥有设计和社会科学背景，在设计研究方面拥有独一无二的资质。作为 Design Central (设计中心) 的一名高级研究员，她热爱自己的工作，因为工作能让她不断学习、了解他人、找出其动力，并提出改善我们世界的解决方案。

Lindsay.Kenzig@gmail.com，**第 180、182 页**

Amar Khanna (阿马尔·汗纳)：拥有设计研究和参与式设计领域的背景。他曾在 SonicRim、雅虎 (Yahoo Inc.) 和 Realtor.com 等机构工作，通过协同创造和实地研究的方法学习和促进创新。目前他在位于俄亥俄州都柏林的在线计算机图书馆中心工作，担任高级用户体验设计师。这家非营利性组织帮助图书馆增加读者的访问，降低信息成本。在 OCLC，他的团队创造了沟通愿景，并在基于网络和桌面的界面上实现用户体验。

khannamar@gmail.com，**第 86 页**

Sanne Kistemaker (桑妮·基斯泰梅克)：拥有工业设计工程的背景，在那里她与设计中的人为因素产生了密切的关系。以优异成绩毕业后，她创立了以用户为中心的设计

机构 Muzus。她专门从事研究，以深入了解人们的愿望和潜在需求，从而设计出适合预期最终用户生活的概念。在她的项目中，Sanne 总是与用户和客户共同创造，以确保她的设计符合用户体验以及客户组合。此外，Sanne 是工业设计工程学院的兼职设计导师，负责培养以用户为中心的设计师。

sanne@muzus，www.muzus.nl，**第 188、196 页**

Preetham Kolari (普雷塔姆·科拉里)：是微软的设计师、研究员、人种学家和创新战略家。他非常热衷于将用户体验和设计思维视角引入到商业决策过程中。他领导一个由设计师、作家和研究人员组成的团队，在 Lync 产品中推动一致的设计语言和用户体验质量。该团队负责构建和交付端到端体验框架，同时与产品团队的其他成员密切合作。

pkolari@gmail.com，**第 145 页**

Steven Lavender (史蒂文·拉文德)：是俄亥俄州立大学综合系统工程系和骨科系的副教授。他的研究重点是了解职业活动中身体承受的压力，以及如何通过设计有针对性的干预措施来缓解这些压力。特别令人感兴趣的是，职业活动和干预措施如何影响背部和肩膀。他撰写或参与撰写了 50 多篇同行评议的期刊文章和若干书籍章节。他目前在《人为因素》(Human Factors)与《肌电图与运动机能学杂志》(Journal of Electromyography and Kinesiology) 的编辑委员会任职。

lavender.1@osu.edu，**第 142 页**

Tuuli Mattelmaki (图利·马泰尔马基)：是阿尔托艺术与设计学院设计系的高级研究员，也是阿尔托服务工厂的学术社区主任。她擅长开发以用户为中心的设计和协同设计的探索方法，特别是设计探测。在研究期间，她与各种组织进行了合作，最近还与赫尔辛基市等组织进行了合作。她的出版物包括关于设计探测、共情设计和协同设计的文章。目前，她参与了 Aalto (阿尔托) 服务工厂与服务设计相关的研究项目。她因在设计研究方面所做的有价值的工作而被芬兰工业设计师协会授予 2008 年度工业设计师。

Tuuli.mattelmaki@aalto.fi，**第 266 页**

Alan Moser (艾伦·莫瑟)：是 Frame360 的负责人和管理合伙人，负责客户关系管理和战略发展。Alan 拥有超过 30 年的广告、品牌传播和互动媒体经验。通过这段经历，他对许多公司忽视或低估的独特品牌和企业品质形成了敏锐的洞察力。以参与式的方式与客户合作是 Frame360 的一个特点。Alan 通过工作坊和讨论来领导团队开展业务的能力

是非常严谨的、具有挑衅的和启发性的。加上他专注于将结果转化为战略方向和行动项目，使客户能够感受到对想法的所有权，并相信他们能够实现既定的目标。

amoser@frame360.com，**第263页**

Michael Muller（迈克尔·穆勒）：是美国马萨诸塞州坎布里奇市IBM研究中心社会软件中心和协作用户体验小组的社会科学家。最近的工作重点是注意力管理、社会度量、在线社区、社会文件共享和社交软件中的用户创新。

michael_muller@us.ibm.com，**第95、286页**

Mark Palmer（马克·帕尔默）是一名设计研究员，在咨询和企业产品开发方面有20多年的经验。他是日内瓦（Geneva）公司的创始人，该公司为那些希望更加关注用户体验的企业提供研究、管理和咨询服务。Mark通过心理学和人类学方面的训练，帮助企业发展成为世界一流的企业，并在此过程中制定新的创新产品和服务战略。他在北美、欧洲和亚洲建立、管理和指导设计及研究团队，并在创新过程中始终坚持以用户为中心的理念。

mark@geneva-sciences.com，**第87页**

Stephanie Patton（斯蒂芬妮·巴顿）是一个自命不凡的"人"，她从来没有真正认识过陌生人；所以，当你遇到她时不妨保持微笑，因为不管怎样，她最后会让你展示出一个微笑。她喜欢通过倾听、学习、指导、写作、描述、讨论、提问等方式与人联系。她已经把自己的业余爱好变成自己的职业，成为咨询公司Spot-On的总裁。这家咨询公司通过让组织更好地理解和与利益相关者沟通，帮助不同的组织抓住重点并走向成功。

Stephanie.w.patton@gmail.com，**第177、182页**

Carolien Postma（卡罗琳·波斯特马）：是飞利浦消费者生活方式公司的产品研究员，专门从事新产品开发初期的用户研究。她之前在代尔夫特理工大学的ID-Studiolab工作，在那里，她开发了以用户为中心的设计方法，创建了Creating Socionas方法，作为她工业设计博士研究的一部分。她的兴趣包括用户体验设计和设计研究方法。

carolien.postma@philips.com，**第192页**

Erik Roscam Abbing（埃里克·罗坎布·艾宾）：是一名设计管理顾问和教师，专注于整合品牌、创新和设计。他曾在荷兰代尔夫特理工大学学习工业设计工程，同时在荷兰/尼约罗德设计管理学院学习管理学，Erik做了10年的产品设计师。然后在荷兰的鹿特丹创立了他的咨询公司Zilver Innovation。Erik为产品和服务行业的各种国际客户提供咨询。Erik也是代尔夫特理工大学工业设计学院的兼职教师，在那里，他开发并教授与战略设计、设计思维和品牌相关的课程。

Erik@zilverinnovation.com，**第144、194页**

Karen Scanlan（凯伦·斯坎伦）：她一直在磨练定性研究领域的专业技能。在此基础上，她运用一种战略方法来理解和分析真实世界的行为与体验，以揭示产品、沟通、业务和品牌创新最引人注目、最能引起共鸣的空间。Karen拥有伊利诺伊大学心理学学士学位和伊利诺伊理工学院设计学院的设计硕士学位。她的作品曾在《纽约时报》(New York Times)、《居住》(Dwell)杂志和《咨询与临床心理学杂志》(Journal of Consulting and Clinical Psychology)上发表。Karen曾在非营利和跨国公司工作，目前是一名独立顾问。

karenscanlan@gmail.com，**第226页**

Samantha Serrer（萨曼莎·塞勒）：是一位对私人和公共空间感兴趣的工业设计师。研究重点是用户如何与这些空间交互，并在其中定位自己。通过跨学科的设计实践和协作技巧，设计师可以更好地理解和满足用户的需求，并为日常问题创建适当的解决方案。

samantha.serrer@gmail.com，**第92页**

George Simons（乔治·西蒙斯）：在生成式设计思维、协同创造、开发创新和品牌战略的设计中工作。他的工作核心是持续不断地将用户体验和故事整合在一起，从而激发企业更好地理解和处理复杂的问题，并对可能的未来产生愿景。他一直在Steelcase担任高级概念研究和设计总监，拥有一家设计和战略咨询公司Fahrenheit，是IDEO的管理合伙人和区域领导，也是nbbj architecture的负责人。与Liz Sanders组建了一个设计研究小组，专注于人类体验、有效性、相关性和建筑环境的适应性。

georgesimons@mac.com，**第62页**

Froukje Sleeswijk Visser（弗鲁杰·斯莱斯维克·维塞尔）：拥有工业设计工程（理学硕士和博士学位）背景。她的博士论文"将日常生活中的人们带入设计"（Bringing the everyday life of people into design）(2009)讨论了用户数据在设计实践的探索阶段是如何发挥作用的。2006年，她创办了ContextQueen公司，2009年开始在代尔夫特理工大学的ID-StudioLab担任兼职副教授。她专门研究人们的日常经验，并将其用于新产品和服务的创意。
f.sleeswijkvisser@tudelft.nl，**第76、248页**

Carolyn Sommerich（卡罗琳·索姆梅里奇）博士教授研究生，为其提供建议，并开展了专注于人体工程学和职业生物力学、健康和安全的研究，特别关注上肢和上肢肌肉骨骼疾病。关注办公室、工业和医疗环境中的人体工程学研究，以及影响年轻人和老年人的人体工程学问题研究。她就与过度使用有关的肌肉骨骼疾病的一系列主题撰写或合著了10本书的章节、30篇同行评议的期刊文章和55篇会议论文集。她目前的研究涉及成像技术和仓储材料处理，采用一种新的模型对腕管综合征的病因以及有偿和无偿的照顾进行研究。
sommerich.1@osu.edu，**第142页**

Louise St. Pierre（路易丝·皮埃尔）在华盛顿大学和艾米丽卡尔大学从事工业设计方面的教学、研究和写作已有18年。她是 Okala Ecological Design 一书的合著者，该书帮助北美设计学校建立了生态教学方法。她的设计工作获得了无数的奖项，并获得了多项合作研究项目基金。她在关于可持续设计、产品寿命和以人为中心的设计方面进行写作。在她的教学中，她与学生一起探索协同设计方法如何支持向可持续未来的转变。
lsp@ecuad.ca，**第78页**

Robert Strouse（罗伯特·斯特劳斯）拥有弗吉尼亚理工大学的工业设计学士学位和俄亥俄州立大学的设计硕士学位。他在设计领域工作了十多年，喜欢与有才华的人一起创造新事物。在大学期间，他参加的最有影响力的课程之一是设计研究。这门课程开始了长达十年的追求，将研究的严谨性和探究性与设计的自然创造力及工艺相结合。使用原型作为发现工具是研究人员和设计师探索、调整和验证世界信息的一项强大技术。Robert 现在与认知科学家一起在应用研究协会的一个部门里工作，他在那里创建了原型，帮助调查和支持危险工作环境中做出的决策。
rstrouse@ara.com 或 robert.strouse@gmail.com，**第79页**

Kirsikka Vaajakallio（基尔西卡·瓦亚贾卡里奥）是芬兰阿尔托大学艺术与设计学院的设计研究员和博士生。她的专业背景是工业设计，擅长以用户为中心的设计。她的研究集中在校企合作设计项目的早期阶段的协同设计过程。特别是她一直在探索各种类型的设计游戏，将其作为从银行服务到高级住宅等多个环境中创造性团队合作的框架。她的出版物包括与移情设计、协同设计和服务设计相关的文章。
kirsikka.vaajakallio@aalto.fi，**第266页**

2007年，**Helma van Rijn**（贺玛·凡·莱茵）以优异成绩获得理学硕士学位，完成了 LINKX 互动设计项目。LINKX 是一款专为自闭症儿童设计的教育玩具。之后，她在代尔夫特理工大学的 ID-Studiolab 攻读博士学位。她的研究侧重于设计师在设计过程中从与自闭症儿童及其护理者的直接接触中学习。在她的研究中，她探索了如何通过开发新的工具和技术来支持设计师在这种直接接触中学习，或者在设计师、自闭症儿童及其护理者之间的接触中学习。
h.vanrijn@tudelft.nl，**第184页**

Arnold Wasserman（阿诺德·沃瑟曼）是一位创新、设计和战略的顾问，也是以人为本的创新领域的先驱。他曾担任 NCR、施乐（Xerox）和 Unisys 公司的设计主管；巴黎 Raymond Loewy 设计事务所主任，纽约普拉特设计学院院长。他被《快速公司》(Fast Company) 杂志评为"设计大师"，他在许多公司、政府、非营利组织、基金会、国际组织、财团和设计委员会担任董事会和顾问。他经常在世界各地演讲和写作，并在他的网站（http://arnoldwasserman.com）上发布关于 RE:Designing Everything 和 world 3.0 的文章。**第281、282页。**

John Youger（约翰·尤格）是美国俄亥俄州都柏林 WD 的合作伙伴，消费者洞察总监。John Youger 目前的专业和个人关注点是了解数字（虚拟）体验如何，以及在何处交叉、完善和补充零售（物理）环境。这一过程包括对技术趋势的持续监控，以及了解它们如何以及在何处与购物者建立直观的联系。最终，这将创造互动体验，将购物者与环境、产品和品牌联系起来。最近的客户包括《财富》500强企业，如百思买 (Best Buy)、温迪 (Wendys)、康尼格拉 (ConAgra)、红牛 (Red Bull) 和沃尔玛 (Walmart) 等。
john.youger@wdpartners.com，**第223、229页**

Elly Zwartkruis-Pelgrim（埃利·兹瓦特克鲁斯·佩尔格里姆）是飞利浦研究院的研究科学家。她有心理学和人机交互的背景。她的工作重点是探索特定目标群体的用户需求，比如老年人和有孩子的父母。她目前正在研究提高睡眠质量的方法，并将其转化为产品建议。
elly.zwartkruis-pelgrim@philips.com，**第192页**

参考文献
References

PREFACE

- Florida, R. (2002) *The Rise of the Creative Class. And How It's Transforming Work, Leisure and Everyday Life*, Basic Books.
- Illich, I. (1975) *Tools for Conviviality*, Harper & Row Publishers, Inc.
- Pine II, B. J., & Gilmore, J. H. (1999) The Experience Economy, Harvard Business School Press, Boston, Mass.
- Pink, D. (2005) *A Whole New Mind: Why Right-Brainers Will Rule the Future*, The Berkley Publishing Group, New York.

CHAPTER 1

- Avison, D., Lau, F., Myers, M., & Nielsen, P.A. (1999) Action research, *Communications of the ACM*, 42(1), 49-97.
- Bødker, S. (1996) Creating conditions for participation: Conflicts and resources in systems design, *Human Computer Interaction* 11(3), 215-236.
- Buchenau, M., & Fulton Suri, J. (2000) Experience prototyping, *Symposium on Designing Interactive Systems, Proceedings of the Conference on Designing Interactive Systems: Processes, Practices, Methods, and Techniques*, pp. 424 – 433.
- Burns, C., Dishman, E., Johnson, B., & Verplank, B. (1995) 'Informance': Min(d)ing future contexts for scenario-based interaction design, *BayCHI*, Palo Alto.
- Buxton, B. (2007) *Sketching User Experiences: Getting the Design Right and the Right Design*, Morgan Kaufmann Publishers, San Francisco.
- Chambers, R. (1994) The origins and practice of participatory rural appraisal, *World Development*, 22(7), 953-989.
- Diaz, L., Reunanen, M., & Salmi, A. (2009) Role playing and collaborative scenario design development, *International Conference on Engineering Design*, ICED '09, Stanford University.
- Dunne, A., & Raby, F. (2001) *Design Noir: The Secret Life of Electronic Objects*, Basel, Boston.
- Gaver, W., Dunne, A., & Pacenti, E. (1999) Cultural probes, *Interactions*, 6, No. 1, 21-29.
- Gilmore, T., Krantz, J., & Ramirez, R. (1986) Action based modes of inquiry and the host-researcher relationship, *Consultation*, 5(3), 160–176.
- Illich, I. (1975) see preface
- Kahneman, D. (2011) Thinking, *Fast and Slow*. Allen Lane.
- Lewin, K. (1946) Action research and minority problems, *Journal of Social Issues*, 2(4), 34-46.
- Martin, R. (2009) *The Design Of Business: Why Design Thinking Is The Next Competitive Advantage*, Harvard Business School Publishing, Boston.
- Mattelmäki, T. (2006) *Design Probes*. DA Dissertation. Helsinki: University of Art and Design Helsinki.
- Ouslasvirta, A., Kurvinen, E., & Kankainen, T. (2003) Understanding contexts by being there: Case studies in bodystorming, *Personal Ubiquitous Computing*. Springer-Verlag, London.
- Pascale, R., Sternin, J., & Sternin M. (2010) *The Power of Positive Deviance: How Unlikely Innovators Solve the World's Toughest Problems*. Harvard Business Press.
- Postma, C.E., & Stappers, P.J. (2006) A vision on social interactions as the basis for design, *CoDesign*, Vol. 2 No. 3, 139-155.
- Rittel, H., & Webber, M. (1973) Dilemmas in a general theory of planning, pp. 155–169, *Policy Sciences*, Vol. 4, Elsevier Scientific Publishing Company, Inc., Amsterdam.
- Sanders, E.B.-N. (2006) Design research in 2006, *Design Research Quarterly*, No. 1, Design Research Society, September.
- Sanders, L., & Simons, G. (2009) A social vision for value co-creation in design, *Open Source Business Resource,* December 2009. Available at http://www.osbr.ca/ojs/index.php/osbr/article/view/1012/973
- Sedaris, A. (2010) Simple Times: *Crafts for Poor People*. Grand Central Publishing, New York.
- Simsarian, K.T. (2003) Take it to the next stage: The roles of role playing in the design process, *CHI 2003*: New Horizons.
- Sleeswijk Visser, F., Stappers, P.J., van der Lugt, R., & Sanders, E.B.-N. (2005) Contextmapping: Experiences from practice, *CoDesign*, 1(2), 119-149.
- Stappers, P.J. & Sleeswijk Visser, F. (2006) Contextmapping, *GeoConnexion*, August 2006, 22-24

- Stewart, M. (2009) Martha *Stewart's Encyclopedia of Crafts: An A-to-Z Guide with Detailed Instructions and Endless Inspiration*, Martha Stewart Living Magazine.
- Susman, G.I., & Evered, R.D. (1978) An assessment of the scientific merits of action research, *Administrative Science Quarterly*, Vol. 23, No.4, 582-603.
- Verganti, R. (2009) *Design-Driven Innovation: Changing the Rules of Competition by Radically Innovating what Things Mean*, Harvard Business School Publishing Corp.
- Von Hippel, E. (2005) *Democratizing Innovation*, Cambridge, MA: MIT Press.

CHAPTER 2

- Bargh, J. A., Chen, M., & Burrows, L. (1996) Automaticity of social behavior: Direct effects of trait construct and stereotype priming on action, *Journal of Personality and Social Psychology*, 71, 230-244.
- Baas, M., De Dreu, C.K.W., & Nijstad, B.A. (2008) A meta-analysis of 25 years of mood-creativity research: Hedonic tone, activation, or regulatory focus? *Psychological Bulletin,* 134, 779-806.
- Boden, M.A. (1990) *The Creative Mind: Myths and Mechanisms.* New York: NY, Basic Books.
- Buxton, B. (2007) see chapter 1
- Buchenau, M. & Fulton Suri, J. (2000) see chapter 1
- Burns, C., Dishman, E., Johnson, B., & Verplank, B. (1995) see chapter 1
- Collins, M.A., & Loftus, E.F. (1975) A spreading-activation theory of semantic processing, *Psychological Review*, 82, 407-428.
- Csikszentmihalyi, M. (1996) *Creativity: Flow And The Psychology Of Discovery And Invention.* New York: Harper Collins.
- Diaz, L., Reunanen, M., & Salmi, A. (2009) see chapter 1
- Florida, R. (2002) see preface
- Gaver, W.W., Beaver, J., & Benford, S. (2003) Ambiguity as a resource for design, *Proceedings Of The SIGCHI Conference On Human Factors In Computing Systems*. ACM, New York.
- Gedenryd, H. (1998) *How Designers Work: Making Sense Of Authentic Cognitive Activity*, PhD Thesis, Lund University.
- Isen, A.M. (1999) On the relationship between affect and creative problem solving. In S.W. Russ (Ed.) *Affect, Creative Experience And Psychological Adjustment* (pp. 3-18). Philadelphia, PA: Bruner/Mazel.
- Khanna, A. (2008) personal communication.
- Koestler, A. (1964) *The Act of Creation.* New York: Dell.
- Martin, R. (2009) See chapter 1
- McCloud, S. (1993) *Understanding Comics: The Invisible Art*, Kitchen Sink Press.
- Meyer, K. L. (2010) *Creativity in Repurposing Textiles.* MFA Thesis in the Department of Design at The Ohio State University.
- Mintzberg, H., & Westley, F. (2001) Decision making: It's not what you think, *MIT Sloan Management Review*, Spring 2001, Volume 42, Number 3, pp.89-93.
- Nijstad, B.A., & DeDrue, C.K. (2002) Creativity and group innovation, *Applied Psychology.* 51: 400-406.
- Oulasvirta, A, Kurvinen, E., & Kankainen, T (2003) See chapter 1
- Peirce, C.S. (1878) *Writings of Charles S. Peirce*. Bloomington, IN: Indiana University Press.
- Pink, D. (2005) see preface
- Root-Bernstein, M. & R. (1999) *Sparks Of Genius: The 13 Thinking Tools Of The World's Most Creative People*. New York: Houghton Mifflin Company.
- Sanders, E.B.-N. (2002) From user-centered to participatory design approaches. In *Design and the Social Sciences.* J. Frascara (Ed.), Taylor and Francis, Books Limited.
- Sanders, E.B.-N. (2005) Information, Inspiration and Co-creation, *Proceedings of the 6th International Conference of the European Academy of Design,* University of the Arts, Bremen, Germany.
- Sawyer, R.K. (2006) *Explaining Creativity: The Science Of Human Innovation.* Oxford University Press, New York.
- Sawyer, K. (2007) *Group Genius: The Creative Power Of Collaboration.* Basic Books, New York.
- Schön, D. (1963) *The Displacement Of Concepts.* London: Tavistock.
- Simsarian, K.T. (2003) see chapter 1
- Star, S. L., & Griesemer, J. R. (1989) Institutional Ecology, 'Translations' and boundary objects: Amateurs and professionals in Berkeley's Museum of Vertebrate Zoology, 1907-1930, *Social Studies of Science* (19), 387-420.
- Sternberg, R. J., & Lubart, T. I. (1995) *Defying The Crowd: Cultivating Creativity In A Culture Of Conformity.* New York: Free Press.
- Wallas, G. (1926) *The Art of Thought.* New York: NY, Harcourt, Brace and Company.
- Wason, P. C. (1966) Reasoning in Foss, B. M. *New Horizons In Psychology.* Harmondsworth: Penguin
- Zenasni, F., Besançon, M., & Lubart , T. (2008) Creativity and tolerance of ambiguity: An empirical study, *The Journal Of Creative Behavior*, Vol. 42, No. 1.

CHAPTER 3

- Gladwell, M. (2005) *Blink: The Power Of Thinking Without Thinking.* London: Penguin.
- Gosling, S.D., Ko, S.J., Mannarelli, T., & Morris, M.A. (2002) A room with a cue: Personality judgments based on offices and bedrooms. *Journal of Personality and Social Psychology*, 82(3), Mar 2002, 379-398.
- Postma, C.E., & Stappers, P.J. (2006) see chapter 1
- Robson, C. (1993) *Real World Research: A Resource For Social*

Scientists And Practitioner-Researchers. Malden, MA: Blackwell Publishers, Inc.
· Sunderland, P.L., & Denny, R.M. (2007) *Doing Anthropology In Consumer Research*, Left Coast Press.
· Wolcott, H.F. (2008) *Ethnography: A Way of Seeing.* AltaMira Press.

CHAPTER 5

· Pruitt, J., & Adlin, T. (2006) *The Persona Lifecycle: Keeping People in Mind During Product Design.* San Francisco: Morgan Kaufmann.
· Scherer, F. M. (1982) "Demand-pull and technological opportunity: Scmookler revisited," *Journal of Industrial Economics*, 30, 225-37.
· Stappers, P.J., van Rijn, H., Kistemaker, S., Hennink, A., & Sleeswijk Visser, F. (2009) Designing for other people's strengths and motivations: Three cases using context, visions, and experiential prototypes. *Advanced Engineering Informatics, A Special Issue on Human-Centered Product Design and Development.* Vol. 23, 174-183.

CHAPTER 6

· Bystedt, J., Lynn, S., & Potts, D. (2003) *Moderating to the Max: A Full-Tilt Guide to Creative, Insightful Focus Groups and Depth Interviews.* Ithaca, NY: Paramount Market Publishing.
· Sleeswijk Visser, F., Stappers, P. J., van der Lugt, R., & Sanders, E. B.-N. (2005) See chapter 1

CHAPTER 7

· Ackoff, R. L. (1989) From data to wisdom, *Journal of Applied Systems Analysis*, Volume 16, 3-9.
· Lincoln, Y. S., & Guba, E. G. (1989) *Naturalistic Inquiry.* Sage Publications, London, England.
· Miles, M. B., & Huberman, A. M. (1994) *Qualitative data analysis* (2nd ed.). Thousand Oaks, CA: SAG.

CHAPTER 8

· Brown, J., Isaacs, D., & the World Café Community (2005) *The World Café: Shaping Our Futures through Conversations that Matter.* Berrett-Koehler Publishers, Inc. San Francisco.
· Kouprie, M., & Sleeswijk Visser, F. (2009) A framework for empathy in design: stepping into and out of the user's life, *Journal of Engineering Design*, 20(5) 437-448
· Owen, H. (1997) *Expanding Our Now: The Story of Open Space Technology.* Berrett-Koehler Publishers, Inc. San Francisco.
· Owen, H. (1997) *Open Space Technology: A User's Guide.* Berrett-Koehler Publishers, Inc. San Francisco.
· Pruitt, J., & Adlin, T. (2006) see chapter 5
· Sleeswijk Visser, F., & Stappers, P.J. (2007) Mind the face, *Proceedings of DPPI (Conference on Designing Pleasurable Products

and Interfaces), Helsinki, August 2007, 119-134.
· Sleeswijk Visser, F. (2009) *Bringing The Everyday Life Of People Into Design*, PhD Thesis, TU Delft. Downloadable http://www.studiolab.nl/
· Thompson, C. (2008) Brave new world of digital intimacy, *The New York Times*, September 7, 2008. www.nytimes.com

CHAPTER 9

· Buchenau, M., & Fulton Suri, J. (2000) see chapter 1
· Burns, C., Dishman, E., Johnson, B., & Verplank, B. (1995) see chapter 1
· Oulasvirta, A, Kurvinen, E., & Kankainen, T (2003) see chapter 2
· Simsarian, K.T. (2003) see chapter 1

CHAPTER 10

· Martin, R. (2009) see chapter 1
· Sanders, E.B.-N. (2005) see chapter 2

术语表
Glossary

本术语表旨在帮助新手掌握该领域的术语，给出非正式的定义，以帮助读者理解一些不熟悉的术语。但是不要将它们误认为是可以在法庭上站得住脚的精确的科学定义。对于这些问题，必须在适当的理论中寻找答案（不幸的是，你会发现很多理论中并不经常给出清晰可靠的定义）。

abduction（溯因推理）：与创造力密切相关的逻辑思维过程，在溯因推理过程中，背景知识与问题相联系，产生新的解决方案。

abstraction（抽象）：由特定的语句引出更一般的语句的过程。

academia（学术界）：学术界，例如大学和研究机构（与商业组织相对）。

action research（行动研究）：一种研究方法，在这种方法中，将干预措施纳入现有实践，并评估其效果，通常与所有参与者合作

actionable（可操作的）：有助于采取具体行动或做出（商业）决定。

advocate（倡导者）：对某事充满热情、积极／直言不讳的人。

aesthetic（审美的）：与物体的形状或美有关的。

affective（情感的）：与感情和情绪有关的。

ambiguous（模棱两可的）：同时具有多种含义。

analyzing（分析）：通过将研究数据融入理论中，或在数据上或数据之外构建理论，从而使研究数据变得有意义。

anecdote（轶事）：一个真实生活的故事，表达了一个主题的特定观点。

annotate（注释）：对数据进行记录和解释。

anonymize（匿名化）：在一项研究数据中隐藏人的身份。

architecture（建筑学）：建筑和建筑环境的设计原则。

artifacts（人造物品）：由人制作的东西，例如照片、拼贴画、录音。

associative thinking（联想思维）：通过将彼此不同的想法联系起来思考。

attitude（态度）：准备以某种方式行动或反应。

bisociation（双关联想）：Koestler 的《创造过程》，在这个过程中，两个看似不相干的想法关联起来，导致了新的探索方向。

booklet（小册子）：小本子、工作手册。

brainstorm（头脑风暴）：小组活动，参与者尝试为给定的问题或关于给定主题的想法快速生成许多解决方案。

bridging（链接）：将研究思维与设计思维联系起来。

brief（简介）：项目开始时设计（研究）团队的目标和目的；这通常是客户和团队之间的合同状态。

cards（卡片）：每块纸板或纸上都包含一大块信息。通常用于允许选择、排序和分类，尤其是在团队设置中。

category（类别）：有共同之处的一组物品。

cause（原因）：如果 A 发生在 B 之前，那么 A 是 B 的原因，并且是 B 产生的必要解释。

centric（中心的）：以 X 为中心的设计是一种设计方法或途径，其中 X 是关注、讨论的中心，是成功的标准。

chart（图表）：用于提供概述和协调的二维图形。

closure（关闭）：使某件事达到（令人满意的或感情上的）圆满。

cloud of ideas（想法云）：一个由相互关联的思想组成的网络。

clustering（聚类）：将项目分组或分类。

co-creation（协同创造）：协作的创造性行动、事件或物品。有时用来指整个协同设计，有时用来指与利益相关者进行的单个事件。

coding（编码）：为数据块分配类别代码。

cognition（认知）：人们思考的方式，广义上的"思考"。

cognitive toolkit（认知工具包）：生成式工具包，通常用于表达过程和关系。

collage toolkit（拼贴工具包）：生成式工具包，通常用于表达记忆和情感。

communication design（信息传达设计）：专注于传播媒体的设计学科，如印刷品、电影。

concept（概念）：参见设计概念。

conceptualization（概念化）：基于研究见解和 / 或其他想法开发设计概念。

concrete（有形的）：（与抽象的相对）实例化，在世界上清晰可见。

consumerism（消费主义）：强调人们作为产品和服务的被动购买者的社会趋势。

context（情境）：围绕中心思想的事件或事物 (也称内容)。

contextmapping（情境映射）：是一种设计研究方法，该方法强调用户通过生成技术参与，设计团队通过丰富的沟通技术参与。

contextual inquiry（情境调查）：是一种设计研究方法，研究人员通过访谈和观察参与者来学习。

contextualize（语境化）：将一个想法与可以在此情境下找到的相关想法联系起来。

corroboration（佐证）：用证据来验证期望的正确性。

creative（创造性的）：被认为是新的和恰当东西的质量。

creativity（创造力）：看到的或创造新的、合适的事物的能力。

critical design（批判性设计）：发展产品概念的设计运动，作为对社会发展进行批判性反思和分析的一种手段。

cultural probe（文化探索）：是一种设计研究技术。设计师以练习的形式向利益相关者发送令人回忆的材料，并将他们收到的信息诠释为设计灵感。

data（数据）：（DIKW）来自真实世界的样本。

deduction（演绎）：逻辑思维过程，是从一般到具体的逻辑推理。

deliverables（可交付成果）：合同中规定由设计 (研究) 团队创建并交付给客户的项目。

demographics（人口统计学的）：描述人群的统计特性。

design concept（设计概念）：关于未来可能的产品或服务的想法，并且在其主要方面考虑足够的细节。

designing（设计）：定义可能的未来的活动 (通常包括研究和实施活动)。

DIKW：Ackoff 的关于科学思维组织的模型，分为数据、信息、知识和智慧四个层次。

discipline（学科）：共享一套方法、知识和价值观的专业领域，如牙科、购物、心理学、设计等。

documentation（文档）：对一个项目所使用的方法、所得结果以及诠释的描述和说明。

documenting（记录）：整理、存储和标记研究数据，以便日后检索和分析。

doll's house kit（玩偶之家工具）：用于探索小规模三维空间解决方案的生成式工具包，例如，室内或零售设计。

dreams（梦想）：关于可能的未来的想法，可能会实现，也可能不会实现。

embodied（体现）：有实体形式的 (相对于数字的、虚拟的、精神的)。

emergent（紧急的）：在过程中产生的、没有经过计划的。

emotional toolkit（情感工具包）：一种生成式工具包，旨在表达情感。

empathic design（同理心设计）：一种设计方法，强调设计者对产品或服务的预期用户的同理心的理解程度。

empathy（同理心）：理解他人的处境、经历或观点，就像了解自己一样。

enacting（扮演）：扮演、表演、演出、进行舞台剧等。

ethnography（民族志）：深入研究人们生活的人类学方法。

evocative（唤起）：引起或产生联想、感情、观点。

executive summary（执行摘要）：强调报告的基本目标、方法和结果的简短摘要；通常用于与团队外部沟通，例如与高层管理人员沟通。

expectation（期望）：对未来事件的想法 (偏见、信仰、理论、假设)。

experience（体验）：与事件相关的情绪；第一手知识。

experience design（体验设计）：是一种设计方法。该方法将"用户体验"作为开发和评估想法和概念的中心焦点。

explicit（明确的）：客观可见。

facilitating（促进）：领导团队进行一个 (创造性的) 过程，特别是一个会议环节 (可参见调节)。

facilitator（促进者）：帮助过程进行开展的人。例如，组织和领导一个生成式设计研究过程。

factor（因素）：在科学理论或解释中的变量，例如，在这个选择中的重要因素是价格、可用性和坚固性。

fielding（实地调查）：在野外收集数据 (而不是在实验室)。

fieldwork（实地调查）：在世界范围内进行的研究活动，而不是在实验室进行的研究活动。

flip board（翻转板）：会议中使用的大张纸，通常贴在三脚架上或墙上。

flowchart（流程图）：在规划或设计中使用的图表，用于显示元素或阶段之间的逻辑、时间或因果关系。

focus（焦点）：研究范围的中心部分，即内容的内边界。

focus group（焦点小组）：被选中代表一个或多个利益相关者群体的一组人员，聚集在一起进行讨论。

formal（正式的）：根据标准化规则构建。

fragmentary（零碎的）：由许多小块组成，没有清晰的或完整的顺序。

framing（框架）：将某物置于一组有组织的想法（视角）的

背景中。

fundamental（基本的）：一般或基本。

fuzzy front end（模糊前期）：产品或服务开发过程的最早阶段。

generative（生成的）：产生想法、见解和概念。

google scholar(谷歌学术搜索)：谷歌的搜索功能，可以搜索已出版 (科学) 期刊和书籍的数据库。

grounded theory（扎根理论）：数据分析方法，研究人员仅从数据中形成新的见解，而不是从现有的理论出发。

group toolkit(小组工具包)：为团体使用的生成式设计研究工具包。

hierarchy（等级制度）：按级别组织，较低级别通过较高级别组织。

hypothesis（假设）：在正式实验中被证伪或证实的陈述。

idea（想法）：抽象的或具体的思维单位。例如，"home" 和 "tree" 是两个英语单词，指的是关于世界上物体的概念。

ideating（构思）：产生想法的过程。例如，问题的解决方案或情境中的机会。

identifying（识别）：确定某人或某事的身份；识别模式。

immersing（沉浸）：让自己沉浸在数据中，以开放的心态去探索它，与自己的经历联系起来。

implications（影响）：调查结果的后果，通常与客户的策略或产品的规格有关。

incentive（激励）：奖励 (通常是经济上的) 参与者，以激励他们参与研究。

incubation（潜伏期）：创造性活动的一个阶段。在这个阶段，我们不会有意识地思考这个主题，而是让它休息。

induction（归纳）：逻辑思维的过程。从具体到一般的推理过程。

industrial design（工业设计）：设计原则，主要关注通过大规模生产创造的对象。

infographics（信息图表）：一种沟通工具，通常结合了视觉和语言元素来表达复杂的理论或研究成果。

information（信息）：（在 DIKW 里）对数据项的解释。通常以符号或单词的形式出现。

informed consent（知情同意）：一个人同意参加一项研究或实验，并充分了解其目的和风险。

insight（洞察）：一种理解，一种以前不为人知的研究发现。

inspiration（灵感）：使人能够行动或创造的东西。

interaction design（交互设计）：设计学科。关注用户与"交互式媒体"（即数码、电子、计算机）及产品之间的交互。

interdisciplinary（跨学科）：涉及不同的学科。

interior design（室内设计）：设计学科，专注于塑造室内空间。

intervention（干预）：改变一种情况的行动，例如，为了 (试图) 改善或了解这种情况。

interview（访谈）：一种研究技巧。通常以主题清单或一组问题为基础，研究人员与参与者讨论一个主题。

knowledge（知识）：（在 DIKW 里）知识是处在概括层次上的想法，如理论、范畴、模式。

labeling（标记）：将标签、名称、数字或代码附加到一块数据上，以便能够一致地引用和检索它。

latent（潜伏的）：隐藏的，存在的，但直到后来才可以看到的。

lead user approach(领先用户研究)：设计方法（由 von Hippel 提出）。在这种方法中，对产品具有高度专业知识的用户（通常他们会根据自己的特定目的修改产品）被确定为协作开发新产品开发或改进现有产品的人。

lean manufacturing（精益生产）：一种优化组织的方法。以最小化任何不产生 (可度量的) 价值的东西。

literature search（文献检索）：在学术期刊、会议、报告和媒体中寻找知识。

maketools（制造工具）：用于参与者创建物品的生成式工具包。

map（地图）：内容的空间可视化。它可能会显示陷阱和机会，并支持目标和路线的选择。

marketing（市场营销）：产品开发，与市场、消费者打交道等方面的准则。

material（材料）：用于创建工具包的组成成分，如文字、照片、符号、样品等。

meaning（意思）：与一个物体或事件有关的相关性、重要性和想法。

medium（媒介）：一种用于通信的技术，如印刷、视频、音频等。

metaphor（类比）：一种创造性的过程。将一个想法作为一种属性模式强加于另一个想法上，从而产生新的见解。

mindmap（思维导图）：可视化技术 (Buzan)。使用相关思想的空间排列，以树的形式排列，用短树枝连接单词和图像。

moderating（协调）：带领一个小组完成一个 (创造性的) 过程，尤指会议中的一个环节。与促进者不同的是，协调人被视为对内容和流程都需要负责的人。

multidimensional scaling(MDS)（多维标度）：一种统计数据分析技巧。在可视化地图中显示物体之间的关系。MDS 的输出会将相似的对象紧密地放在一起，将不同的对象放在更远的地方。

narrative（叙述的）：以讲故事的形式；有讲故事的特点。

needs of users（用户需求）：人们对某种情况、产品或服务的需求。

neutral（中立的）：不偏袒任何一方或试图将参与者推向某个方向。

opportunistic sampling（随机抽样）：抽样方法主要是在易于实现的机会基础上进行选择。

outsourcing（外包）：将工作委派给自己组织之外的代理人。

package（包裹）：生成式练习的集合，可能包括一个工作簿、相机、作业卡和工具包等。

participant（参与者）：参加研究或工作坊会话环节的人。

path of expression（表达的路径）：推理话题的过程，从现在，通过记忆，到未来的梦想。

pattern（模式）：（理论上）的规律性或结构。

persona（人物角色模型）：一个虚构的个体，表达目标群体特性（通常是由实地研究建立起来的）。

personalizing（个性化）：适应个人的需要或特点。

perspective（视角）：观点，连贯的想法，或看世界的方式。

phenomenon（现象）：（在 DIKW 里）表示世界上正在发生并正在被研究的事情。

pilot testing（领先测试）：验证和改进（研究）程序或材料的基本功能的短期试验。

play acting（表演）：一种设计（研究）技巧。指参与者（如用户、设计师、研究人员）为了评价一个概念或提出设计构想而表演一种情景的技巧。

prime（首要的）：使人准备达到某种状态的状态或刺激。

probe（探测）：模糊的，有创意的工具包发送给目标群体的成员，获得反馈，以激励设计师（们）。

product design（产品设计）：专注于物理产品的设计学科。

proofing（校对）：检查（一篇文章）的正确性或是否与原文相符。

prototype（原型）：包括为探索（设计）问题而创建的物品；表达概念设计的物品，用于与用户或技术人员评估该想法的物品。

provoke（激起）：唤起，通过深思熟虑的行动唤起。

psychology（心理学）：一门科学学科，专注于了解个体的人。

定性：旨在深入了解人类处境、行为和动机的研究。通常是探索性的，使用小样本的参与者集中参与。通常着眼于相关人员具体情况的许多不同方面

qualitative（定性的）：旨在深入了解人类的处境、行为和动机的研究。通常是探索性的，使用集中的小样本的参与者。通常从不同的角度来观察相关人员的具体情况。

quantitative（定量的）：研究的目的是对有关人类处境、行为和动机的理论进行数值发现与统计检验；通常从抽象层次的

一般理论出发并以之为目标。

questionnaire（问卷调查）：是一种研究方法。在这种方法中，向（大量的）受访者提出一系列的问题，可以是开放式的，也可以是封闭式的。近些年，经常会在网上进行。

reasoning（推理）：连接思想的过程，往往是为了解决问题或创造机会。

recruiter（招募人员）：通常是在专门为此目的的机构中工作的，寻找愿意参加研究的人的代理人员。

recruiting（招募）：寻找、选择并说服人们参与研究活动（这里是指研究的参与者 / 受访者）。招募：寻找、选择并说服人们参与研究活动（此处为研究的参与者 / 受访者）

redundancy（冗余）：通过多个不同指标表现出来的同一质量的意义。

reflection（反思）：思考一种想法或一个人生活的一部分的过程。

relevance（关联）：被认为对有关人员的利益是适当的和有用的。

research（研究）：旨在产生和分享知识的活动。

respondent（调查对象）：回答研究中提出的问题或要求的人。

retrospect（回顾）：后见之明；事后回顾产生的理解。

rigor（僵硬）：遵守公认的推理规则和研究方法。

ritual（日常程序）：可能具有象征意义或情感价值的活动，以同样的方式定期进行。

smapling（抽样）：为实验或研究寻找和选择参与者的方法。

scaffold（脚手架）：组织发现和 / 或见解的框架。

scanning（扫描）：查看数据或文本以查找模式的出现。扫描：查看数据或文本以查找模式的出现

scenario（脚本）：通常是关于人们如何执行其生活的一部分，或与产品或服务交互的一个故事。

scope（范围）：符合研究目的的主题范围（即内容的外边界）。

screening（筛选）：根据潜在参与者对一系列特定要求的反应来选择他们。

secondary research（二级研究）：发现他人报告中的知识（如文献检索、专家意见），而不是从第一手经验中获得洞察力（如实地调查）。

semantic（语义的）：与意义有关。

sensitizing（激活）：提高某人对某个话题相关因素的认识。

serendipity（偶然性）：在寻找其他东西的过程中，意外地发现有价值的新想法。

service design（服务设计）：一种设计学科，专注于为客户提供的服务。

session（小组会议）：有特定任务或目的的小组会议。

Setup（设置）：计划或编排的结果。

significance（意义）：在设计中，实际意义上的显著差异是一个足以保证设计决策的差异；在统计测试中，显著结果是足以使研究人员信服（在关于人的研究中，通常 p<0.05）。

similarity（相似性）：相似性。

snowball sampling（雪球抽样）：一种随机抽样的形式，要求参与者从他们的个人网络中带来其他参与者。

social network kit（社交网络工具）：旨在表达人与人之间的关系生成式工具包。

sociology（社会学）：社会学科，关注于群体中的人。

spreading activation（扩散激活）：一种联想思维模式，在激活一个想法后，相关想法会自动被激活。

spreadsheet（电子表格）：用于组织数据的计算机程序（如 **Excel**），通常以行和列的形式支持过滤、排序和数值操作。

staging an event（举办一个活动）：计划或组织一个活动，例如小组会议。

stakeholder（利益相关者）：在某一过程或事物中有利害关系的任何人（例如，用户、家庭、生产者、立法者等）。

statement card（陈述卡）：用于数据分析的卡片，显示引用、诠释及其与诠释人之间的联系。

stereotype（刻板印象）：将一个人或一件事的固定想法用作看待所有人或类似事物的模型。

storyboard（故事板）：表达场景的视觉形式，通常类似于带有字幕的连环漫画。

subjective（主观的）：①与个人有关的；②由个人判断的。

survey（调查）：一种定量研究技巧。用于确定目标群体的观点或特征，通常使用发送给目标群体的大量参与者的问卷。

sustainable design（可持续设计）：通过使用可回收材料、低能耗、满足人们需求等方式，负责任地利用（世界）资源的设计。可持续设计：通过使用可回收材料、低能耗、满足人们需求等，负责任地利用（世界）资源的设计。

sympathy（同情）：对人或事物的怜悯。

tacit（隐含的）：沉默的。我们所拥有的知识，但不能轻易用语言表达出来。

target group（目标小组）：被设想为正在开发的产品或服务的最终用户或消费者的一群人（通常是人口统计部分）。

technique（技术）：在学习中使用工具的方法。

temporal（暂时的）：与时间有关。

theory（理论）：现象的解释（在 DIKW 模型的知识层面）。

thought（思想）：头脑中的想法；参见思维、想法。

timeline（时间轴）：表示一段时间的水平线，例如一天、一个项目或一项活动。

timeline toolkit（时间轴工具包）：生成式工具包，提供时间线和触发器来构建，例如，生活故事中的一天。

tool（工具）：用于特定目的的仪器或产品。

toolkit（工具包）：生成式工具包是一组支持制作表达性物品的材料。

topic（主题）：有兴趣研究的领域或维度。

transcript(ion)（转录）：一个字一个字地记录面试或会议中所说的一切。

transformation design（转型设计）：设计学科，关注组织和组织变革。

triangulation（三角测量）：在分析中，使用不同的资源来提供关于主题或结论的更可靠的证据。在数据三角测量中，比较多个数据源（如观察值、引用）。在研究者三角测量中，比较不同研究者对同一数据的解释。

trigger（触发器）：用来唤起思想或联想的东西（如工具箱中的元素）。

unambiguous（明确的）：只有一种解释。

unmet needs（未满足的需求）：人们的需求在现状中没有得到满足时。

usability test（可用性测试）：一种设计研究方法。评估用户（通常来自目标群体）对产品（或原型）的易用性和易学性感受。

user need（用户需求）：参见 need 需求。

validity（有效性）：可信度的一个方面。内部效度 —— 研究中的所有步骤是否一致。外部效度 —— 研究是否以其发现与现实生活相关的方式进行。

value（价值）：某事物对某人的价值是指该人认为某事物是好的、有益的（另见价值观）。

values（价值观）：一个人持有的用来决定事情是否好、是否令人满意的标准。

variable（变量）：一种理论中可以为不同对象或人赋予不同价值的因素，如年龄、位置、价格、动机等。

velco modelling（尼龙搭扣模型）：使用包含尼龙搭扣覆盖的对象和小尼龙搭扣支持组件的工具箱创建的三维物品。

velco toolkit（尼龙搭扣工具包）：生成式工具包创建三维工件，包括大的魔术覆盖的对象和小魔术贴支持的组件集合。

verbal（口头的）：在语言中（与感情、身体表情、图象等相反）。

vision（愿景）：一个关于未来世界可能的或可能如何的想法。

wisdom（智慧）：（在 DIKW 模型中）高于知识水平的理解水平。

workbook（工作手册）：一本小册子或一套有启发性的作业和练习，用于提高与会者对某一课程的认识

workplan（工作计划）：项目或会议的计划；通常包括时间、材料、角色和过程的精确脚本。

workshop（工作坊）：一种协作式工作方式。通常是在分析或交流中由一群人完成一系列任务。

索引
Index

The index covers parts 1 and 3 of the main text. Occurrences in part 2 and the external contributions are only pointed to a few times, because the use of the entries there is sometimes different, and the cases in part 2 give examples. For each of the entries, we chose a 'most natural' form (e.g., verb, noun, or adjective), and if the same word has two very distinct meanings, the references are separated on two lines, with the differences being indicated in parentheses.

译后记

若要回忆与本书的缘分，可能要回到八年前，我在南京艺术学院图书馆里翻书、查资料、思考博士研究课题的日子。在那段时间，我感受到设计实践与设计教育正处在历史性的变革中。这一变革与18世纪60年代工业革命所带来的影响一样深远。工业革命之后，很多手工制品被大批量产品替代，同时也催生了相应的设计教学。包豪斯应对当时的新挑战，探索了一系列培养设计人才所需能力的教育内容。随着后工业时代的到来，社会、经济、技术等再一次推动了设计的变化，如服务设计、体验设计等内容被细分出来。设计人才所需的能力再次面临新的挑战。为了探究新的能力训练的着力点，我将目光投向在服务设计、体验设计等新领域中广泛使用的协同设计上。

为了更好地完成对协同设计的研究，我于2015年赴芬兰阿尔托大学进行国家公派联合培养。在阿尔托大学学习期间，我对芬兰移民服务设计项目及相关协同设计工作坊、生成式设计研究方法进行了参与式观察。2017年，我在香港参加学术会议时，参与了本书作者 Liz Sanders 组织的协同设计工作坊，并进行了深入交流。Liz Sanders 是生成式设计研究的领先学者，该书也是对生成式设计研究进行全面介绍的经典著作，并在荷兰代尔夫特理工大学等高校和机构中得到了广泛应用。希望本书的翻译不仅是外文研究的信息输入，而是能提供一个共享的语境，促进相关的交流和创新。

回顾本书的翻译过程，对很多细节的推敲超出了我的预期。比如将书名译为《愉悦工具盒：生成式设计研究方法》而没有译为《愉悦的工具盒：针对设计前期的生成式研究》。因为此处的"愉悦"并不是盒子的形容词，而是一种通过工具盒要达到的效果，是对 Ivan Illich 的著作的致敬。另外，之所以对"针对设计前期"进行弱化，是因为本书虽然所介绍的重点是设计前期的内容，但希望读者看到的是方法特征而不是其应用的阶段。在此感谢 Liz Sanders、芬兰阿尔托大学 Encore 团队、感谢华中科技大学出版社徐定翔和陈元玉编辑、俄亥俄州立大学 Peter Chan、荷兰代尔夫特理工大学薛海安、香港理工大学设计学院吴逸颖、江南大学设计学院陆一晨、董玉妹等同事和朋友的支持，最后感谢我的家人。

读者如需交流，欢迎与我联系：shidionline@jiangnan.edu.cn。

时迪

2022 年 2 月 12 日

图书在版编目(CIP)数据

愉悦工具盒：生成式设计研究方法 / (美) 伊丽莎白·桑德斯 (Elizabeth Sanders) , (荷) 彼得·扬·斯塔普斯著；时迪译. -- 武汉：华中科技大学出版社, 2021.12

ISBN 978-7-5680-7765-1

Ⅰ. ①愉⋯ Ⅱ. ①伊⋯ ②彼⋯ ③时⋯ Ⅲ. ①人-机系统 - 应用 - 产品设计 - 研究 Ⅳ. ①TB472-39

中国版本图书馆CIP数据核字(2021)第280538号

The original edition © 2012 BIS Publishers, Elizabeth B.-N. Sanders and Pieter Jan Stappers.

Translation © 2021 Huazhong University of Science & Technology Press Co., Ltd.

The original edition of this book was designed, produced and published in 2012 by BIS Publishers under the title Convivial Toolbox: Generative Research for the Front End of Design. This Translation is published for sale/distribution in The Mainland (part) of the People's Republic of China (excluding the territories of Hong Kong SAR, Macau SAR and Taiwan Province) only and not for export therefrom.

湖北省版权局著作权合同登记 图字：17-2022-001号

书　　名　**愉悦工具盒: 生成式设计研究方法**
　　　　　　Yuyue Gongjuhe: Shengchengshi Sheji Yanjiu Fangfa
作　　者　[美] Elizabeth Sanders, [荷] Pieter Jan Stappers
译　　者　时　迪

策划编辑　徐定翔
责任编辑　陈元玉
责任监印　周治超

出版发行　华中科技大学出版社（中国·武汉）
　　　　　　武汉市东湖新技术开发区华工科技园（邮编430223 电话027-81321913）
录　　排　武汉东橙品牌策划设计有限公司
印　　刷　湖北新华印务有限公司
开　　本　720mm×1000mm 1/16
印　　张　19.5
字　　数　491千字
版　　次　2021年12月第1版第1次印刷
定　　价　129.90元